普通高等教育“十三五”规划教材
普通高等院校工程实践系列规划教材

工程训练简明教程

主　编　左时伦　姜占平
副主编　胡　林　李　亮
主　审　何高法

科学出版社
北　京

内 容 简 介

本书是根据教育部工程训练教学指导委员会的最新指导精神和工程训练学科发展前沿等要求，并结合多年的实践教学经验编写而成。全书共分为10章，内容包括：绪论、机械产品分析、切削加工技术、钳工技术、热加工技术、机械CAD/CAM技术、数控加工技术、特种加工技术、机电控制技术和机器人技术等，基本涵盖了现代工程训练和传统金工实习教学的所有内容。

本书可作为高等学校本科机械类、近机械类和非机械类专业的工程训练教材，也可作为专科和高职院校的金工实习教材，各学校在使用本书时可根据各专业和自身设备情况进行调整。本书还可供有关工程技术人员和技术工人参考。

图书在版编目(CIP)数据

工程训练简明教程/左时伦，姜占平主编. —北京：科学出版社，2016.12

普通高等教育"十三五"规划教材・普通高等院校工程实践系列规划教材

ISBN 978-7-03-048342-3

Ⅰ. ①工… Ⅱ. ①左…②姜… Ⅲ. ①机械制造工艺—高等学校—教材 Ⅳ. ①TH16

中国版本图书馆CIP数据核字(2016)第111640号

责任编辑：邓 静 张丽花 / 责任校对：桂伟利

责任印制：徐晓晨 / 封面设计：迷底书装

科学出版社出版

北京东黄城根北街16号

邮政编码：100717

http://www.sciencep.com

北京虎彩文化传播有限公司 印刷

科学出版社发行 各地新华书店经销

*

2016年12月第 一 版 开本：787×1092 1/16

2019年 8 月第二次印刷 印张：13 1/4

字数：339 000

定价：49.00 元

(如有印装质量问题，我社负责调换)

前　　言

“教育回归工程，教学回归实践”已成为国际高等工程教育改革发展的共识，各国都在探索符合自身国情的改革道路和对策。

从“金工实习”发展到“工程训练”，不仅仅是教学内容和教学手段的简单拓展，更是教学理念和教学目的的时代升华。正是基于以上理念，本书坚持以“理论够用，实践为主”的原则进行组编。本书在内容组织上力求突出体系先进性、内容实用性和技术综合性，为培养学生的工程实践能力和工程综合应用能力提供有效指导。

本书作为普通高等工科院校和中、高等职业技术院校的工程技能训练教材，具有体系新颖、内容精练、图文并茂等特点，可读性极强；内容组织上力求突出实用性、应用性和综合性，各工种操作技能讲解简明扼要；示例结合训练内容和工程实际，学以致用。通过本书的学习，能培养学生的工程实践能力和工程综合应用能力，为其后继课程的学习和综合创新训练，以及今后的工作奠定良好的基础。

本书由左时伦、姜占平任主编；由胡林、李亮任副主编；参加编写的人员还有廖勇、羊健、陈渝、张罡、谭逢友、张晓蓉、廖智勇、苏卫东、吴圣洁、钟家森、杜晓林、李蓬等；本书由何高法最终审定。

在本书的编写过程中，得到重庆科技学院机械与动力学院领导、重庆市金工学会专家、教研室同仁及实习指导老师的大力支持和热忱帮助，特此表示感谢！本书在编写过程中参考和引用了相关手册、教材、学术杂志等文献资料上的有关内容，借鉴了许多同行专家的教学成果，在此一并表示真诚的谢意。

由于编者水平所限，书中难免有许多疏漏和不足，恳请读者批评指正，以便再版时更正、完善。

编　者

2016年3月

目 录

第 1 章 绪论 …… 1
1.1 机械发展简史 …… 1
1.2 机械类别与构成 …… 3
1.3 机械发展前景 …… 5
第 2 章 机械产品分析 …… 7
2.1 概述 …… 7
2.2 产品设计与制造 …… 7
2.2.1 产品设计 …… 7
2.2.2 产品制造 …… 9
2.3 产品拆卸与装配 …… 11
2.3.1 产品拆卸 …… 11
2.3.2 产品装配 …… 16
2.4 零部件测绘与技术处理 …… 19
2.4.1 零部件测绘 …… 19
2.4.2 技术处理 …… 27
2.5 产品分析实训 …… 28
复习思考题 …… 29
第 3 章 切削加工技术 …… 30
3.1 概述 …… 30
3.2 切削加工基础 …… 30
3.2.1 切削运动 …… 30
3.2.2 切削三要素 …… 31
3.2.3 刀具 …… 32
3.3 车削 …… 34
3.3.1 车床 …… 34
3.3.2 车刀 …… 36
3.3.3 工件安装 …… 37
3.3.4 车削工艺 …… 39
3.3.5 车削实训 …… 41
3.4 铣削 …… 43
3.4.1 铣床 …… 43
3.4.2 铣刀 …… 45
3.4.3 工件安装 …… 48
3.4.4 铣削工艺 …… 49
3.4.5 铣削实训 …… 52
3.5 磨削 …… 53
3.5.1 磨床 …… 54
3.5.2 砂轮 …… 56
3.5.3 工件安装 …… 57
3.5.4 磨削工艺 …… 58
3.5.5 磨削实训 …… 60
复习思考题 …… 61
第 4 章 钳工技术 …… 62
4.1 概述 …… 62
4.2 钳工设备与工具 …… 62
4.2.1 钳工设备 …… 62
4.2.2 钳工工具 …… 64
4.3 钳工基本操作 …… 65
4.3.1 划线 …… 65
4.3.2 锯割 …… 66
4.3.3 锉削 …… 66
4.3.4 钻、扩、铰孔 …… 68
4.3.5 攻螺纹和套螺纹 …… 72
4.4 钳工实训 …… 73
复习思考题 …… 75
第 5 章 热加工技术 …… 76
5.1 概述 …… 76
5.2 热加工基础 …… 76
5.2.1 金属液态成形 …… 76
5.2.2 金属塑性成形 …… 77
5.2.3 金属连接成形 …… 78
5.3 铸造 …… 79
5.3.1 铸造方法 …… 80
5.3.2 造型与制芯 …… 81
5.3.3 合金的熔炼与浇注 …… 87
5.3.4 铸造实训 …… 89
5.4 锻造 …… 92
5.4.1 锻造设备 …… 92

5.4.2 锻造工艺 ………… 95
5.4.3 自由锻造和模锻 ………… 97
5.4.4 锻造实训 ………… 99
5.5 焊接 ………… 102
5.5.1 电弧焊设备 ………… 103
5.5.2 电弧焊工艺 ………… 104
5.5.3 气焊与气割 ………… 106
5.5.4 焊接实训 ………… 109
复习思考题 ………… 112
第 6 章 机械 CAD/CAM 技术 ………… 113
6.1 概述 ………… 113
6.2 三维造型技术 ………… 117
6.2.1 几何造型方法 ………… 117
6.2.2 实体造型方法 ………… 118
6.3 自动编程技术 ………… 120
6.3.1 基本概念 ………… 120
6.3.2 基本步骤 ………… 121
6.4 CAD/CAM 实训 ………… 122
复习思考题 ………… 127
第 7 章 数控加工技术 ………… 128
7.1 概述 ………… 128
7.2 数控加工基础 ………… 129
7.2.1 数控机床组成 ………… 129
7.2.2 典型数控系统 ………… 130
7.3 数控编程基础 ………… 131
7.3.1 数控编程方法 ………… 131
7.3.2 数控编程指令 ………… 132
7.3.3 编程坐标系 ………… 134
7.4 数控车削 ………… 136
7.4.1 数控车床 ………… 136
7.4.2 数控车削实训 ………… 137
7.5 数控铣削 ………… 139
7.5.1 数控铣床 ………… 139
7.5.2 数控铣削实训 ………… 140
复习思考题 ………… 142
第 8 章 特种加工技术 ………… 143
8.1 概述 ………… 143
8.2 电火花加工 ………… 144
8.2.1 特点及应用 ………… 144
8.2.2 技术基础 ………… 145
8.2.3 电火花成形 ………… 147
8.2.4 线切割 ………… 150
8.2.5 电火花加工实训 ………… 155
8.3 3D 打印 ………… 157
8.3.1 特点及应用 ………… 157
8.3.2 技术基础 ………… 158
8.3.3 SLS 成型 ………… 160
8.3.4 FDM 成型 ………… 162
8.3.5 3D 打印实训 ………… 163
8.4 激光雕刻 ………… 164
8.4.1 特点及应用 ………… 164
8.4.2 技术基础 ………… 165
8.4.3 激光雕刻实训 ………… 167
复习思考题 ………… 169
第 9 章 机电控制技术 ………… 170
9.1 概述 ………… 170
9.2 用电安全技术 ………… 171
9.3 常用电器组件 ………… 175
9.3.1 非自动控制电器 ………… 175
9.3.2 自动控制电器 ………… 176
9.3.3 主令电器 ………… 181
9.4 基本电气电路 ………… 183
9.4.1 门电路 ………… 183
9.4.2 基本回路 ………… 183
9.5 交流电机控制 ………… 184
9.5.1 接线运行 ………… 184
9.5.2 测定测量 ………… 185
9.6 机电控制实训 ………… 187
复习思考题 ………… 189
第 10 章 机器人技术 ………… 190
10.1 概述 ………… 190
10.2 机器人技术基础 ………… 191
10.2.1 机器人定义 ………… 191
10.2.2 机器人分类 ………… 191
10.2.3 机器人构成 ………… 194
10.3 慧鱼机器人设计 ………… 195
10.3.1 基本构件 ………… 195

10.3.2　模型组合包 ……………………196
10.3.3　控制软件 ……………………198
10.3.4　接口板 ………………………200
10.4　机器人实训 ……………………202
复习思考题 ……………………………203
参考文献 ……………………………204

第 1 章　绪　　论

1.1　机械发展简史

机械是机器和机构的总称。如用于交通运输的汽车是机械，用于修路的挖土机、压路机是机械，用于织布的纺织机是机械，用于耕地的拖拉机是机械；而用于撬石头的杠杆、用于吊起货物的滑轮也是机械。总之，机械时时刻刻包围在我们身边，机械就在我们的生活和工作中。

在远古时代，人类就创造并使用了杠杆、车轮、滑轮、斜面、螺旋等简单机械。公元前 3000 年埃及在修建金字塔的过程中就使用了滚木来搬运巨石。阿基米德用螺旋将水提升至高处，那就是今天的螺旋式输送机的始祖。13 世纪以后，机械钟表在欧洲发展起来。在中世纪的欧洲就出现了用脚踏板驱动的加工木棒的车床和利用曲轴的研磨机，如图 1-1 所示。

(a) 13 世纪的木工车床　　(b) 9 世纪的研磨机

图 1-1　欧洲古代机械

有着悠久文明史的中华民族，也曾有不少机械方面的巧妙发明。图 1-2(a) 为公元 1 世纪东汉时发明的用水力鼓风炼铁的“水排”，其中应用了齿轮和连杆机构。图 1-2(b) 为晋代发明的用一头牛驱动八台磨盘的“连磨”，其中应用了齿轮系。

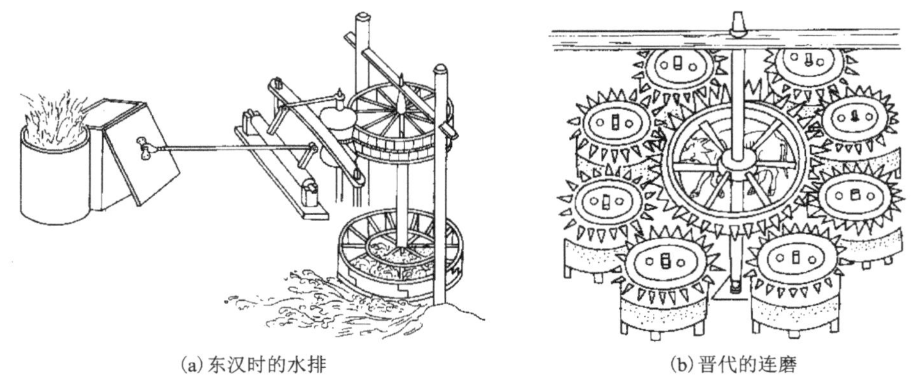

(a) 东汉时的水排　　(b) 晋代的连磨

图 1-2　中国古代机械

古代的机械仅用人力、畜力和水力来驱动，是动力制约了机械的发展。而近数百年来，同样也首先是动力的变革推动了机械的飞速发展和广泛应用。

18 世纪，瓦特(Watt)改良了蒸汽机，如图 1-3 所示。蒸汽机广泛应用于生产，揭开了工业革命的序幕。蒸汽机给人类带来了强大的动力，各种由动力驱动的产业机械——纺织机、车床等如雨后春笋般出现。

(a) 瓦特

(b) 1876 年美国费城博览会上展出的蒸汽机

图 1-3　蒸汽机

19 世纪，电动机和内燃机的发明是又一次技术革命。在绝大多数场合，电力代替了蒸汽。集中驱动被抛弃了，在每台机床和纺织机上都安装了独立的电动机。而内燃机的发明则为汽车、飞机的出现提供了可能性。

机器的传动装置是由各种机构组成的。连杆机构、齿轮机构和凸轮机构等在古代机械中就已经有所应用。在达·芬奇时代，现在最常用的一些机构形式即已基本知晓。

1797 年，完全由金属制成的车床在英国问世，它已是现代车床的雏形。到 19 世纪中叶，通用机床的各种类型已大体齐备；到 19 世纪末，自动机床、大型机床也已出现。

为了满足日益增长的社会需求，20 世纪初以美国福特汽车的生产为标志，机械制造进入了大批量生产模式的时代。

在工业革命发生以后，基于动力的变革，大幅度提高机器的速度成为可能。由于不断提高生产率的需要，机器速度的提高是几百年来未曾停遏的发展趋势。由于提高产品质量和进行大批量生产的要求，机器的精密化和自动化成为机器发展的另外两个重要趋势。机器的高速化、精密化和自动化促使机器中的传动系统不断发展和完善。近三百多年来，一方面，已有的机构不断完善，例如，18 世纪欧拉(Euler)首次提出了采用渐开线作为齿轮的齿廓，从而使高速、大功率的机械传动成为可能；另一方面，更多的机构被发明出来，20 世纪出现了各种大传动比、结构紧凑的新型传动，机构的创新一直到今天也没有停止。

20 世纪后半叶计算机的发明是科学技术发展史上划时代的大事。随着计算机和伺服电动机的出现，机器人作为现代机器的代表走上了历史舞台。机器人不仅正在越来越广泛地应用于工业生产中，而且在星际探索、潜水、管道修理、外科手术、生物工程等领域也应用着不同形式的特种机器人，承担着许多由人的直接操作无法完成的工作。

与此同时，计算机控制系统和伺服电动机被引入到传统机械中来，使这些机械的组成、性能发生了革命性的变化，数控机床的出现就是一个最典型的例子。现代机械向主动控制、信息化和智能化方向发展。

1.2 机械类别与构成

1. 机械类别

机械的种类繁多，可以按几个不同方面进行分类，例如，按功能可分为动力机械、物料搬运机械、粉碎机械等；按服务的产业可分为农业机械、矿山机械、纺织机械、包装机械等；按工作原理可分为热力机械、流体机械、仿生机械等。中国机械行业的主要产品包括以下 12 类。

(1) 农业机械：拖拉机、播种机、收割机械等。

(2) 重型矿山机械：冶金机械、矿山机械、起重机械、装卸机械、工矿车辆、水泥设备等。

(3) 工程机械：叉车、铲土运输机械、压实机械、混凝土机械等。

(4) 石化通用机械：石油钻采机械、炼油机械、化工机械、泵、风机、阀门、气体压缩机、制冷空调机械、造纸机械、印刷机械、塑料加工机械、制药机械等。

(5) 电工机械：发电机械、变压器、高低压开关、电线电缆、蓄电池、电焊机、家用电器等。

(6) 机床：金属切削机床、锻压机械、铸造机械、木工机械等。

(7) 汽车：载货汽车、公路客车、轿车、改装汽车、摩托车等。

(8) 仪器仪表：自动化仪表、电工仪器仪表、光学仪器、成分分析仪、汽车仪器仪表、电料装备、电教设备、照相机等。

(9) 基础机械：轴承、液压件、密封件、粉末冶金制品、标准紧固件、工业链条、齿轮、模具等。

(10) 包装机械：包装机、装箱机、输送机等。

(11) 环保机械：水污染防治设备、大气污染防治设备、固体废物处理设备等。

(12) 矿山机械：岩石分裂机、顶石机等。

2. 机械构成

机械是一种人为的实物构件的组合，各部分之间具有确定的相对运动，用来完成有用的机械功或转换机械能或处理信息，以替代或减轻人的劳动。机械主要由以下几个部分构成。

1) 驱动装置

驱动装置常称为原动机，它是机械的动力来源，常用的有电动机、内燃机、液压缸和气动缸等，以各种电动机的应用最为普遍。

2) 执行装置

执行装置处于整个传动路线的终端。按照工作要求完成指定的运动，是直接完成机械功能的部分。如工业机器人的手部。执行装置随机械的用途不同而不同。

3) 传动装置

传动装置介于驱动装置与执行装置之间，它将原动机的运动和动力传递给执行装置，并实现运动速度和运动形式的转换。电动机大都是作回转运动，而机械的输出执行部分则有各种形式：回转(低速)、往复摆动、往复移动、间歇运动等，这就需要实现运动形式或速度转换的各种机构。极少数机械直接由原动机带动执行装置，中间没有传动装置，如鼓风机。

随着 20 世纪后半叶以来现代科学技术的发展，特别是控制理论的发展和计算机在工业上的广泛应用，机械的组成更复杂了。许多现代机械除了上述三部分，又包含了控制装置。

4）控制装置

控制装置的作用是控制机械各部分的运动。如在工业机器人中，要让机械手完成一定的夹持动作，要确定它的动作轨迹(不与周围机械发生动作干涉)和速度规律运动，要计算出六个伺服电动机相应的运动规律。要使伺服电动机按这个运动规律运动，就需要控制。同时还要有传感器，它的作用是测量机器人各运动构件的真实运动情况，并将测量结果随时反馈给控制系统，控制系统根据运动要求和真实运动情况发出指令，对伺服电动机的运动加以调节。

如果将传统机械的三个组成部分比作人的心脏、躯干、手，那么现代机械设备就有了控制装置和传感器，就是增添了大脑和眼睛，“智能机械”的说法由此而来。

3. 常用机械

1）内燃机

图 1-4 所示为单缸四冲程内燃机，它的功能是将汽油燃烧的热能转化为机械能，是汽车或摩托车的动力源。其主要运动系统由气缸 1、活塞 2、连杆 3、曲轴 5 组成。当活塞处于上止点，随后向下动作，进气阀处于打开状态，吸进可燃混合气体，此为吸气冲程；活塞越过下止点向上动作，进气阀关闭，可燃气体被压缩，此为压缩冲程；活塞运动到了上止点，火花塞点火，使混合可燃气体迅速燃烧，燃烧产生的高压气体推动活塞向下动作，活塞通过连杆带动曲轴转动从而向外输出力矩，将热能转化为机械能，此为做功冲程；活塞越过下止点向上动作，进气阀，排气阀打开，将废气排出，此为排气冲程。

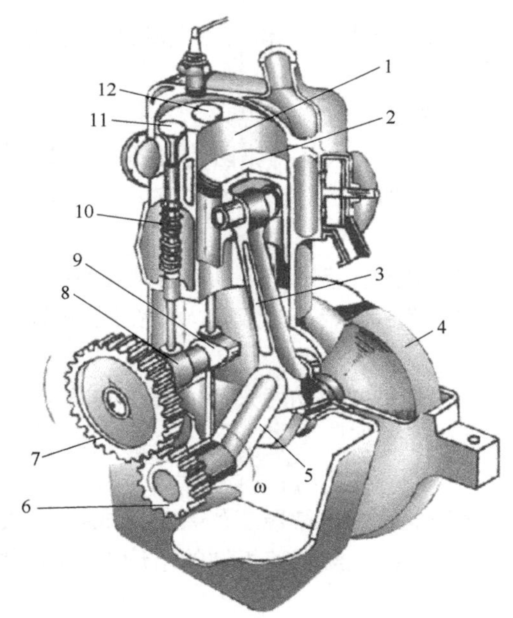

图 1-4　单缸内燃机结构示意图

1-气缸；2-活塞 3-连杆；4-飞轮；5-曲轴；6-小齿轮；7-大齿轮；8、9-凸轮门；10-弹簧；11-进气阀；12-排气阀

2）空气压缩机

图 1-5 所示为空气压缩机。它的功能是将机械能转换为气体的势能，提供有一定压力的空气。

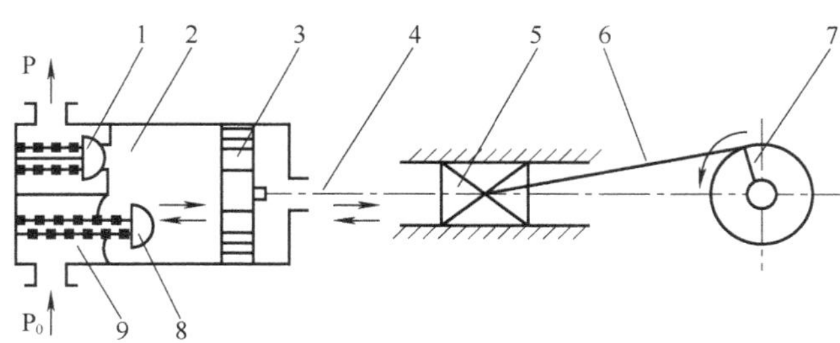

图 1-5 空气压缩机

1-排气阀；2-气缸；3-活塞；4-活塞杆；5-滑块；6-连杆；7-曲柄；8-吸气阀；9-阀门弹簧

它的主体部分是一个和内燃机中相同的连杆机构。通过曲轴 7、连杆 6 带动活塞 3 往复运动，将气体压缩。它也有吸气阀和排气阀配合活塞的运动，控制气体的进入和排出。

3) 工业机器人

图 1-6 所示为通用工业机器人。图中只画出了它的机械结构执行部分—机械操作机构。机器人操作机构由多个构件组成，各构件间均用可相对转动的活动铰链连接，通常称为机器人的“关节”。图中立柱 2 可在机座 1 中绕垂直轴线转动，这个连接处称为“腰关节”。大臂 3 和立柱 2 之间、前臂 4 和大臂之间的连接处分别称为“肩关节”和“肘关节”。当这三个关节相连两构件间的三个相对转角各自确定时，前臂的前端点在空间内便达到机器人要确定的夹取位置。在臂的前端，安装有腕部和 5 和手部 6。腕部由 3 个小的杆件组成，也有 3 个关节转角。手部通常称为末端执行器，它可以是一个夹持器，可以根据使用场合的不同可夹持不同的工具或工件。例如，可夹持零件进行装配，也可以夹持焊枪进行焊接。这 6 个关节运动需要 6 个伺服电动机来分别驱动。电动机在计算机的控制下按设计好的运动规则转动，这 6 个关节变量连续变化，末端执行器就按照一定的运动规律运动。工业机器人除了机械结构部分，还有计算机控制系统和传感装置。传感装置的作用是测量各关节的真实转角，并将测量结果随时反馈给控制系统，然后控制系统发出指令对伺服电机的运动加以调节。

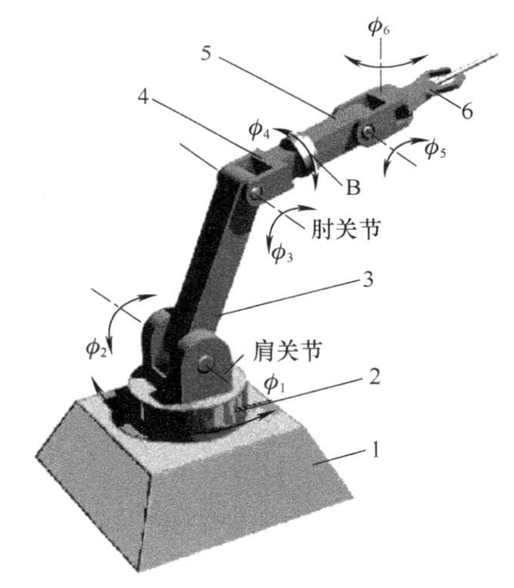

图 1-6 工业机器人执行装置

1-机座；2-立柱；3-大臂；4-前臂；5-腕部；6-手部

1.3 机械发展前景

1. 发展趋势

机械工业素有“工业的心脏”之称。它是其他经济部门的生产手段，也可说是一切经济部门发展的基础。它的发展水平是衡量一个国家工业化程度的重要标志。21 世纪，世界机械工业进入前所未有的高速发展阶段，发达国家重视装备制造业的发展，不仅在本国工业中所占比重、积累、就业、贡献均占前列，更在于装备制造业为新技术、新产品的开发和生产提供重要的物质基础，是现代化经济不可缺少的战略性产业，即使是迈进“信息化社会”的工业化国家，也无不高度重视机械制造业的发展。

以信息技术为代表的当代高新技术的迅猛发展对制造业起到了推动、提升和改造的作用。信息装备技术、工业自动化技术、数控加工技术、机器人技术、先进的发电和输配电技术、电力电子技术、新材料技术和新型生物、环保装备技术等当代高新技术成果开始广泛应用于机械工业，其高新技术含量已成为市场竞争取胜的关键。

从产业规律看，当前，以新一代信息技术与制造技术深度融合为特征的智能制造模式，正引发新一轮产业变革；从生产方式看，数字化、虚拟化、智能化技术将贯穿产品全生命周期；从生产模式看，柔性化、网络化、个性化生产将成为制造模式新趋势；从生产组织看，全球化、服务化、平台化将成为产业组织新方式。从供给要求看，当前，产品市场需求总体不旺，但附加值高、功能齐全、性价比高的产品供不应求，说明市场过剩是相对的，产品质量、性能、品牌竞争力才是关键。产品的质量和性能，除了研发、设计等因素，还取决于制造产品的装备水平，而且研发、设计理念能否得以体现关键也在于装备水平的高低，企业制造装备升级正是供给侧结构性改革的一个重要抓手。

2. 发展战略

随着新一轮工业革命的孕育兴起，德国将通过互联网、高科技、大数据、虚拟制造信息技术与实体制造技术融合，以实现智能制造。2013 年年底，德国电气电子和信息技术协会发布了德国首个工业 4.0 标准化路线图，以加强德国作为技术经济强国的核心竞争力。工业 4.0 是德国政府 2010 年正式推出的《高技术战略 2020》十大未来项目之一，它是以智能制造为主导的革命性生产方法，即通过充分利用信息通信技术和网络物理系统等手段，实现由集中式控制向分散增强型控制的基本模式转变，目标是建立高度灵活的个性化和数字化的产品与服务的生产模式，推动制造业向智能化转变。

美国提出以人工智能、机器人和数字制造为核心，重塑制造业竞争力。2009 年初美国开始调整经济发展战略，同年 12 月公布《重振美国制造业框架》，2011 年 6 月和 2012 年 2 月相继启动《先进制造技术伙伴计划》与《先进制造国家发展战略计划》，并通过积极的工业政策，鼓励制造业重返美国。目前，美国已经正式启动高端制造计划，积极在生物制造、新一代微电子研发、高端机器人、纳米技术、高端电池、能源材料等领域加强攻关，这将推动美国高端人才、高端要素和高端创新集群发展。

中国制造业在 2010 年即接近世界产量的 20%，成为第一制造大国。目前，制造业产量占世界的 25%。然而，我国制造业“大而不强”，制造业整体竞争力排名第十三位，在对占世界制造业总产值 70%以上的 15 个国家中，仅高于泰国和印度，与瑞士、日本、德国、美国等主要发达国家差距极大，原因在于我国制造业水平不高，总体上还只是“世界工厂”，处于价值链的低端。为了实现从制造大国向制造强国的转变，我国提出了“三步走”战略。“中国制造 2025”也就是“三步走”第一个十年的行动纲领。而“中国制造 2025”是李克强总理 2015 年 3 月 5 日在《政府工作报告》中首次提出的，他说：“要实施‘中国制造 2025’，坚持创新驱动、智能转换、强化基础、绿色发展，加快从制造大国转向制造强国。”

“中国制造 2025”以制造业创新发展为主题，以提质增效为中心，以加快新一代信息技术与制造业深度融合为主线，以推进智能化制造为主攻方向，以满足紧急社会发展和国防建设对重大技术装备的需求为目标，强化工业基础能力，提高综合集成水平，完善多层次多类型人培养体系，促进产业转型升级，培育有中国特色的制造文化，实现制造业由大变强的历史跨越。

第 2 章　机械产品分析

2.1　概　　述

机械产品分析是对机械产品进行分析研究，掌握其功能原理、组成结构、运动方案以及零部件的组成结构、设计参数、工艺参数、质量参数等关键技术，从而完成机械相关知识系统化的学习，或进一步进行相关机械产品的开发设计。包括设计思想分析、功能原理及结构分析、零部件的设计分析、工艺分析、质量参数分析等。

产品分析的内容主要包括以下几个方面：第一，分析机械产品整机的功能及原理、结构组成、结构原理、结构特征、技术性能和技术参数指标。第二，分析产品的控制原理、控制方法和控制电路。第三，分析产品的拆卸、装配工艺方法和一般过程，对关键零部件进行测绘，分析其功能结构、尺寸精度、材料选择方法、制造加工工艺以及其他特殊要求等。第四，分析产品的测试项目、测试方法、测试工艺、测试指标及测试仪器仪表，数据收集、记录、分析、处理，得出产品分析结果报告。

产品分析的作用首先在于通过对机械产品进行分析，可以系统地掌握机械产品和常用机构的应用、设计、计算、机械制造工艺等相关知识，是学习机械相关专业知识的一种有效方法。机械相关知识内容很广，常用机构、动力系统、传动系统、连接系统、执行系统、送料系统、机器总装、CAD 以及零部件的加工制造与装配等知识，而这些知识往往是孤立的，抽象的，通过对机械产品的分析，可以将这些知识进行系统化，具体化。其次，产品分析是逆向工程工作的基础，特别适用机械产品的集成设计和变型设计等。对现有产品进行分析研究，可以对产品进行创新改造，从而开发出功能更强、结构更合理、工艺更先进、产品质量更高的新产品。最后，通过对产品的分析还可以指导产品的安装、使用与维护维修等。

2.2　产品设计与制造

2.2.1　产品设计

1. 产品的开发流程与方式

产品的开发是一个决策的过程，从人们的需求出发，形成规划和设计，再形成产品进入市场，经销售、使用后最终报废或回收。在产品的整个开发过程中应遵循从市场到市场的规律，切实了解市场的需求，然后再进行分析、规划、设计、制造和展开市场营销，其开发过程如图 2-1 所示。

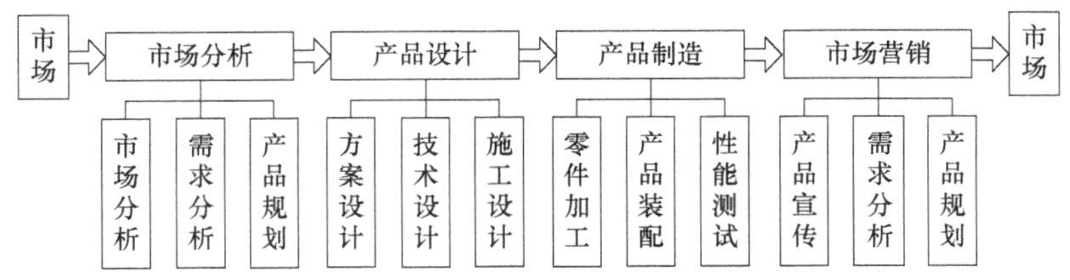

图 2-1　产品开发流程

产品开发主要有以下三种方式。

1)独立研制

依靠本企业的力量独立完成产品开发和研制，使企业拥有自主的知识产权；也可借用别人的基础理论研究成果进行应用研究和产品开发。

2)协作开发

当产品开发涉及较广泛的学科领域时，需要各类人才、先进的仪器设备和实验手段，比如企业、科研单位和高校之间可集中优势共同开发。

3)技术引进

在充分掌握国内外技术状况和市场需求的情况下，可通过购买专利引进先进技术，也可将其与自己的研究成果相结合以开发新产品。

2. 产品设计阶段

产品的质量主要取决于设计质量。制造过程对产品质量所起的作用就在于实现设计时所规定的质量。因此，产品的设计阶段是决定产品质量好坏的关键，产品设计一般包括以下几个阶段。

1)计划阶段

在根据生产或生活的需要提出所要求的设计产品后，计划阶段只是一个准备阶段。此时，对所要求的产品仅有一个模糊的概念。在此阶段中，应充分了解用户或市场对产品的需求，并进行系统的调查研究和分析。通过分析，进一步明确产品应具有的功能，为以后的决策提出由环境、经济、加工以及时限等各方面所确定的约束条件，并在此基础上，明确设计任务，并撰写设计任务书。设计任务书大体上应包括：产品的功能，经济性估计，制造要求方面的大致估计，以及基本使用范围等。

2)方案设计阶段

本阶段对设计的成败起关键作用。在这一阶段中充分表现出设计工作有多种方案的特点。本阶段，首先进行产品的功能分析，就是对设计任务书提出的功能中必须达到的要求、最低要求及希望达到的要求进行综合分析，确定出功能参数，作为进一步设计的依据。在这一步骤中，要恰当处理需要与可能、理想与现实、发展目标与当前目标之间可能产生矛盾问题。确定出功能参数后，即可提出可能的解决方案。机械产品一般从原动部分、传动部分及执行部分进行讨论。

3)技术设计阶段

技术设计阶段的目标是产生总装配草图及部件装配草图。通过草图设计确定出各部件及其零件的外形及基本尺寸，包括各部件之间的连接零、部件的外形及基本尺寸。

为了确定主要零件的基本尺寸，必须做以下工作。

(1)产品的运动学设计：根据确定的结构方案，确定原动件的参数(功率、转速、线速度等)。然后做运动学计算，从而确定各运动构件的运动参数(转速、速度、加速度等)。

(2)机器的动力学计算：结合各部分的结构及运动参数，计算各主要零件所受载荷的大小及特性。此时求出的载荷，由于零件尚未设计出来，因而只是作用于零件上的公称(或名义)载荷。

(3)零件的工作能力设计：已知主要零件所受的公称载荷的大小和特性，即可做零、部件的初步设计。设计所依据的工作能力准则，须参照零、部件的一般失效情况、工作特性、环境条件等合理地拟定，一般有强度、刚度、振动稳定性、寿命等准则。通过计算或类比，即可决定零、部件的基本尺寸。

(4) 部件装配草图及总装配草图的设计：根据已定出的主要零、部件的基本尺寸，设计出部件装配草图及总装配草图。草图上需对所有零件的外形及尺寸进行结构化设计。在此步骤中，需要很好地协调各零件的结构及尺寸，全面地考虑所设计的零、部件的结构工艺性，使全部零件有最合理的构形。

(5) 主要零件的校核：有一些零件，在上述第 (3) 步中由于具体的结构未定，难以进行详细的工作能力计算，所以只能做初步计算及设计。在绘出部件装配草图及总装配草图以后，所有零件的结构及尺寸均为已知，相互邻接的零件之间的关系也为已知。只有在这时，才可以较为精确地定出作用在零件上的载荷，决定影响零件工作能力的各个细节因素。只有在此条件下，才有可能并且必须对一些重要的或者外形及受力情况复杂的零件进行精确的校核计算。根据校核的结果，反复地修改零件的结构及尺寸，直到满意。

4) 技术文件编制阶段

技术文件的种类较多，常用的有产品的设计计算说明书、使用说明书、标准件明细表等。编制设计计算说明书时，应包括方案选择及技术设计的全部结论性的内容。编制供用户使用的产品使用说明书时，应向用户介绍产品的性能参数范围、使用操作方法、日常保养及简单的维修方法、备用件的目录等。其他技术文件，如检验合格单、外购件明细表、验收条件等，视需要与否另行编制。

3. 零部件设计步骤

机械零部件的设计是实现产品设计的基础，主要包括机器机构结构设计，机器动力装置设计，机器传动系统(带传动、齿轮传动、蜗轮蜗杆传动、链传动等)设计，机器轴系系统设计，机器连接系统(螺纹连接、键连接等)设计，机器执行系统分析设计，机器送料系统分析设计和机器总装 CAD 辅助设计分析等。机械零件的设计大体上要经过以下几个步骤：

(1) 根据零件的使用要求，选择零件的类型或结构。

(2) 根据零件的工作条件及对零件的特殊要求，选择合适的材料和热处理方法。

(3) 根据零件的工作情况，确定作用于零件上的载荷（包括建立力学模型、进行载荷分析和计算、考虑各种因素对载荷的影响及确定零件的计算载荷)。

(4) 根据零件可能出现的失效形式，确定计算准则，并计算和确定出零件的基本尺寸。

(5) 根据工艺性和标准化等要求进行零件的结构设计。

(6) 必要时应对零件进行校核计算。

(7) 绘出零件的工作图，并写出计算说明书。

2.2.2　产品制造

1. 工艺过程

将原材料转变为成品的全过程称为生产过程。生产过程一般包括原材料的运输、仓库保管、生产技术准备、毛坯制造、机械加工(含热处理)、装配、检验、喷涂和包装等。而在生产过程中，凡是改变生产对象的形状、尺寸、位置和性质等，使其成为成品或半成品的过程称为工艺过程。工艺过程是生产过程的主要部分，其他过程则称为辅助过程。工艺过程包括：毛坯的制造工艺过程，零件的加工过程，机械装配工艺过程，以及检验和包装工艺过程。辅助过程有工量夹具的制造和维修、运输和储存以及动力提供过程等。

机械加工工艺过程是由一个或若干个顺序排列的工序组成的，毛坯依次通过这些工序，就被加工成合乎图样规定要求的零件。而工序又由安装、工位、工步、走刀等组成。

1) 工序

工序是指一个(或一组)工人在一个工作地(如一台机床)对一个(或若干个)劳动对象连续完成的各项生产活动的总和。它是组成生产过程的最小单元。同一工序的操作者、工作地和劳动对象是固定不变的，如果有一个要素发生变化，就构成另一道新工序。

2) 工步

在同一个工位上，要完成不同的表面加工时，其中加工表面、切削速度、进给量和加工工具都不变的情况下，所连续完成的那一部分工序内容称为一个工步。

一个工序可以用一个工步，也可以有几个工步。图 2-2 所示为在卧式车床上进行的一道工序，该工序由 4 个工步组成：第一个工步为车端面 1，第二个工步为钻孔 2，第三个工步为车孔 3，第四个工步为车槽 4。

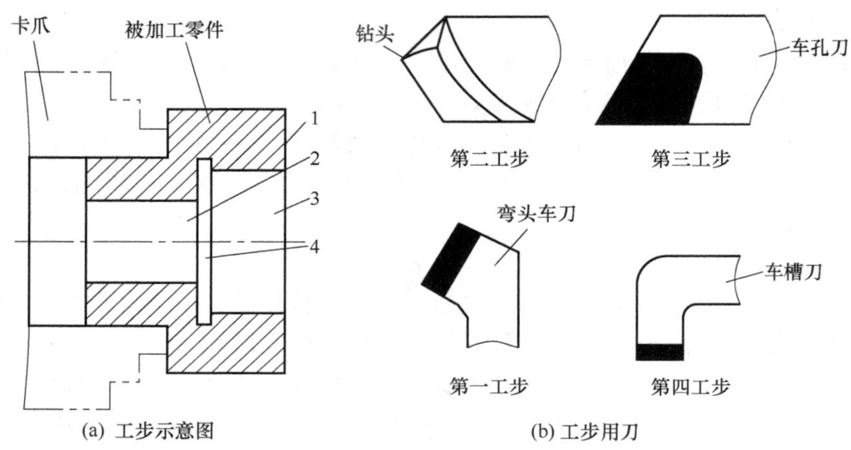

图 2-2　工艺过程的工步

3) 走刀

走刀是工步的一部分。如果在一个工步内，因余量较大而不能一次切完，则应分几次切除，每切一次就是一次走刀。一个工步可以只有一次走刀，也可以有几次走刀。

4) 安装

就安装通常的含义而言，是指被加工零件在夹具或机床上先占据正确的几何位置，然后通过夹紧将其固定下来的过程。

5) 工位

被加工零件在机床上的一次安装中，由于换位会先后在不同的几个位置上进行加工，所以每一个加工位置称为一个工位。例如，在多轴自动机床上，自动机床的轴座每隔一定时间就转动一定的角度，被加工零件也随之被带到一个新的工位进行加工，加工结束之后再转到下一个工位，直至完成一个循环。

2. 工序类型

把毛坯变为成品零件，在多数情况下都要经过若干道加工工序。由于每道工序在工艺过程中所起的作用不同，因而就有了不同类型的加工工序。

1) 粗加工工序

在每一道机械加工工序中，总要从零件的被加工表面上切除一层金属，这些被切除的金属称为加工余量。由于毛坯的尺寸误差、形状误差、各表面间的位置误差，以及表面缺陷深度都较大，所以被加工表面在第一次加工时所切除的余量也较大，故被加工表面的初次加工称为粗加工工序。

2) 半精加工工序

作为被加工表面加工过程中的过渡工序，在粗加工之后所进行的工序的加工余量比粗加工工序所切除的余量要小，但比后续工序中所切除的余量要大。这种类型的工序称为半精加工工序。半精加工工序可能不只进行一次，有时要进行几次才行。

3) 精加工工序

精加工工序的目的可以是完成该表面的最终加工，也可以是为该表面进行以后更精密的加工做准备。因此，精加工工序的重点已经不是如何去除余量，而是在于如何达到零件图规定的尺寸精度和表面质量要求。

4) 光整加工工序

在光整加工工序中所切除的加工余量很少，而要求的加工精度很高。光整加工工序有时是为了满足被加工表面的某种特殊要求才进行的。例如，气缸套的珩磨以及零件的装饰性抛光等。

3. 生产方式

产品的生产制造模式与生产方式与社会需求、生产水平、科技进步等密切相关。

1) 单件小批量生产

其主要原因是社会对产品的需求量小，产品品种少。这种模式产量低，成本高，且成本不随产量而下降，无法满足市场需求。

2) 大批量生产

市场对工业产品需求量的上升以及电气化、标准化与系列化的结合，开创了机械自动流水线生产，出现了少品种大批量生产的模式。这种生产模式具有效率高、成本低、质量好、程序固定等优点，对生产水平的提高起很大的促进作用。

3) 大规模定制

大规模定制是在标准技术、现代设计方法、信息技术和先进制造技术的支持下，根据客户的个性化需求，以大批量生产的低成本、高质量和高效率提供定制产品和服务的生产方式。

4. 工艺规程

人们把工艺过程的有关内容用文件的形式固定下来，用以指导生产，这个文件称为工艺规程。工艺规程是组成技术文件的主要部分，是工艺装备、材料定额、工时定额设计与计算的主要依据，是直接指导工人操作的生产法规，它对产品成本、劳动生产率、原材料消耗有直接关系。工艺规程编制的质量高低对保证产品质量起着重要作用。一般包括零件加工的工艺路线，各工序的具体加工内容，切削用量、工时定额以及所采用的设备和工艺装备等。企业所用工艺规程的具体格式虽不统一，但内容大同小异。一般来说，工艺规程的形式按其内容详细程度，可分为工艺过程卡、工艺卡和工序卡。

2.3 产品拆卸与装配

2.3.1 产品拆卸

1. 拆卸前的准备工作

拆卸工作是设备使用与维护中一个重要的环节，也是产品分析时的一种常用手段。若在拆卸过程中存在考虑不周全、方法不恰当、工具不合理等问题，则可能造成被拆卸零部件的损坏，甚至使整台设备的精度降低，工作性能受到严重影响。为使拆卸工作能够顺利进行，必须做好拆卸前的一系列准备工作。首先，仔细研究设备的技术资料，认真分析设备的结构特点，传动系统、零部件的结构特点、配合性质和相互位置关系。其次，明确它们的用途，在熟悉以上各项内容的基础上，确定拆卸方法，选用合理的工具。最后，才可以开始拆卸工作。

2. 拆卸的顺序及注意事项

在拆卸设备时，应按照与装配相反的顺序进行，一般是由外向内，从上向下，先拆成部件或组件，再拆成零件。在拆卸过程中应注意以下事项。

(1)对不易拆卸或拆卸后会降低连接质量和易损坏的连接件，应尽量不拆卸，如密封连接、过盈连接、铆接及焊接等连接件。

(2)拆卸时用力应适当，特别要注意对主要部件的拆卸，不能使其发生任何程度的损坏。对于彼此互相配合的连接件，在必须损坏其中一个的情况下，应保留价值较高、制造较困难或质量较好的零件。

(3)用锤击法冲击零件时，必须加垫较软的衬垫，或用较软材料的锤子(如铜锤)或冲棒，以防损坏零件表面。

(4)对于长径比值较大的零件，如较精密的细长轴、丝杠等零件，拆下后应竖直悬挂；对于重型零件，需用多个支撑点支撑后卧放，以防变形。

(5)拆卸下来的零件应尽快清洗和检查。对于不需要更换的零件，要涂上防锈油；对于一些精密的零件，最好用油纸包好，以防锈蚀或碰伤；对于零部件较多的设备，最好以部件为单位放置，并做好标记。

(6)对于拆卸下来的那些较小的或容易丢失的零件，如紧定螺钉、螺母、垫圈、销子等，清洗后能装上的尽量装上，防止丢失。轴上的零件在拆卸后最好按原来的次序临时装到轴上，或用铁丝串起来放置，这会给最后的装配工作带来很大的方便。

(7)拆卸下来的导管、油杯等油、水、气的通路及各种液压组件，在清洗后均需将进、出口进行密封，以免灰尘、杂质等物侵入。

(8)在拆卸旋转部件时，应注意尽量不破坏原来的平衡状态。

(9)对于容易产生位移而又无定位装置或有方向性的连接件，在拆卸后应做好标记，以便装配时容易辨认。

3. 拆卸的常用方法

对于设备拆卸工作，应根据设备零部件的结构特点，采用不同的拆卸方法。常用的拆卸方法有击卸法、拉拔法、顶压法、温差法和破坏法等。

1)击卸法

击卸法是拆卸工作中最常用的方法，它是用锤子或其他重物对需要拆下的零部件进行冲击，从而实现把零件拆卸下来的一种方法。

(1)用锤子击卸。用锤子敲击拆卸时应注意以下事项：

① 要根据被拆卸零件的尺寸、形状及配合的牢固程度，选用恰当的锤子，且锤击时用力要适当。

② 必须对受击部位采取相应的保护措施，切忌用锤子直接敲击零件。一般应使用铜棒、胶木棒或木板等来保护受敲击的轴端、套端和轮辐等易变形、强度较低的零件或部位。拆卸精密或重要零部件时，还应制作专用工具加以保护，如图 2-3 所示。

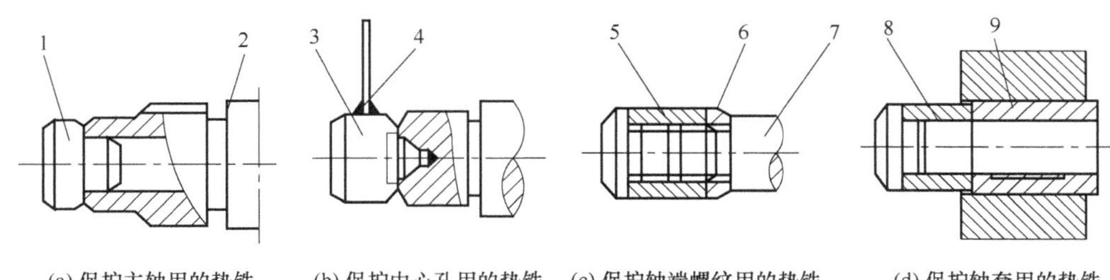

(a) 保护主轴用的垫铁　(b) 保护中心孔用的垫铁　(c) 保护轴端螺纹用的垫铁　(d) 保护轴套用的垫铁

图 2-3　用击卸法拆卸零部件时的保护

1、3-垫铁；2-主轴；4-铁条；5-螺母；6、8-垫套；7-轴；9-轴套

③ 应选择合适的锤击点，以防止零件变形或损坏。对于带有轮辐的带轮、齿轮等，应锤击轮与轴配合处的端面，锤击点要对称，不能敲击外缘或轮辐。

④ 对于严重锈蚀而难以拆卸的连接件，不能强行锤击，应加煤油浸润锈蚀部位，当略有松动时再进行击卸。

(2) 利用零件自重冲击拆卸。如图 2-4 所示为利用自重冲击拆卸蒸汽锤锤头的示意图。锤杆与锤头是由锤杆锥体胀开弹性套而产生过盈连接的。为了保护锤体和便于拆卸，在锥孔中衬有阴极铜片。拆卸前，先将锤头上的砧铁拆去，用两端平整、直径小于锥孔小端 5mm 左右的阴极铜棒作冲铁，放在下垫铁上，并使冲铁对准锥孔中心。在下垫铁上垫好木板，然后开动蒸汽锤下击，即可利用锤头的惯性将锤头从锤杆上拆卸下来。

(3) 利用其他重物冲击拆卸。如图 2-5 所示是利用吊棒冲击拆卸锻锤中的楔条的示意图。先将圆钢靠近两端处焊上两个吊环，然后用起吊装置将圆钢吊起来，如图 2-5(b) 所示。再将楔条小端倒角，以防冲击时端头变大而使拆卸困难，最后用圆钢冲击楔条小端，即可将配合牢固的楔条拆下。在拆卸大、中型轴类零件时，也可采用这种方法。

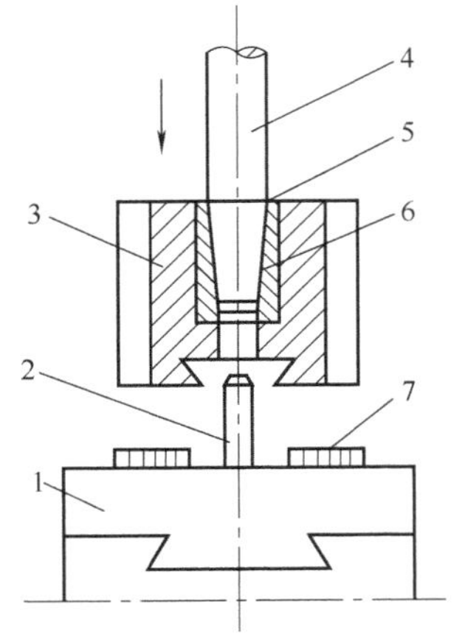

图 2-4　利用自重冲击拆卸蒸汽锤锤头

1-下垫铁；2-冲铁；3-锤头；4-锤杆；5-阴极铜片；6-弹性套；7-木板

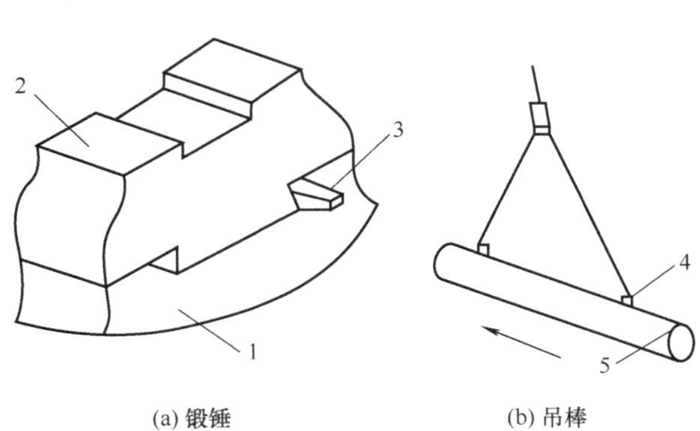

(a) 锻锤　(b) 吊棒

图 2-5　利用吊棒冲击拆卸锻锤中击楔条

1-锤墩；2-中击；3-楔条；4-吊环；5-圆钢

2) 拉拔法

(1) 轴套的拉卸。轴套一般都是用硬度较低的铜、铸铁或其他轴承合金制成的，如果拆卸不当，很容易使轴套变形或拉伤配合表面。因此，不需要拆卸时尽量不去拆卸，只作清洗或

修整即可。对于必须拆卸的可用专用或自制拉具拆卸，如图 2-6 所示。

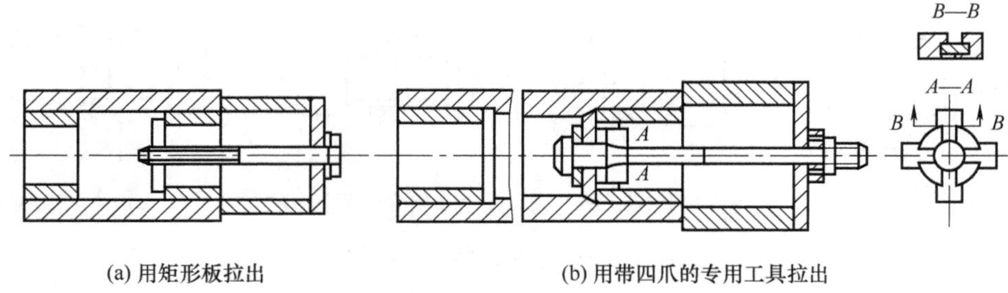

(a) 用矩形板拉出　　(b) 用带四爪的专用工具拉出

图 2-6　轴套的拉卸

(2) 轴端零件的顶拔。位于轴端的带轮、链轮、齿轮和滚动轴承等零件的拆卸，可用不同规格的顶拔器进行顶拔拆卸，如图 2-7 所示。

(3) 钩头键的拉卸。如图 2-8 所示为两种拉卸钩头键的方法。使用这两种工具既方便又不损坏钩头键和其他零件。

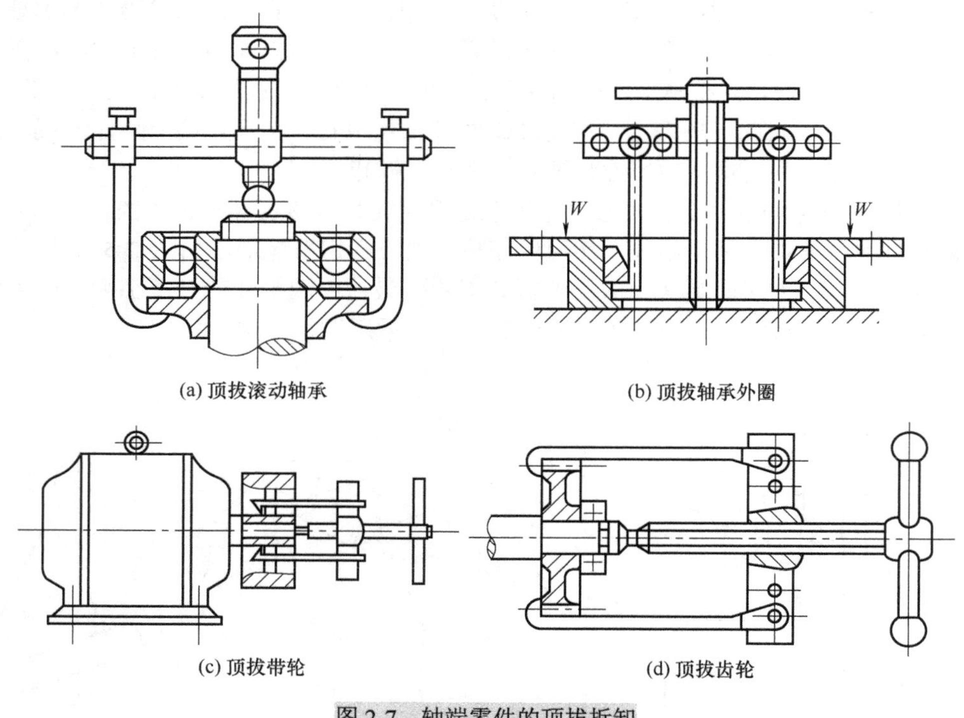

(a) 顶拔滚动轴承　　(b) 顶拔轴承外圈

(c) 顶拔带轮　　(d) 顶拔齿轮

图 2-7　轴端零件的顶拔拆卸

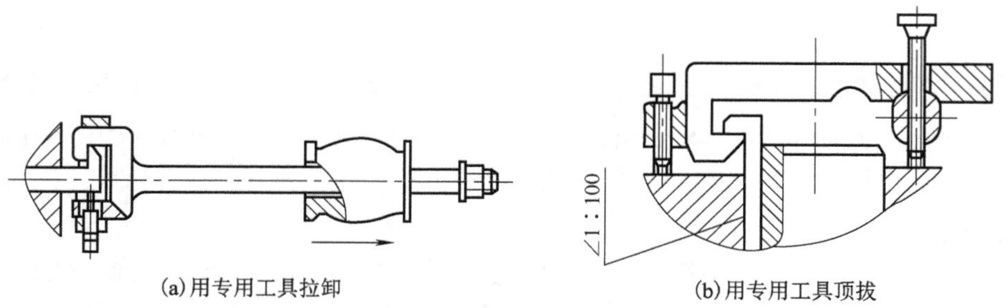

(a)用专用工具拉卸　　(b)用专用工具顶拔

图 2-8　钩头键的拉卸

(4) 轴的拉卸。对于端面有内螺纹且直径较小的传动轴，可用拔销器拉卸，如图 2-9 所示。

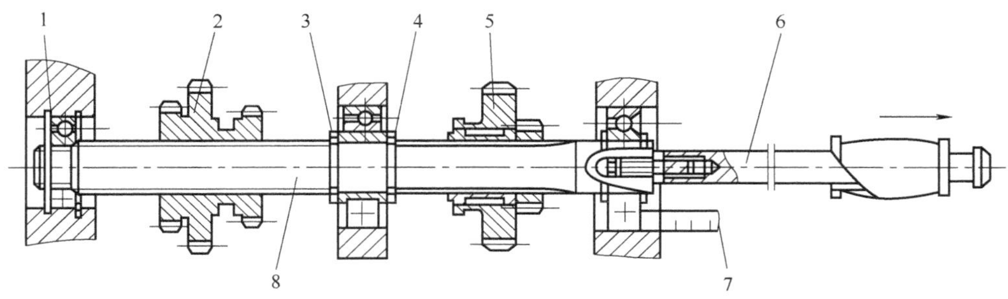

图 2-9　用拔销器拉卸传动销

1、3、4-弹性挡圈；2-三联齿轮；5-双联齿轮；6-拔销器；7-钢直尺；8-花键轴

拉卸轴类零件时，应注意以下事项。

① 拆卸前应熟悉拆卸部位的装配图和有关技术资料，了解拆卸部位的结构和零部件的配合情况。

② 拉卸前应仔细检查轴和轴上的定位件、紧固件等是否已完全拆除或松开，如弹性挡圈及紧定螺钉等。

③ 要根据装配图确定正确的拉出方向，应从箱体孔的大端将轴拉出来。拆卸时应先进行试拔，待拉出方向确定后再正式拉卸。

④ 在拉卸轴的过程中，还要经常检查轴上的零件是否被卡住，防止影响拆卸过程。如轴上的键易被齿轮、轴承、衬套等卡住，弹性挡圈、垫圈等易落入轴上的退刀槽内使轴被夹住。

⑤ 在拉卸过程中，从轴上脱落下来的零件要设法接住，避免零件落下时被碰坏或砸坏其他零件。

3) 顶压法

顶压法适用于形状简单的过盈配合件的拆卸，常利用油压机、螺旋压力机、千斤顶、C 形夹头等进行拆卸。当不便使用上述工具进行拆卸时，可采用工艺螺孔、借助螺钉进行顶卸，如图 2-10 所示。

4) 温差法

温差法是采用加热包容件或冷冻被包容件，同时借助专用工具来进行拆卸的一种方法。温差法适用于拆卸尺寸较大、配合过盈量较大的机件或精度要求较高的配合件。加热或冷冻必须快速，否则会使配合件一起胀缩使包容件与被包容件不易分开。拆卸轴承内圈时可用如图 2-11 所示的简易方法进行。具体方法是将绳子绕在轴承内圈上，反复快速拉动绳子，摩擦生热使轴承内圈增大，进而较容易地从轴上拆下来。

5) 破坏法

对于必须拆卸的焊接、铆接、胶接及难以拆卸的过盈连接等固定连接件，或因发生事故使花键轴扭曲变形、轴与轴套咬死及严重锈蚀而无法拆卸的连接件，可采用车、锯、錾、钻、气割等方法进行破坏性拆卸。

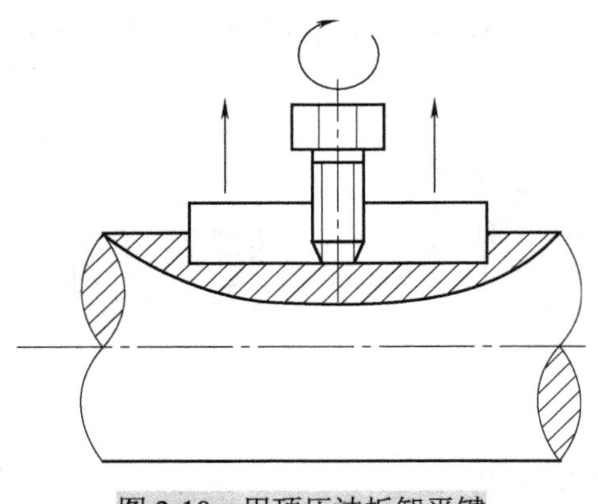

图 2-10　用顶压法拆卸平键

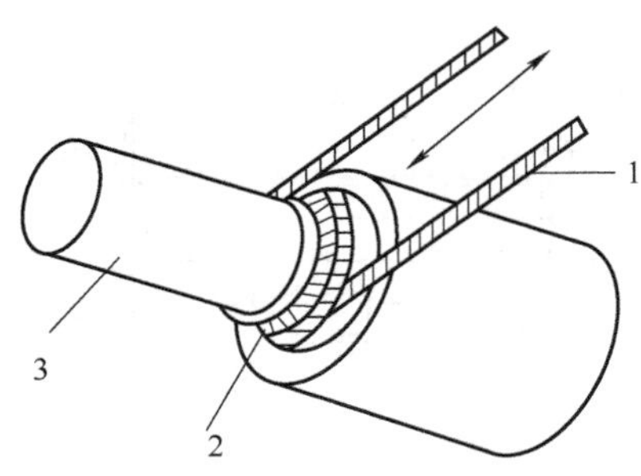

图 2-11　温差法拆卸轴承内圈

1-绳子；2-轴承内圈；3-轴

2.3.2　产品装配

按照一定的精度标准和技术要求，将若干个零件组合成部件或将若干个零件、部件组合成机构或机器的工艺过程，称为装配。装配是机器制造中的最后一道工序，因此，它是保证机器达到各项技术要求的关键。装配工作的好坏，对产品质量起着决定性的作用。

1. 装配的类型与装配过程

1) 装配类型

装配类型一般可分为组件装配、部件装配和总装配。组件装配是将两个以上的零件连接组合成为组件的过程。如曲轴、齿轮等零件组成的一根传动轴系的装配。部件装配是将组件、零件连接组合成独立机构(部件)的过程。如车床主轴箱、进给箱等的装配。总装配是将部件、组件和零件连接组合成为整台机器的过程。

2) 装配过程

机器的装配过程一般由三个阶段组成：一是装配前的准备阶段，二是装配阶段(部件装配和总装配)，三是调整、检验和试车阶段。装配过程一般是先下后上，先内后外，先难后易，先装配保证机器精度的部分，后装配一般部分。

2. 装配方法

1) 完全互换法

装配时，在各类零件中任意取出要装配的零件，不需任何修配就可以装配，并能完全符合质量要求。装配精度由零件的制造精度保证。

2) 选配法

按选配法装配的零件，在设计时其制造公差可适当放大。装配前，按照严格的尺寸范围将零件分成若干组，然后将对应的各组配合件装配在一起，以达到所要求的装配精度。

3) 修配法

当装配精度要求较高，采用完全互换不够经济时，常用修正某个配合零件的方法来达到规定的装配精度。如车床两顶尖不等高，装配时可刮尾架底座来达到精度要求等。

4) 调整法

调整法比修配法方便，也能达到很高的装配精度，在大批生产或单件生产中都可采用此法。但由于增设了调整用的零件，使部件结构显得复杂，而且刚性降低。

3. 装配前的准备工作

装配质量的好坏对机器的性能和使用寿命影响很大。装配不良的机器，将会使其性能降低，消耗的功率增加，使用寿命减短。因此，装配前必须认真做好以下几点准备工作。

(1) 研究和熟悉产品图样，了解产品结构以及零件作用和相互连接关系，掌握其技术要求。

(2) 确定装配方法、顺序和所需的工具。

(3) 备齐零件，进行清洗、涂防护润滑油。

4. 典型连接件装配方法

装配的形式很多，下面着重介绍螺纹连接、滚动轴承、齿轮等几种典型连接件的装配方法。

1)螺纹连接

如图 2-12 所示，螺纹连接常用零件有螺钉、螺母、双头螺栓及各种专用螺纹等。螺纹连接是现代机械制造中用得最广泛的一种连接形式。它具有紧固可靠、装拆简便、调整和更换方便、宜于多次拆装等优点。

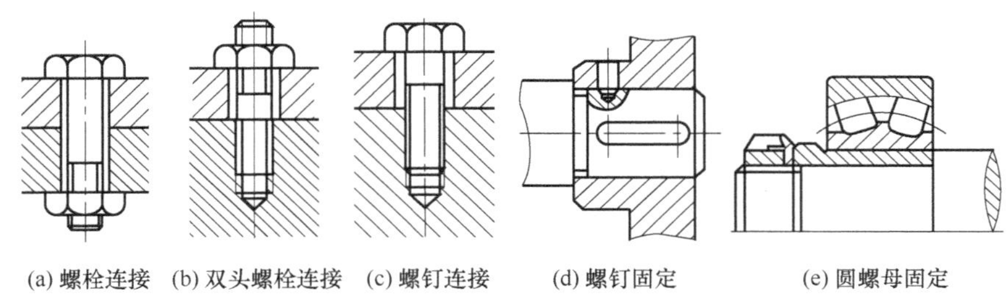

(a) 螺栓连接　(b) 双头螺栓连接　(c) 螺钉连接　(d) 螺钉固定　(e) 圆螺母固定

图 2-12　常见的螺纹连接类型

对于一般的螺纹连接可用普通扳手拧紧。而对于有规定预紧力要求的螺纹连接，为了保证规定的预紧力，常用测力扳手或其他限力扳手以控制扭矩，如图 2-13 所示。

在紧固成组螺钉、螺母时，为使固紧件的配合面上受力均匀，应按对角线的顺序来拧紧。如图 2-14 所示为两种拧紧顺序的实例。按图中数字顺序拧紧，可避免被连接件的偏斜、翘曲和受力不均。而且每个螺钉或螺母不能一次就完全拧紧，应按顺序分 2～3 次逐一拧紧。

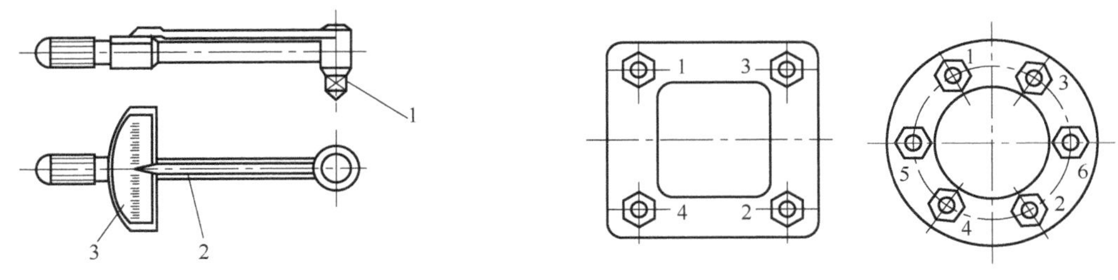

图 2-13　测力扳手

1-扳手头；2-指示针；3-读数板

图 2-14　拧紧成组螺母顺序

零件与螺母的贴合面应平整光洁，否则螺纹容易松动。为提高贴合面质量，可加垫圈。在交变载荷和振动条件下工作的螺纹连接，有逐渐自动松开的可能，为防止螺纹连接的松动，可用弹簧垫圈、止退垫圈、开口销和止动螺钉等防松装置，如图 2-15 所示。

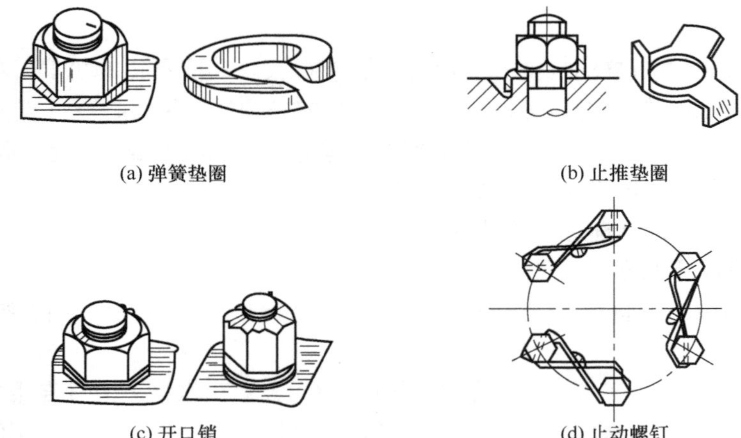

(a) 弹簧垫圈　(b) 止推垫圈

(c) 开口销　(d) 止动螺钉

图 2-15　各种螺母防松装置

2）滚动轴承的装配

滚动轴承的配合多数为较小的过盈配合，常用手锤或压力机采用压入法装配，为了使轴承圈受力均匀，采用垫套加压。如图 2-16 所示，轴承压到轴颈上时应施力于内圈端面；轴承压到座孔中时，要施力于外环端面上；若同时压到轴颈和座孔中时，垫套应能同时对轴承内外端面施力。

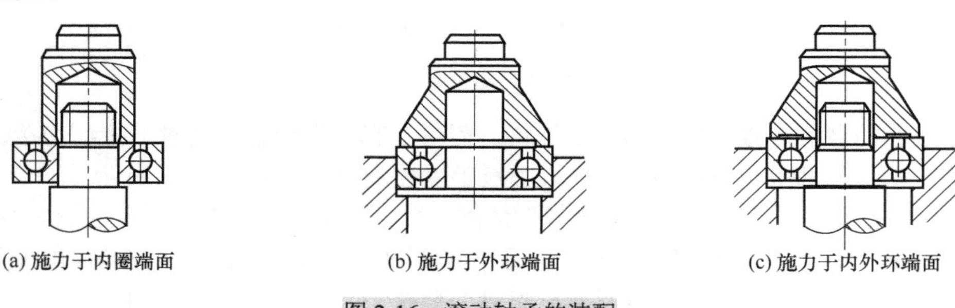

(a) 施力于内圈端面　(b) 施力于外环端面　(c) 施力于内外环端面

图 2-16　滚动轴承的装配

当轴承的装配是较大的过盈配合时，应采用加热装配，即将轴承吊在 80～90℃的热油中加热，使轴承膨胀，然后趁热装入。注意轴承不能与油槽底接触，以防过热。如果是装入座孔的轴承，需将轴承冷却后装入。轴承安装后要检查滚珠是否被咬住，是否有合理的间隙。

3）齿轮的装配

齿轮装配的主要技术要求是保证齿轮传递运动的准确性、平稳性、轮齿表面接触斑点和齿侧间隙合乎要求等。

轮齿表面接触斑点可用涂色法检验。先在主动轮的工作齿面上涂上红丹，使相啮合的齿轮在轻微制动下运转，然后看从动轮啮合齿面上接触斑点的位置和大小，如图 2-17 所示。

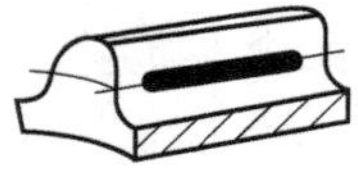 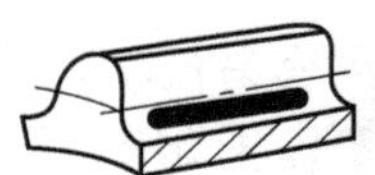 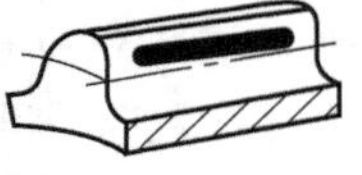 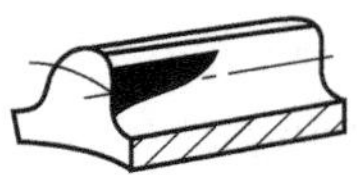

图 2-17　用涂色法检验啮合情况

齿侧间隙一般可用塞尺插入齿侧间隙中检查。

5. 部件装配和总装配

完成整台机器装配，必须经过部件装配和总装配过程。

1) 部件的装配

部件的装配通常是在装配车间的各个工段(或小组)进行的。部件装配是总装配的基础，这一工序进行得好与坏，会直接影响到总装配和产品的质量。

部件装配的过程：熟悉图纸—检查、清理零件—试配、组装—调整、调试—检验、试车。

通过检验确定合格的部件，才可以进入总装配。

2) 总装配

总装配就是把预先装好的部件、组合件、其他零件，以及从市场采购来的配套装置或功能部件装配成机器。总装配过程如下。

(1) 总装前，必须了解所装机器的用途、构造、工作原理以及与此有关的技术要求。确定它的装配程序和必须检查的项目。

(2) 总装配执行装配工艺规程所规定的操作步骤，采用工艺规程所规定的装配工具。应按从里到外，从下到上，以不影响下道装配为原则的次序进行。操作中不能损伤零件的精度和表面粗糙度，对重要的复杂的部分要反复检查，以免搞错或多装、漏装零件。在任何情况下应保证污物不进入机器的部件、组合件或零件内。机器总装后，要在滑动和旋转部分加润滑油，以防运转时出现拉毛、咬住或烧损现象。最后要严格按照技术要求，逐项进行检查。

(3) 装配好的机器必须加以调整和检验。调整的目的在于查明机器各部分的相互作用及各个机构工作的协调性。检验的目的是确定机器工作的正确性和可靠性，发现由于零件制造的质量、装配或调整的质量问题所造成的缺陷。小的缺陷可以在检验台上加以消除；大的缺陷应将机器送到原装配处返修。修理后再进行第二次检验，直至检验合格。

(4) 检验结束后应对机器进行清洗，随后送修饰部门上防锈漆、涂漆。

2.4　零部件测绘与技术处理

2.4.1　零部件测绘

1. 测绘方法与步骤

测绘是对已有的零部件进行测量，并绘出其零件图及装配图的过程。测绘方法与步骤如下。

1) 了解测绘对象

了解测绘的任务和目的，决定测绘工作的内容和要求。通过观察实物，了解部件的性能、功能、工作原理、传动系统和工作情况。

2) 拆卸零部件

(1) 拆卸前应先测量一些必要的尺寸数据，如某些零件间的相对位置，运动件极限位置的尺寸等，以作为测绘中校核图纸的参考。

(2) 要周密制定拆卸顺序。划分部件的组成，合理地选用工具和正确的拆卸方法．严防乱敲打。

(3) 对精度较高的配合部位或过盈配合，应尽量少拆或不拆，以免降低精度或损坏零件。

(4) 拆下的零件要分类、分组，并对所有零件进行编号登记，零件实物对应地拴上标签，有秩序地放置，防止碰伤、变形、生锈或丢失，以便再装配时仍能保证部件的性能和要求。

(5) 拆卸时要认真研究每个零件的作用、结构特点、零件间的装配关系及传动情况，正确判别配合性质。

3) 绘出装配示意图

装配示意图是在拆卸过程中所画的记录图样，边拆边画。装配示意图只要求用简单的线条，大致的轮廓，记录各零件之间的相对位置、装配、连接关系及传动情况，作为绘制装配图和重新装配的依据。

4) 测绘零件草图

组成装配体的每一个零件，除标准件外，都应画出草图，画装配体的零件草图时，尽可能注意到零件间尺寸的协调。现以绘制球阀上阀盖(图 2-18)的零件草图为例，说明绘制零件草图的步骤。

图 2-18　球阀上阀盖的轴测剖视图

(1) 在图纸上定出各视图的位置，画出主、左视图的对称中心线和作图基准线。布置视图时，要考虑到各视图应留有标注尺寸的位置。

(2) 以目测比例详细地画出零件的结构形状。

(3) 定尺寸基准，按正确、完整、清晰以及尽可能合理地标注尺寸的要求，画出全部尺寸界线、尺寸线和箭头。经仔细校核后，按规定线型将图线加深(包括画剖面符号)。

(4) 逐个量注尺寸，标注各表面的表面粗糙度代号，并注写技术要求和标题栏。

5) 画装配图

根据装配体示意图、零件草图，画出装配图，保证使零件之间的装配关系能在装配图上正确地反映出来，以便顺利地拆画零件图。画装配图的步骤如下。

(1) 选用合适的表达方法。

(2) 定位布局，即画出各视图的主要基准线。

(3) 一般从主视图开始，几个视图同时配合作图。画剖视图时以装配干线为准由内向外画，可避免画出被遮挡的不必要的图线，也可由外向内画。画完一件后，必须找到与此相邻的零件及它们的接触面，将此接触面作为画下一件时的定位面，开始画第二件。

(4) 注出必要的尺寸及技术要求。

(5) 插入边框线、标题栏等图块，编序号、填写明细表、标题栏。

(6)检查全图。如图 2-19 所示。

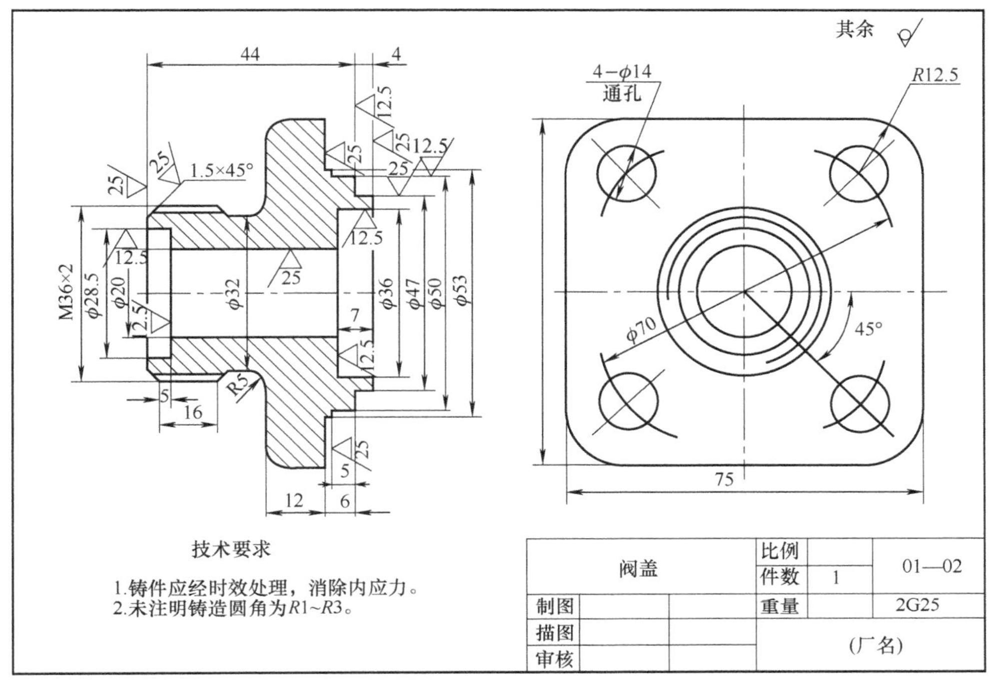

图 2-19　球阀上阀盖的零件草图

零件测绘时还需注意以下两点。

(1)零件的制造缺陷，如砂眼、气孔、刀痕等，以及长期使用所造成的磨损，都不应画出。

(2)零件上因制造、装配的需要而形成的工艺结构，如铸造圆角、倒圆、退刀槽、凸台、凹槽等结构，都必须画出。

2. 常用测绘量具

常用量具有钢直尺、游标卡尺、千分尺、万能角度尺等。

1)钢直尺

钢直尺规格按长度确定，有 150mm、300mm、500mm、1000mm 四种，其最小刻度值为 0.5mm，常用钢直尺测量毛坯尺寸和要求低的零件以及划线用。钢直尺如图 2-20 所示。

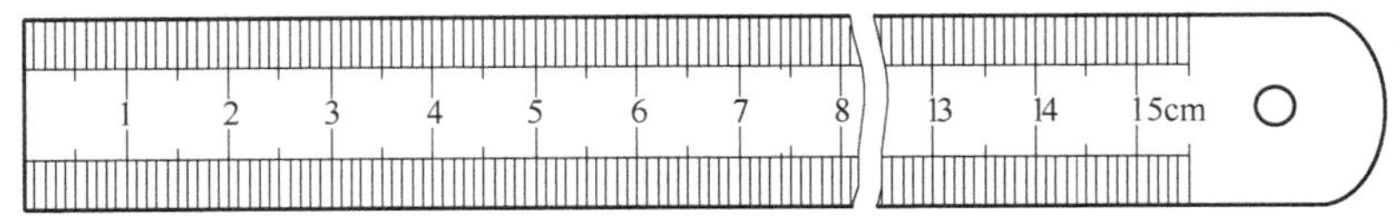

图 2-20　钢直尺

2)直角尺

90 度直角尺如图 2-21 所示，用于检查零件的垂直度。当直角尺的一边(基准边或宽边)与零件的一面紧贴时，零件的另一面与直角尺的另一面(测量边或窄边)之间露出缝隙，说明零件的这两个面不垂直，可用眼“透光法”估计或用厚薄尺测量其垂直度误差值。

3)游标卡尺

游标卡尺是一种测量中等精度的量具可以测量外径、内径、长度和深度的尺寸。游标卡尺是由主尺（尺身）和副尺（游标）组成。其结构如图 2-22 所示。测量精度有 0.02mm（1/50）、0.05mm（1/20）和 0.1mm（1/10）三种。

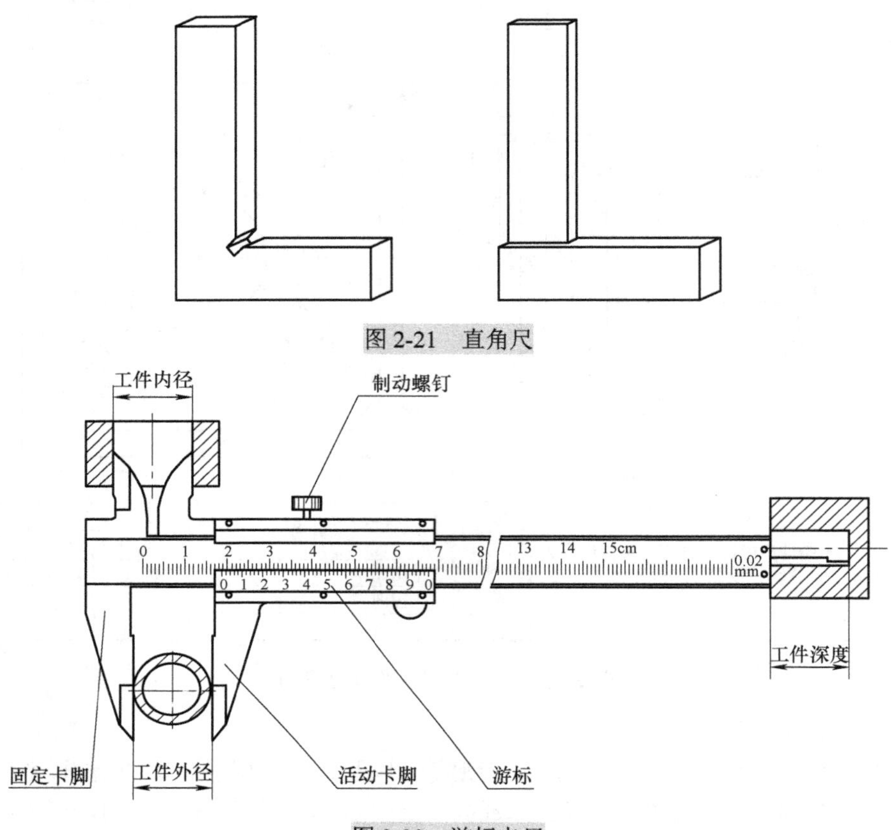

图 2-21　直角尺

图 2-22　游标卡尺

(1) 刻线原理：0.02mm 游标卡尺的刻线原理如图 2-23 所示，主尺每一小格为 1mm，当两卡脚合并时，主尺上的 49mm 刚好等于副尺上的 50 格。

副尺每小格＝49mm÷50＝0.98mm

主、副尺每小格之差＝1－0.98＝0.02mm

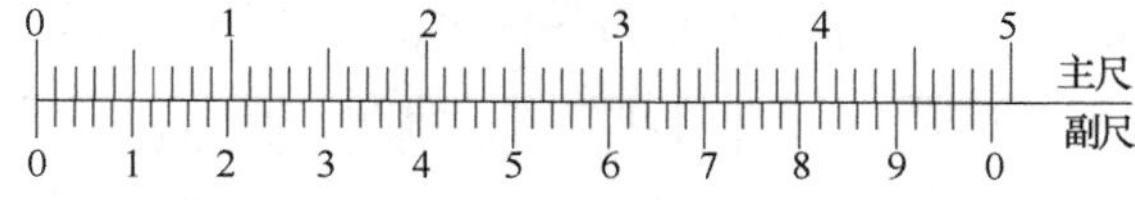

图 2-23　0.02mm 游标卡尺刻线原理

(2) 读数方法：0.02mm 游标卡尺的读数方法如图 2-24 所示，读数时分三步进行。

第一步　读出副尺上零线在主尺多少整数毫米后面。

第二步　读出副尺上哪一条线与主尺上的线对齐。

第三步　把主尺上和副尺上的尺寸加起来。

测量或检验零件尺寸时，如图 2-25 所示，应按零件的精度要求选用相适应的量具，游标卡尺是一种中等精度的量具，只适合于中等精度尺寸的测量和检验。不能用游标卡尺去测量铸件、锻件等毛坯尺寸，也不适合于精度高的零件。

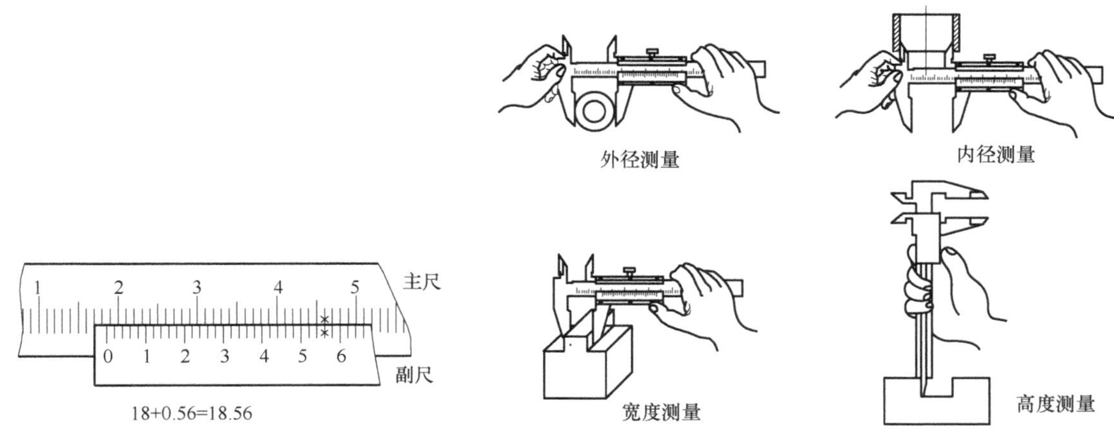

图 2-24　0.02mm 游标卡尺的尺寸读数

图 2-25　游标卡尺的使用方法

4) 深度游标尺

深度游标尺如图 2-26 所示，用于测量孔的深度、台阶的高度、槽的深度等。使用时应将尺架贴紧工件平面，再把主尺插到底部，即可读出测量尺寸。或用螺钉紧固，取出后再看尺寸。

5) 高度游标尺

高度游标尺如图 2-27 所示。高度游标尺除了测量高度，还可作精密划线用。

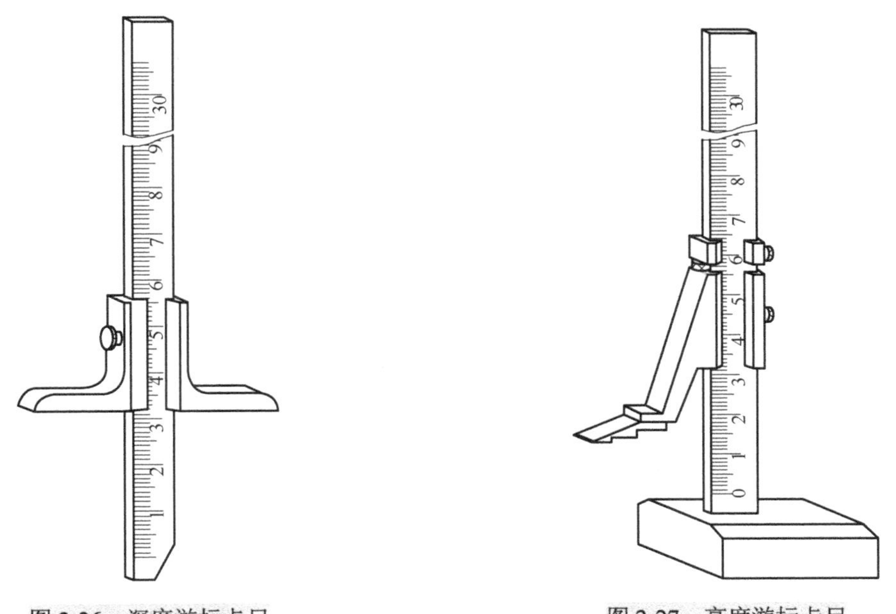

图 2-26　深度游标卡尺

图 2-27　高度游标卡尺

6) 万能角度尺

万能角度尺(又称万能游标量角器)是一种轻便的通用角度量具。其测量范围为 0 度～320 度之间，分度值有 2’和 5’两种。

万能角度尺的结构如图 2-28 所示。其读数机构原理与游标卡尺相近。主尺刻线每格为 1 度，游标尺的刻线取主尺的 29 度等分为 30 格。所以，游标刻线每格的角度为 29 度/30=58’，即主尺 1 格与游标尺 1 格的差值为 1 度−58’=2’。因此，万能角度尺的读数精度为 2’。 万能角度尺的读数方法与游标卡尺完全相同。

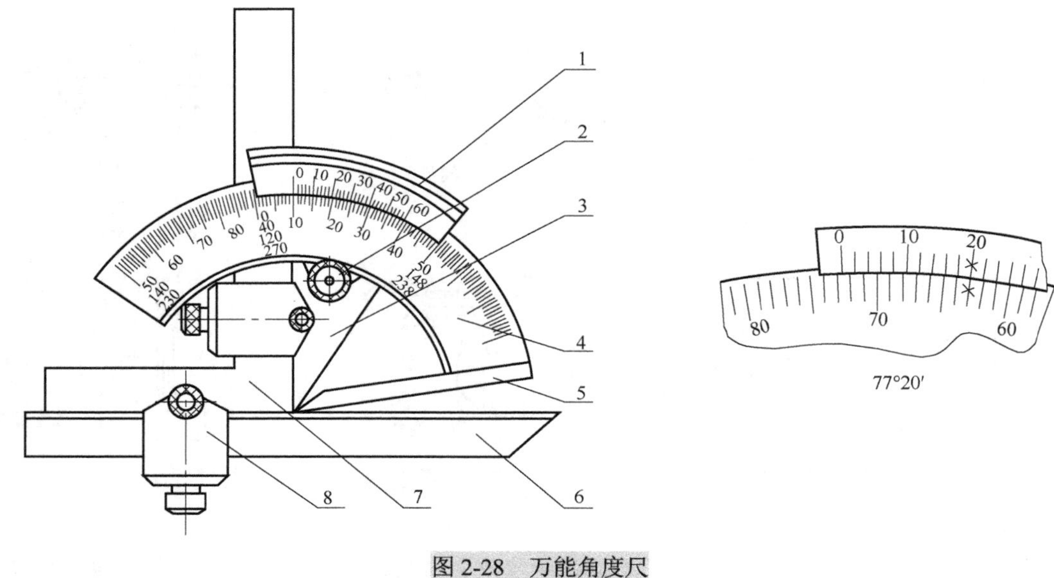

图 2-28　万能角度尺

1-游标；2-制动器；3-扇形板；4-主尺；5-基尺；6-直尺；7-角尺；8-卡块

7) 外径千分尺

千分尺(又称百分尺或分厘卡)它是利用螺杆旋转转变为直线移动的原理进行测量的一种精密量具，它的精度比游标卡尺高，可达 0.01mm，因此，对于加工精度较高的零件，宜采用千分尺来测量。千分尺按用途不同可分为外径千分尺、内径千分尺、深度千分尺、杠杆式千分尺、螺纹千分尺、壁厚千分尺和公法线千分尺等。

外径千分尺的结构如图 2-29 所示。其读数机构由固定套筒和活动套筒组成，相当于游标卡尺的主尺和副尺。测量时，转动微分筒的测微螺杆沿轴向移动，测砧与测微螺杆间的距离即为零件的直径或长度。

千分尺的规格即为测量范围：0～25；25～50；50～75；75～100；100～125 等，间隔为 25mm，测量时，应按被测零件尺寸大小进行选用。

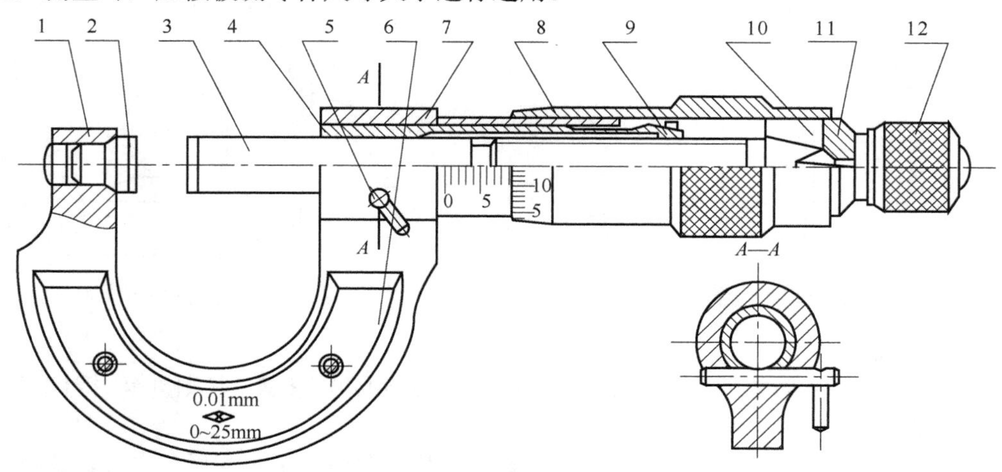

图 2-29　外径千分尺

1-尺架；2-测砧；3-测微螺杆；4-螺纹轴套；5-锁紧机构；6-绝热片；
7-固定套筒；8-微分筒；9-调节螺母；10-接头；11-垫片；12-测力装置；

3. 零件尺寸测量

测量尺寸是零件测绘过程中的一个必要的步骤。零件上全部尺寸的测量应集中进行，这样，不但可以提高工作效率，还可以避免错误和遗漏。测量零件尺寸时，应根据零件尺寸的精确程度选用相应的量具。常用的量具有直尺、卡钳(外卡和内卡)、游标卡尺和螺纹规等。

1) 线性尺寸

线性尺寸可以用直尺直接测量读数，如图 2-30 中的长度 L_1(94)，L_2(13)和 L_3(28)。

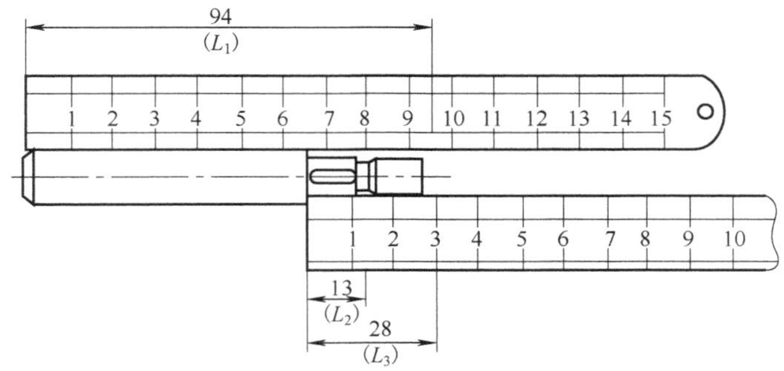

图 2-30　线性尺寸的测量

2) 直径尺寸

直径尺寸可以用游标卡尺直接测量读数，如图 2-31 中的直径 d(ϕ14)。

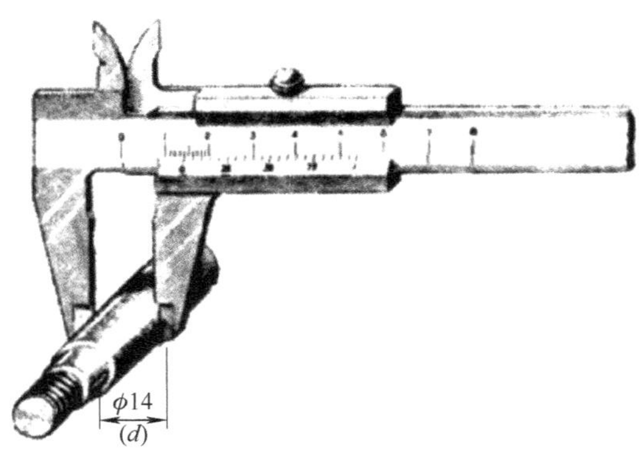

图 2-31　直径尺寸的测量

3) 壁厚尺寸

壁厚尺寸可以用直尺测量，如图中底壁厚度 $X=A-B$，或用卡钳和直尺测量，如图 2-32 中侧壁厚度 $Y=C-D$。

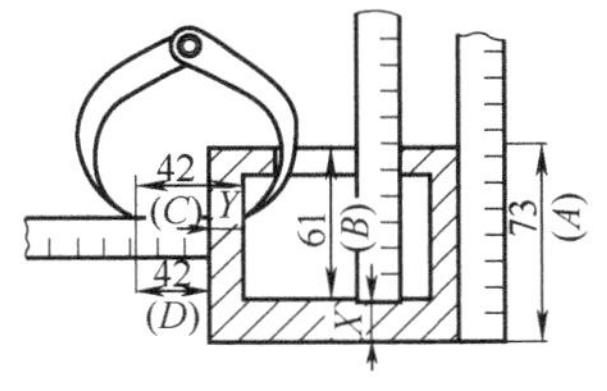

图 2-32　壁厚尺寸的测量

4) 孔间距

孔间距可以用卡钳(或游标卡尺)结合直尺测出，如图 2-33 中两孔中心距 $A=L+d$。

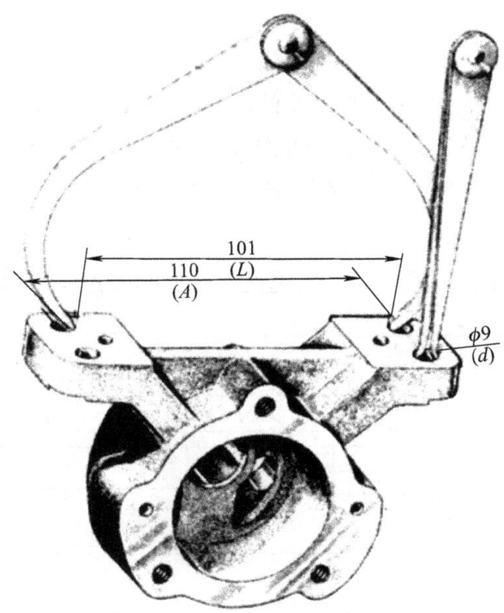

图 2-33　孔间距的测量

5) 中心高

中心高可以用直尺和卡钳(或游标卡尺)测出，如图 2-34 中左侧 ϕ50 孔的中心高 $A_1=L_1+1/2D$，右侧 ϕ18 孔的中心高 $A_2=L_2+1/2d$。

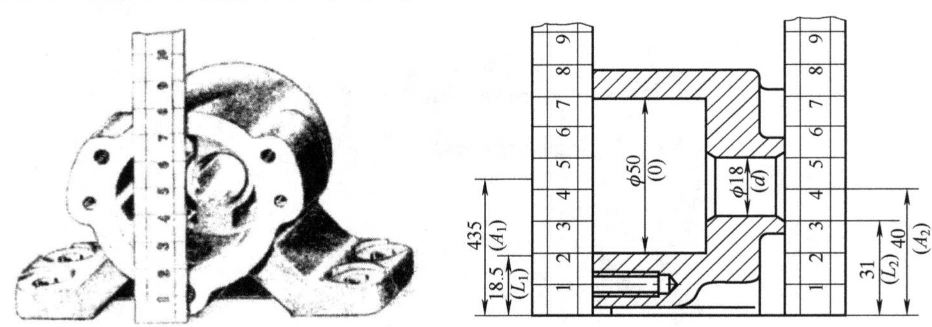

图 2-34　中心高的测量

6) 曲面轮廓

对精确度要求不高的曲面轮廓，可以用拓印法在纸上拓出它的轮廓形状，然后用几何作图的方法求出各连接圆弧的尺寸和中心位置，如图 2-35 中 ϕ68、R8、R4 和 3.5。

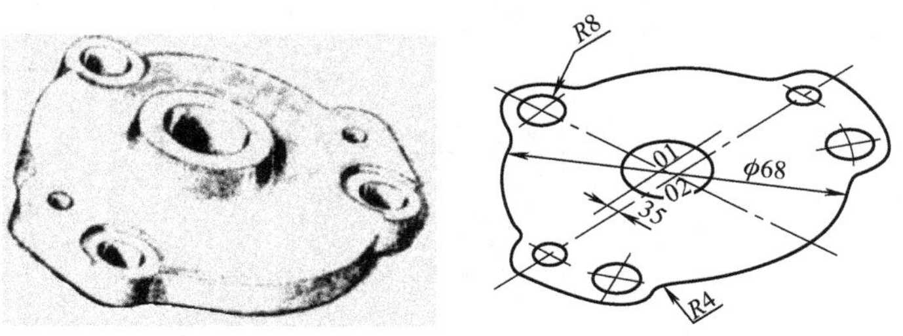

图 2-35　曲面轮廓的测量

7) 螺纹的螺距

螺纹的螺距可以用螺纹规或直尺测得，如图 2-36 中螺距 $P=1.5$。

8) 齿轮的模数

对标准齿轮，其轮齿的模数(图 2-37)可以先用游标卡尺测得 d_a，再计算得到模数 $m=d_a/(z+2)$。奇数齿的齿顶圆直径 $d_a=2e+d$。

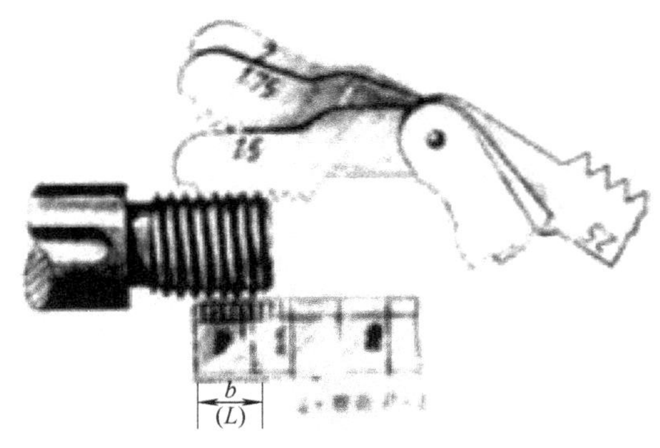

图 2-36　螺纹的螺距

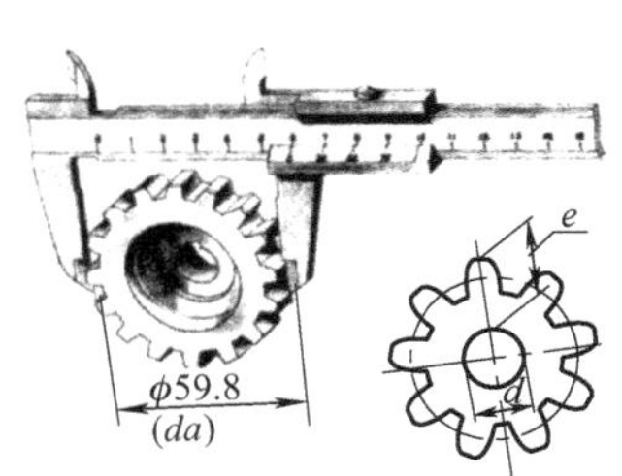

图 2-37　齿轮的模数

2.4.2　技术处理

1. 尺寸的圆整

按实物测量出来的尺寸，往往不是整数，所以，应对所测量出来的尺寸进行处理、圆整。尺寸圆整后，可简化计算，使图形清晰，更重要的是可以采用更多的标准刀量具，缩短加工周期，提高生产效率。

基本原则：逢 4 舍，逢 6 进，遇 5 保证偶数。

例：41.456——41.4，　13.75——13.8，　13.85——13.8。

查阅标准可见，数系中的尾数多为 0，2，5，8 及某些偶数值。

1) 轴向主要尺寸(功能尺寸)的圆整

可根据实测尺寸和概率论理论，考虑到零件制造误差是由系统误差与随机误差造成的，其概率分布应符合正态分布曲线，故假定零件的实际尺寸应位于零件公差带中部，即当尺寸只有一个实测值时，就可将其当成公差中值，尽量将基本尺寸按国标圆整成为整数，并同时保证所给公差等级在 IT9 级以内。公差值可以采用单向公差或双向公差，最好为后者。

【例 2.1】现有一个实测值为非圆结构尺寸 19.98，请确定基本尺寸和公差等级。

查手册，20 与实测值接近。根据保证所给公差等级在 IT9 级以内的要求，初步定为 20IT9，查阅公差表，知公差为 0.052。根据关于非圆的长度尺寸公差一般处理为：孔按 H，轴按 h，一般长度 js(对称公差带)，取基本偏差代号为 js，公差等级取为 9 级，则此时的上下偏差为：

es=+0.026　　ei=−0.026　　实测尺寸 19.98 的位置基本符合要求。

2) 配合尺寸的圆整

配合尺寸属于零件上的功能尺寸，确定是否合适，直接影响产品性能和装配精度，要做好以下工作。

(1) 确定轴孔基本尺寸(方法同轴向主要尺寸的圆整)。

(2) 确定配合性质(根据拆卸时零件之间松紧程度，可初步判断出是有间隙的配合还是有过盈的配合)。

(3) 确定基准制(一般取基孔制，但也要根据零件的作用来决定)。

(4) 确定公差等级(在满足使用要求的前提下，尽量选择较低等级)。

3) 一般尺寸的圆整

一般尺寸为未注公差的尺寸，公差值可按国标未注公差规定或由企业统一规定。圆整这类尺寸，一般不保留小数，圆整后的基本尺寸要符合国标规定。

在零件图上标注尺寸时，必须注意把装配在一起的有关零件的测绘结果加以比较，并确定其基本尺寸和公差，不仅相关尺寸的数值要相互协调，而且，在尺寸的标注形式上也必须采用相同的标注方法。

2. 确定技术要求

1) 确定形位公差

在测绘时，如果有原始资料，则可照搬。在没有原始资料时，由于有实物，可以通过精确测量来确定形位公差。但要注意两点，其一，选取形位公差应根据零件功用而定，不可采取只要能通过测量获得实测值的项目，都注在图样上。其二，随着国外科技水平尤其是工艺水平的提高，不少零件从功能上讲，对形位公差并无过高要求，但由于工艺方法的改进，大大提高了产品加工的精确性，使要求不甚高的形位公差提高到很高的精度。因此，测绘中，不要盲目追随实测值，应根据零件要求，结合我国国标所确定的数值合理确定。

2) 确定表面粗糙度

(1) 根据实测值来确定。测绘中可用相关仪器测量出有关的数值，再参照我国国标中的数值加以圆整确定。

(2) 根据类比法来进行确定。

(3) 参照零件表面的尺寸精度及表面形位公差值来确定。

3) 确定热处理及表面处理等技术要求

测绘中确定热处理等技术要求的前提是先鉴定材料。注意，选材恰当与否，并不是完全取决于材料的力学性能和金相组织，还要充分考虑工作条件。

2.5　产品分析实训

1. 训练目的

(1) 了解四行程摩托车发动机及其传动系统的结构和工作原理；通过接触实际的典型机械，使学生了解机械原理知识在工程机械中的具体应用，激发学生的学习兴趣和学习主动性。

(2) 分析各种机构在摩托车发动机及其传动系统中的应用；通过对现有机械的拆装，既培养学生的动手能力，又锻炼学生分析问题、解决问题的能力，开阔其思路，培养其设计与分析机械系统运动方案的能力。

(3) 为后续课程的学习增加更多的感性认识。进一步培养学生的结构分析能力、分析机械传动系统的能力，熟悉机构的实际运用价值。

2. 工具器材

扳手、螺丝刀及其他专用工具。

3. 训练内容

(1)拆卸摩托车发动机及其传动系统。

(2)详细分析摩托车发动机及其传动系统的功能、结构和工作原理，并画出其机构运动简图。

(3)对摩托车发动机及其传动系统的系统(或局部)运动方案提出改进意见(画出改进的机构运动简图)。

(4)组装摩托车发动机及其传动系统。

4. 训练步骤

1)实习准备

讲解实习要求及注意事项，看录像，以了解摩托车发动机及其传动系统的正确拆装方法。

2)拆卸与分析

(1)拆开发动机外壳。

(2)分析发动机内部结构及运动传递关系：

① 分析由汽缸的活塞到摩托车驱动轮之间的运动传递关系；

② 分析摩托车发动机是如何启动的；

③ 分析发动机的配气机构是如何工作的；

④ 分析摩托车是如何实现换挡变速的；

⑤ 分析离合器的工作原理。

综合上述分析结果，画出系统的机构运动简图。

3)提出改进方案

可以对整个传动系统提出改进方案，也可以对局部提出改进方案。

4)组装发动机及传动系统并验收

必须按原样组装好发动机及其传动系统，由指导教师验收，合格后方可离开。

复习思考题

2-1　简述产品设计的过程。

2-2　产品拆卸常用的方法有哪些？

2-3　什么是装配？装配方法有几种？

2-4　简述零件测绘的步骤。

2-5　试述如何确定零部件技术要求？

第3章　切削加工技术

3.1　概　　述

切削加工是用切削工具把坯料或工件上多余的材料切去使工件获得规定的几何形状、尺寸和表面质量的加工方法。切削加工的历史可追溯到原始人创造石劈、骨钻等劳动工具的旧石器时期。在中国，早在商代中期(公元前13世纪)，就已能用研磨的方法加工铜镜；商代晚期(公元前12世纪)，曾用青铜钻头在卜骨上钻孔；西汉时期(公元前206～公元23)，就已使用杆钻和管钻，用加砂研磨的方法在“金缕玉衣”的4000多块坚硬的玉片上钻了18000多个直径1～2mm的孔。17世纪中叶，中国开始利用畜力代替人力驱动刀具进行切削加工。如公元1668年，曾在畜力驱动的装置上，用多齿刀具铣削天文仪上直径达2丈(古丈)的大铜环，然后再用磨石进行精加工。18世纪后半期的英国工业革命开始后，由于蒸汽机和近代机床的发明，切削加工开始用蒸汽机作为动力。到19世纪70年代，切削加工中开始使用电力。19世纪末出现的高速钢刀具，使刀具许用的切削速度比碳素工具钢和合金工具钢刀具提高两倍以上，达到25m/min左右。1923年出现的硬质合金刀具，使切削速度比高速钢刀具又提高两倍左右。20世纪30年代以后出现的金属陶瓷和超硬材料(人造金刚石和立方氮化硼)，进一步提高了切削速度和加工精度。随着机床和刀具不断发展，切削加工的精度、效率和自动化程度不断提高，应用范围也日益扩大，从而促进了现代机械制造业的发展。

切削加工有许多分类方法，常见的有按工艺特征、按材料切除率和加工精度、按表面成型方法三种分类方法。按工艺特征，切削加工一般可分为：车削、铣削、钻削、镗削、铰削、刨削、插削、拉削、锯切、磨削、研磨、珩磨、超精加工、抛光、齿轮加工、蜗轮加工、螺纹加工、超精密加工、钳工和刮削等；按材料切除率和加工精度，切削加工可分为粗加工、半精加工、精加工、精整加工、修饰加工、超精密加工等。按表面成型方法，切削加工一般可分为刀尖轨迹法、成形刀具法和展开法等。切削加工是机械制造中最主要的加工方法。虽然毛坯制造精度不断提高，精铸、精锻、挤压、粉末冶金等加工工艺应用日广，但由于切削加工的适应范围广，且能达到很高的精度(纳米级和很低的表面粗糙度，在机械制造工艺中仍占有重要地位。

3.2　切削加工基础

机械切削加工主要是通过机床对零件进行切削加工，加工时零件和刀具分别装夹在机床对应的装置上，靠机床提供的动力和传动，通过刀具对零件进行切削加工。加工方式主要有车削、铣削、刨削、磨削、镗削等，其相应的机床分别称为车床、铣床、刨床、磨床、镗床等。由于机械切削加工劳动强度低，自动化程度高，加工质量好，是机械制造加工的主要方式。

3.2.1　切削运动

机械零件大部分由一些简单几何表面组成，如各种平面、回转面、沟槽等。机床对这些表面切削加工时，刀具与零件之间需有特定的相对运动，这种相对运动称为切削运动。根据在切削过程中所起的作用不同，切削运动可分为主运动和进给运动两种。

1. 主运动

主运动是能够提供切削加工可能性的运动。没有这个运动就无法对零件进行切削加工。在切削过程中主运动速度最高，消耗能源最多。如图 3-1 所示，车削中零件的旋转运动；铣削中铣刀的旋转运动；刨削中牛头刨床上刨刀(龙门刨床滑枕)的往复直线移动；磨削中砂轮的旋转运动和钻削中钻头的旋转运动等都是主运动。

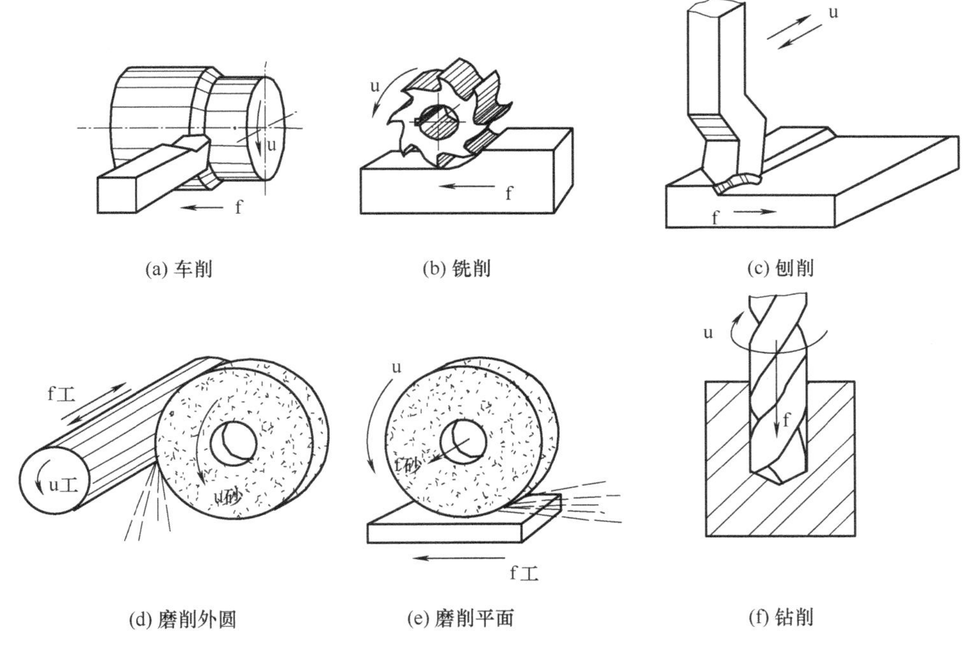

图 3-1　机械加工切削运动

2. 进给运动

进给运动是指能够提供连续切削可能性的运动。没有这个运动就不可能加工成完整零件的成形面。切削加工过程中进给运动速度相对低，消耗的动力相对少。如图 3-1 车削中车刀的纵、横向移动，铣削、磨削和刨削(牛头刨床)中工件的纵、横向移动，以及钻削中钻头的轴向移动等。

切削运动中主运动一般只有一个，而进给运动可能有一个或几个。如外圆磨削中零件的旋转运动和零件的轴向移动都是进给运动。

3.2.2　切削三要素

切削过程中，在零件表面同时形成三个不同变化的表面，如图 3-2 所示。待加工表面——零件上待切除的表面；已加工表面——零件上经刀具切削后形成的表面；过渡表面——零件上被主切削刃切削形成的轨迹表面。

切削三要素分别是切削速度、进给量和背吃刀量。

1. 切削速度v

在切削加工时，切削刃上选定点相对于零件待加工表面的主运动瞬时速度。法定单位为

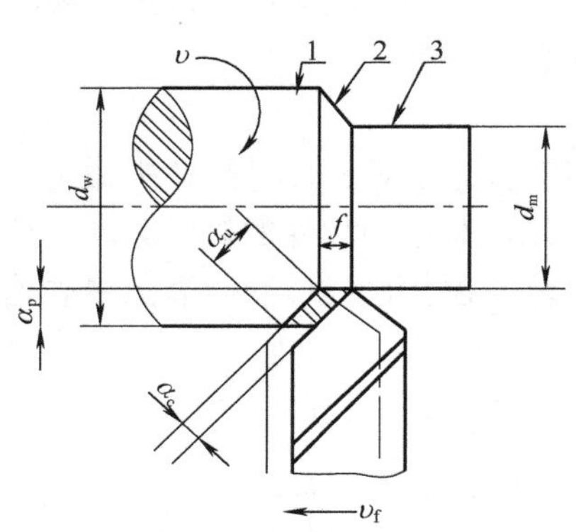

图 3-2 车削时的切削表面

1-待加工表面；2-过渡表面；3-已加工表面

m/s，习惯上除磨削的切削速度单位用 m/s，其他切削速度单位均用 m/min。

若主运动为旋转运动(如车、钻、铣、镗、磨削加工)，切削速度υ为加工表面最大线速度。当主运动为往复直线运动(如刨削、插削等)时，切削速度为往复运动的平均速度。

提高切削速度，则生产率和加工质量都有所提高。但切削速度的提高受到机床动力和刀具耐用度的限制。

2. 进给量 *f*

进给量是指主运动在一个工作循环内，刀具与零件在进给运动方向上的相对位移量，用f表示。当主运动为旋转运动时，进给量 f 的单位为 mm/r，称为每转进给量。当主运动为往复直线运动时，进给量 f 的单位为 mm/r，称为每行程进给量。对于铰刀、铣刀等多齿刀具，进给量是指每齿进给量。

进给量越大，生产率一般越高，但是，零件表面的加工质量也越低。

3. 背吃刀量α_p

一般是指零件待加工表面与已加工表面间的垂直距离。铣削的背吃刀量α_p为沿铣刀轴线方向上测量的切削层尺寸。

背吃刀量α_p增加，生产效率提高，但切削力也随之增加，故容易引起零件振动，使加工质量下降。

切削用量三要素中对刀具耐用度影响最大的是υ，其次是f，最小的是α_p。因此，在选定合理的刀具后，粗加工：$\alpha_p\uparrow \rightarrow f\uparrow \rightarrow \upsilon\downarrow$；精加工：$\upsilon\uparrow \rightarrow f\downarrow \rightarrow \alpha_p\downarrow$。

3.2.3 刀具

1. 刀具材料

刀具是由夹持部分和切削部分组成的。夹持部分是用来将刀具固定在机床上的部分，切削部分是刀具上直接参与工作的部分，应具备良好的力学性能、物理性能和合理的几何形状。因此，对刀具切削部分的材料必须满足的基本要求:硬度高(硬度一般应在 60HRC)、足够的强度和韧性、较高的耐磨性、热硬性好和较好的工艺性。

常用刀具材料有工具钢(碳素工具钢、合金工具钢、高速钢)、硬质合金、陶瓷和超硬刀具材料四大类。

(1) 碳素工具钢：如 T10、T10A、T12、T12A 等，用于制造手工工具，如锉刀、锯条等。

(2) 合金工具钢：如 9SiCr、CrWMn 等，用于制造复杂的刀具，如板牙、丝锥、铰刀等。

(3) 高速钢：又称锋钢或白钢，含有钨(W)、铬(Cr)、钒(V)等合金元素较多的高合金工具钢，热处理后硬度可达 62～65HRC。当切削温度为 500～600℃时，能保持其良好的切削性能，且强度和韧性都很好，但红硬性较差，切削速度一般控制在 25～30m/min。这种材料用于各种刀具，尤其是各种复杂刀具的制造，如钻头、铣刀、拉刀、齿轮刀具、丝锥、板牙、铰刀等。

常用的高速钢牌号有 W18Cr4V、W6Mo5Cr4V2 和 W9Mo3Cr4V 等，其中和 W9Mo3Cr4V

应用较广。

(4) 硬质合金：用碳化钨(WC)、碳化钛(TiC)和钴(Co)等材料用粉末冶金方法制成的刀具材料。硬质合金的特点是硬度高(相当于 74～82HRC)，耐磨性好，且在 800～1000℃的高温下仍能保持其良好的热硬性。因此，使用硬质合金车刀，可达到较大的切削用量，能显著提高生产率。但硬质合金车刀韧度差，不耐冲击，所以大都制成刀片形式焊接或机械夹固在中碳钢的刀杆体上使用。

常用的硬质合金牌号有 YT30、YT15、YW1、YG3X 等。

2. 刀具的几何角度

切削刀具的种类很多，但它们的结构和几何角度有许多相同的特征。各种切削刀具中，车刀最为简单，因此从车刀入手进行切削角度的研究就更具有实际意义。

车刀由刀头和刀杆两部分组成。刀头是车刀的切削部分，刀杆是车刀的夹持部分。切削部分由三面、二刃、一尖组成，如图 3-3 所示。

(1) 前刀面：刀具上切屑流过的表面 8。

(2) 主后刀面：与零件加工表面相对的表面 4。

(3) 副后刀面：与零件已加工表面相对的表面 5。

(4) 主切削刃：前刀面与主后刀面的相交线 3，是主要的切削刃。

(5) 副切削刃：前刀面与副后刀面的相交线 7，承担一定的切削。

(6) 刀尖：主切削刃与副切削刃的交点处 6。为提高刀尖强度，避免崩裂，常将其磨成小圆弧。

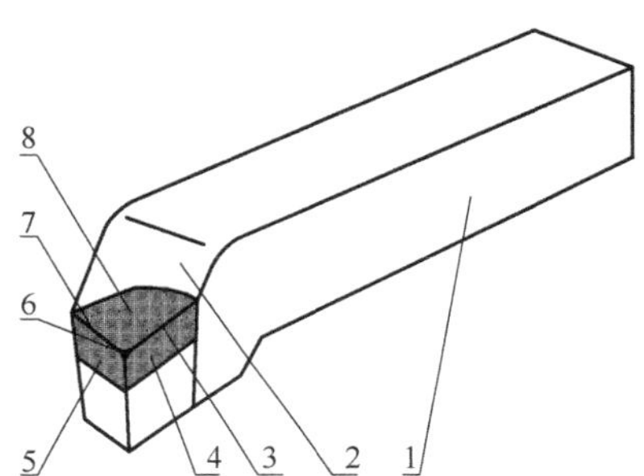

图 3-3　车刀的组成

1-刀杆；2-刀头；3-主切削刃；4-主后刀面；5-副后刀面；6-刀尖；7-副切削刃；8-前刀面

为确定车刀各表面在空间的位置和设计、测量刀具角度的需要，需要建立 3 个辅助平面：切削平面、基面和正交平面，如图 3-4、图 3-5 所示。

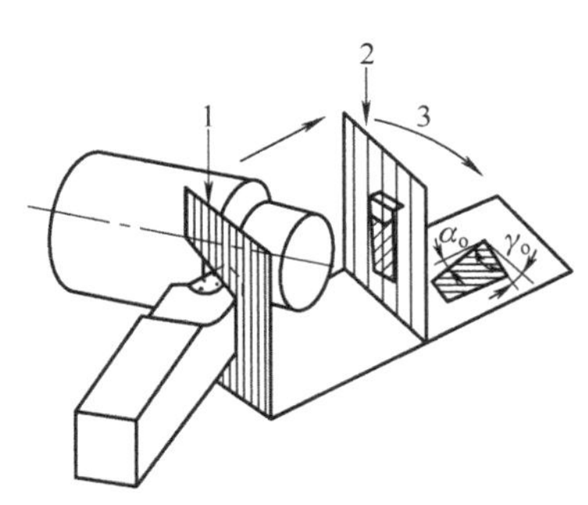

图 3-4　车刀的主要角度及辅助平面

1-正交平面；2-正交平面图形平移；3-翻倒

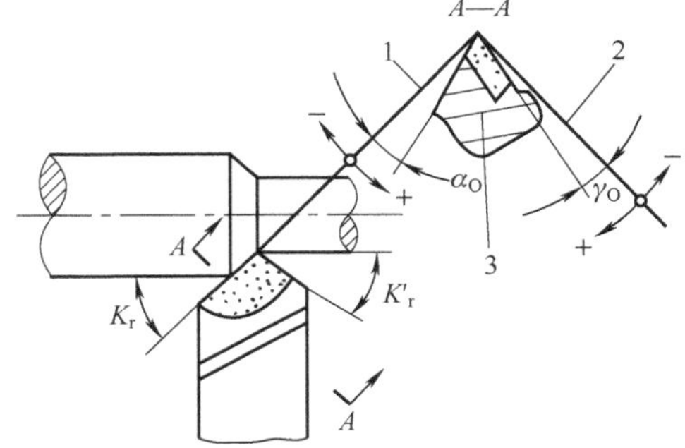

图 3-5　车刀的前角 γ_o 和后角 α_o

1-切削平面；2-基面；3-正交平面

(1) 前角 γ_o：前刀面与基面的夹角，在正交平面中测量。其作用是使切削刃锋利，便于切削。但前角也不能太大，否则会削弱刀头的强度，容易磨损甚至崩坏。加工塑性材料时，前角应选大些，加工脆性材料时，前角要选小些。另外粗加工时前角选较小值，精加工时前角选较大值。前角取值为−5°～+20°范围。

(2) 主后角 α_o：后刀面与切削平面间的夹角，在正交平面中测量。其作用是减少后刀面与零件的摩擦。一般粗加工时取 6°～8°；精加工时取 10°～12°。即粗加工时取小值，精加工时取大值。

(3) 主偏角 k_r：在基面中测量，是主切削刃与进给运动方向在基面上投影的夹角。增大主偏角，则可使轴向分力加大，径向分力减小，有利于减小振动，改善切削条件。但刀具磨损加快，散热条件变差。主偏角一般取 45°～90°。工件刚度好，粗加工时取小值，反之取大值。

(4) 副偏角 k_r'：在基面中测量，是副切削刃与进给运动反方向在基面上投影的夹角。增大副偏角可减小副切削刃与已加工面的摩擦，降低表面粗糙度，防止切削时产生振动。一般副切削刃取 5°～15°，粗加工时取大值，精加工时取小值。

(5) 刃倾角 λ：主切削刃与基面（水平面）之间的夹角。刃倾角主要影响刀头的强度和切屑流动方向，其取值范围为-5°～+5°。粗加工时为增加强度，选负值，精加工时为了避免切屑划伤已加工表面，选取正值或零值。

3.3　车　　削

车削是在车床上以工件旋转为主运动，车刀在平面内作直线或曲线移动为进给运动从而改变毛坯形状和尺寸的一种切削加工方法。车削加工可完成的典型表面如图 3-6 所示。

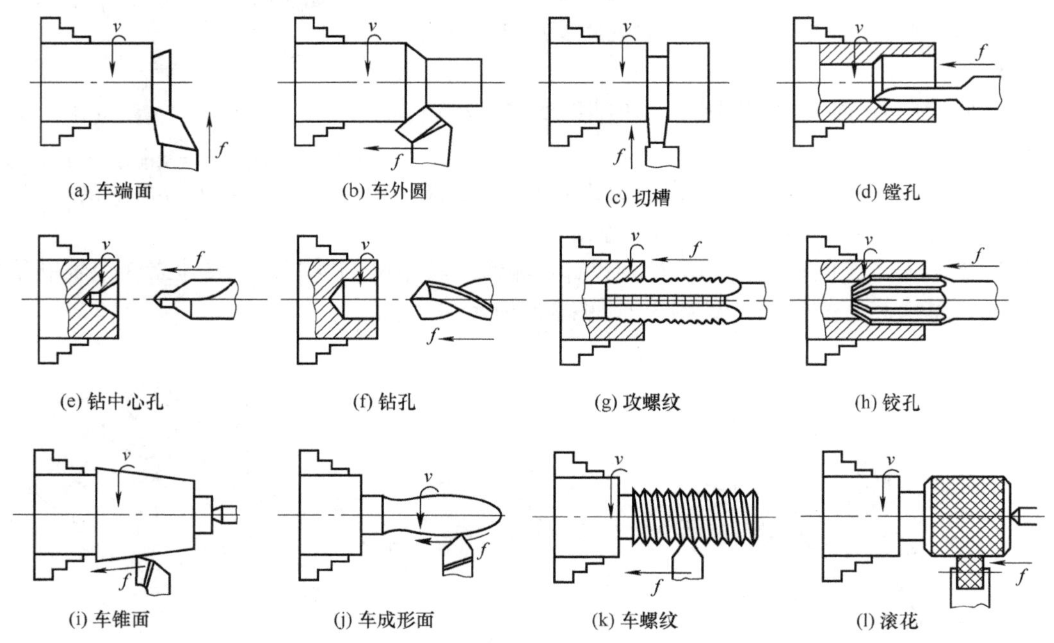

图 3-6　车削加工可完成的典型表面

由于机器中带回转表面的零件很多，所以车削加工在机械加工中占的比重很大，一般占金属切削量的 50%。车削加工工件的表面尺寸公差等级一般为 IT11～IT6，表面粗糙度 Ra 值为 12.5～0.8μm。

3.3.1　车床

车削加工可以在卧式车床、立式车床、转塔车床、仿形车床、仪表车床、自动车床、数控车床及各种专用车床上进行，以满足不同尺寸和形状的零件加工及提高劳动生产率，其中普通卧式车床应用最广。普通卧式车床有各种型号，其结构大同小异。C6132 型卧式普通车床的主要组成部分如图 3-7 所示。

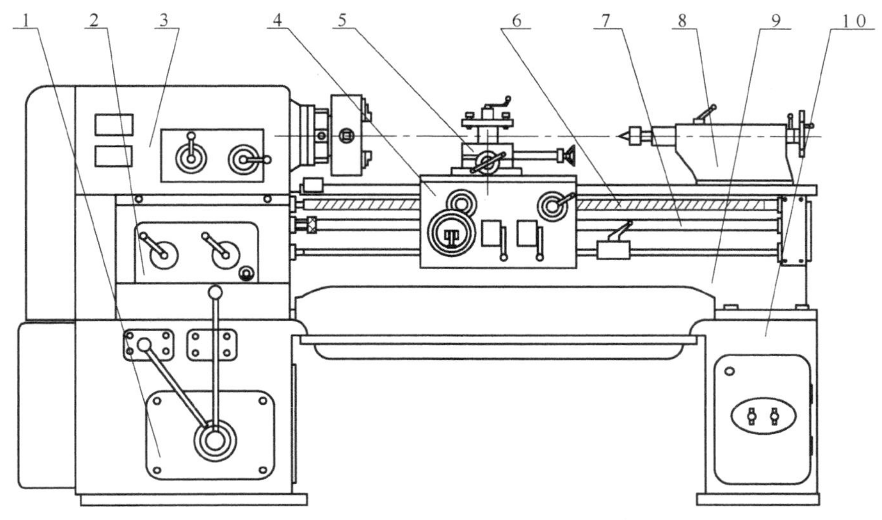

(a) 车床结构组成

1-变速箱；2-进给箱；3-主轴箱；4-溜板箱；

5-刀架；6-丝杠；7-光杠；8-尾座；9-床身；10-床腿

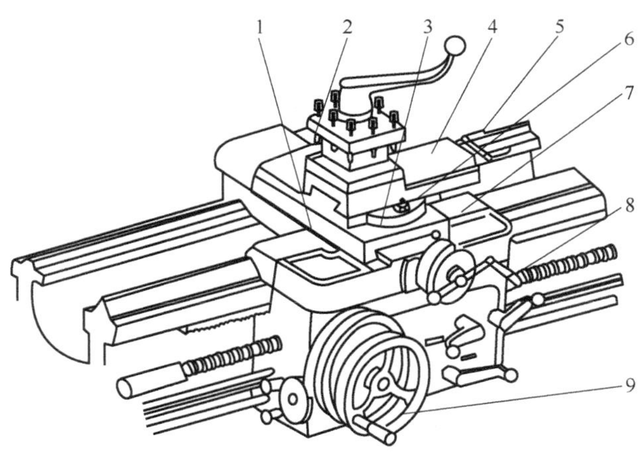

(b) 车床刀架结构

1-中滑板；2-方刀架；3-转盘；4-小滑板；

5-小滑板手柄；6-螺母；7-床鞍；8-中滑板手柄；9-床鞍手轮

图 3-7　C6132 型卧式车床

(1) 变速箱。变速箱用于主轴的变速。变速箱内有变速齿轮，通过操纵变速箱和主轴箱外面的变速手柄，改变齿轮或离合器的位置，可使主轴获得不同的速度。

(2) 进给箱。进给箱是传递进给运动并改变进给速度的变速机构。通过传入进给箱的运动，改变变速齿轮的啮合位置，可使光杠或丝杠获得不同的转速，从而获得加工所需要的进给量或螺距。

(3) 主轴箱。主轴箱内装有主轴和主轴的变速机构，可使主轴获得多种转速。主轴为空心结构，以便穿过长工件。主轴前端的内锥面可用来安装顶尖，外锥面可安装卡盘等车床附件，用于装夹工件。

(4) 溜板箱。使光杠或丝杠的转动改变为刀架的自动进给运动是用溜板箱操纵的。自动进给车削端面或外圆，是由光杠的旋转转动变为车刀的横向或纵向移动来实现的；车削螺纹是由丝杠的旋转运动变为车刀的纵向移动来实现的。溜板箱中设有互锁机构，使光杠、丝杠两者不能共享。

(5) 刀架。刀架用来装夹车刀并使其作纵向、横向和斜向运动。如图 3-7（b）所示，它是由安装车刀方刀架 2，作手动短行程的纵向或斜向进给运动来车削圆柱面或圆锥面的小滑板 4，转盘 3 用螺栓与中滑板 1 紧固在一起，松开螺母 6，转盘可在水平面内旋转任意角度。中滑板 1 沿床鞍 7 上面的导轨作手动或自动横向进给运动。床鞍 7 与溜板箱连接，带动车刀沿床身导轨作纵向进给移动。

(6) 尾座。尾座用于安装后顶尖以支持工件，或安装钻头、铰刀等刀具进行孔加工。可通过压板和固定螺钉将尾座固定在床身导轨上某一所需位置。可调整尾座位置，使顶尖中心对准主轴中心，或偏离一定距离车削长圆锥面。

(7) 床身。支承各主要部件，保证这些部件在工作时保持准确的相对位置。床身上的导轨，用以引导溜板箱和尾座相对于主轴的移动。

3.3.2　车刀

1. 车刀的种类和用途

车刀是一种单刃刀具，其种类很多，按用途可分为偏刀、尖刀、镗刀、切刀、成形刀等，如图 3-8 所示。

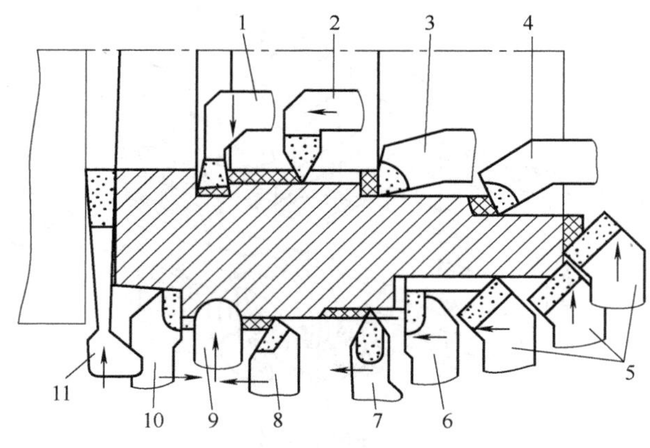

图 3-8　车刀种类

1-车槽镗刀；2-内螺纹车刀；3-盲孔镗刀；4-通孔镗刀；5-弯头外圆车刀
6-右偏刀；7-外螺纹车刀；8-直头外圆车刀；9-成形车刀；10-左偏刀；11-切断刀

2. 车刀的安装

车刀应正确牢固地安装在刀架上，如图 3-9 (a) 所示。安装车刀注意以下几点。

(1) 刀尖应与车床主轴中心线等高。车刀装得过高，会发生后刀面与工件之间的摩擦。装得太低，切削时工件会被抬起，同时零件端面中心留有凸台。刀尖的高低，可根据尾架顶尖高低来调整。如图 3-9 (b) 所示。

(2) 刀头伸出长度应小于刀杆厚度的 2 倍，以防切削时产生振动，影响加工质量。

(3) 车刀底面的垫片要平整，并尽可能用厚垫片，以减少垫片数量。调整好刀尖高低后，用两个螺钉交替拧紧将车刀压紧。

(4) 用手锁紧方刀架，不可用硬物敲打方刀架锁紧手柄。

(5) 装好零件和刀具后，检查加工极限位置是否会干涉、碰撞。

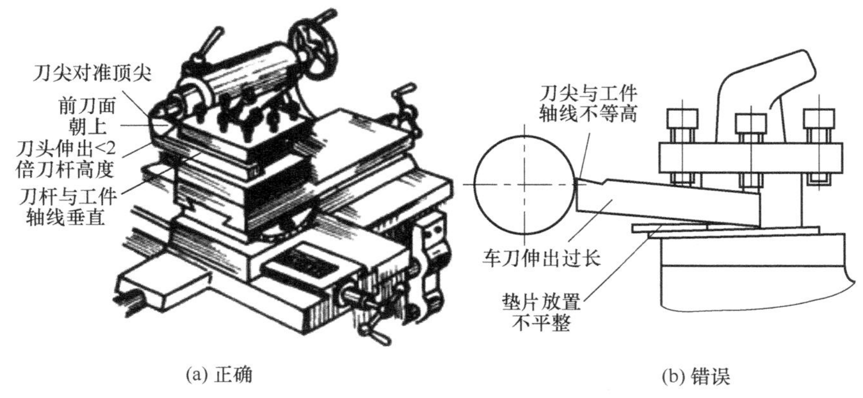

(a) 正确　(b) 错误

图 3-9　车刀的安装

3.3.3　工件安装

安装零件时，应使被加工零件表面的回转中心和车床主轴的轴线重合，以保证零件在加工之前有一个正确的位置，即定位。零件定位后还要夹紧，以承受切削力、重力等。所以零件在机床(或夹具)上的安装一般经过定位和夹紧两个过程。按零件的形状、大小和加工批量不同，安装零件的方法及所用附件也不同。在普通车床上常用的附件有三爪自定心卡盘、四爪单动卡盘、顶尖、跟刀架、中心架、心轴、花盘等。

1. 用三爪单动卡盘安装零件

三爪自定心卡盘是车床最常用的通用夹具。三爪自动定心卡盘的内部结构如图 3-10(a)所示。当用卡盘扳手转动小锥齿轮时，大锥齿轮也随之转动，在大锥齿轮背面平面螺纹的作用下，使三个爪同时向心移动或退出，以夹紧或松开工件。当零件直径较小时，用正爪装夹，如图 3-10(b)所示。当零件直径较大时，可换上反爪进行装夹，如图 3-10(c)所示。

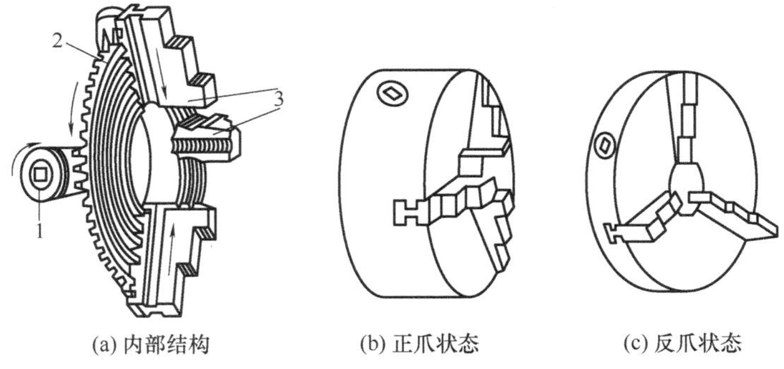

(a) 内部结构　(b) 正爪状态　(c) 反爪状态

图 3-10　三爪自定心卡盘构造

1-小锥齿轮；2-大锥齿轮；3-卡爪

三爪定心精度不高，夹紧力较小，仅适于夹持表面光滑的圆柱形等零件，不适于单独安装重量大或截面形状复杂的零件。由于三个卡爪是同时移动的，装夹零件时能自动定心、可快速地装夹零件。

2．用四爪单动卡盘安装零件

四爪单动卡盘是机床上常用的通用夹具，如图 3-11(a)所示。它的四个卡爪的径向位移由四个螺杆单独调整，不能自动定心，因此在安装零件时找正时间较长，技术水平要求高。四爪单动卡盘卡紧力大，适于装夹圆形零件，还可装不规则形状的零件。四爪单动卡盘只适用于单件小批量生产。

四爪单动卡盘安装零件时，一般用划线盘按零件外圆或内孔进行找正。当要求定位精度达到 0.02～0.05mm 时，可以划出加工界线用划线盘进行找正，如图 3-11(b)所示。当要求定位精度达到 0.01mm 时，可用百分表找正，如图 3-11(c)所示。

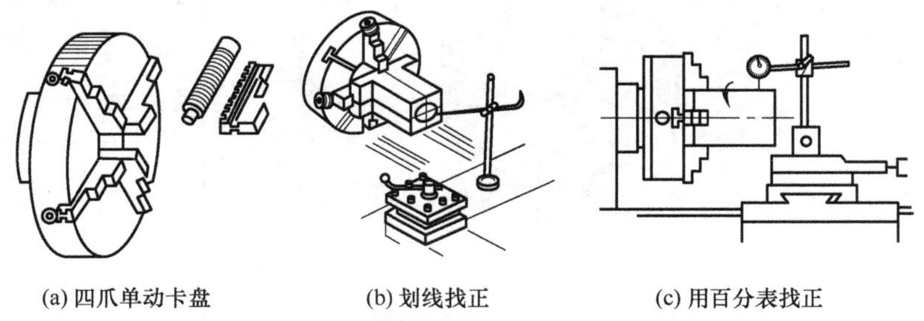

(a) 四爪单动卡盘　　(b) 划线找正　　(c) 用百分表找正

图 3-11　四爪单动卡盘及其找正

3．用一顶一夹安装零件

对较长的工件，尤其是重要的工件，不能直接用三爪自定心卡盘装夹，而要一端夹住，另一端用后顶尖顶住的装夹方法。这种装夹方法能承受较大的轴向切削力，且刚性大大提高，同时可提高切削用量。

4．用双顶尖安装零件

对同轴度要求比较高且需要调头加工的轴类工件，常用双顶尖装夹工件。前顶尖为普通顶尖，装在主轴孔内，并随主轴一起转动，后顶尖为活顶尖装在尾架套筒内。零件利用中心孔被顶在前后顶尖之间，并通过拨盘和卡箍随主轴一起转动，如图 3-12 所示。

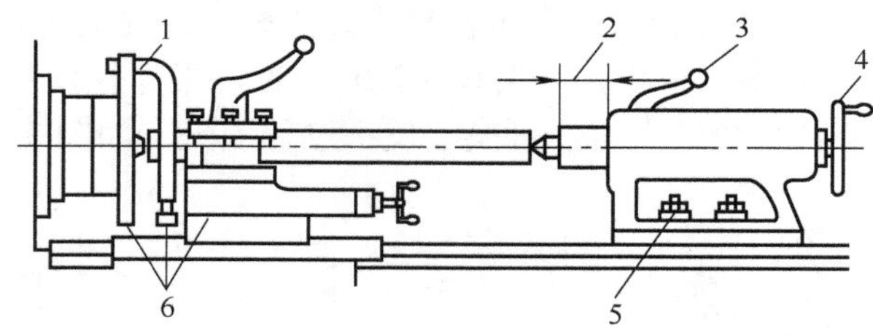

图 3-12　用双顶尖安装零件

1-夹紧零件；2-调整套筒伸出长度；3-锁紧套筒；4-调整零件在顶尖间的松紧度；
5-将尾座固定；6-刀架移至车削行程左侧，用手转动拨盘，检查是否碰撞

5．用顶尖、跟刀架及中心架安装零件

顶尖、跟刀架及中心架是车床的主要附件。当车细长轴(长度与直径之比大于 20)时，由于零件本身的刚性不足，为防止零件在切削力作用下产生弯曲变形而影响加工精度，除了用顶尖安装零件，还常用中心架或跟刀架作附加的辅助支承。

1) 顶尖

在顶尖上安装轴类零件，由于两端都是锥面定位，其定位的准确度比较高，通过多次装卸与掉头，能保证各外圆面有较高的同轴度。

常用的顶尖有死顶尖和活顶尖两种，前顶尖采用死顶尖，后顶尖易磨损，在高速切削时常采用活顶尖。

2) 跟刀架

跟刀架主要用于精车或半精车细长光轴类零件，如丝杠和光杠等。如图 3-13 所示，跟刀架被固定在车床床鞍上，与刀架一起移动，使用时，先在零件上靠后顶尖的一端车出一小段外圆，根据它调节跟刀架的两支承，然后再车出全轴长。使用跟刀架可以抵消因刀具对零件的径向切削力而引起的变形，从而提高加工精度和表面质量。

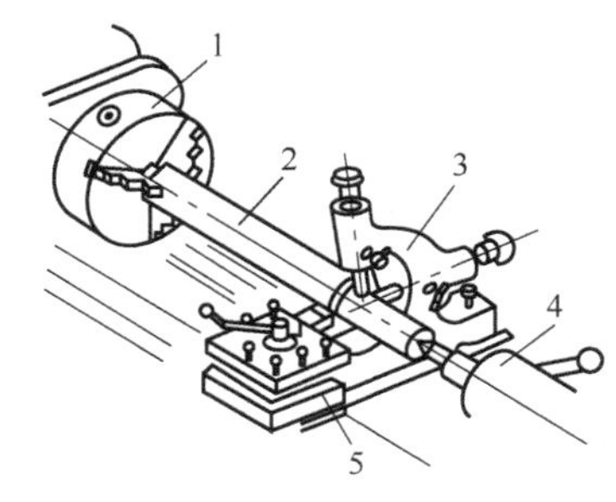

图 3-13　跟刀架的使用

1-三爪自定心卡盘；2-零件；3-跟刀架；4-尾座；5-刀架

3) 中心架

中心架一般多用于加工阶梯轴及在长杆件端面进行钻孔、镗孔或攻螺纹。对不能通过机床主轴孔的大直径长轴进行车端面时，也经常使用中心架。如图 3-14 所示，中心架由压板螺钉紧固在车床导轨上，以互成 120° 的三个支承爪支承在零件预先加工的外圆面上进行加工，增加零件的刚度。

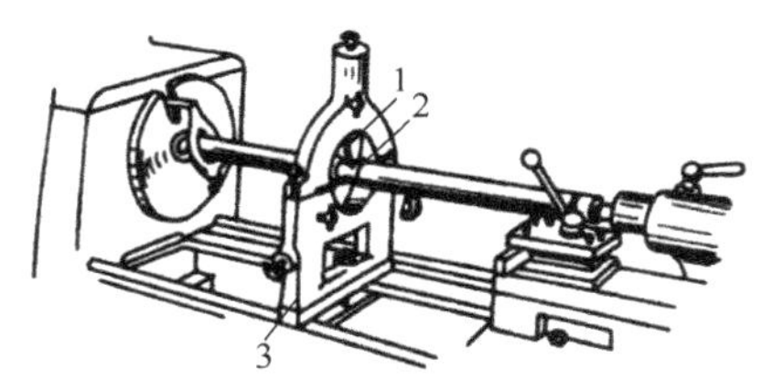

图 3-14　中心架的使用

1-可调节支承爪；2-预先车出的外圆面；3-中心架

应用跟刀架或中心架时，零件被支承部位即加工过的外圆表面，要加机油润滑。零件的转速不能过高且支承爪与零件的接触压力不能过大，以免零件与支承爪之间摩擦过热而烧坏或磨损支承。但支承爪与零件的接触压力也不能过小，以致起不到辅助支承的作用。

3.3.4　车削工艺

1. 车端面

对工件的端面进行车削的方法叫车端面。端面常作为轴套盘类零件的轴向基准，因此，端面的车削常将作为轴向基准首先车出。

用右偏刀由外向中心车端面如图 3-15(a)所示，车端面时是副切削刃参加切削，当车到中心时，凸台突然车掉，刀头易损坏，切削深度大时，易扎刀。

用右偏刀由外向中心车端面如图 3-15(b)所示，由主切削刃切削，切削条件有所改善。

用左偏刀由外向中心车端面如图 3-15(c)所示，主切削刃切削，凸台逐渐车掉，切削条件较好，加工质量较高。

用右偏刀由外向中心进给精车中心不带孔或带孔的端面时如图 3-15(d)所示，由主切削刃切削，切削条件较好，能提高切削质量。

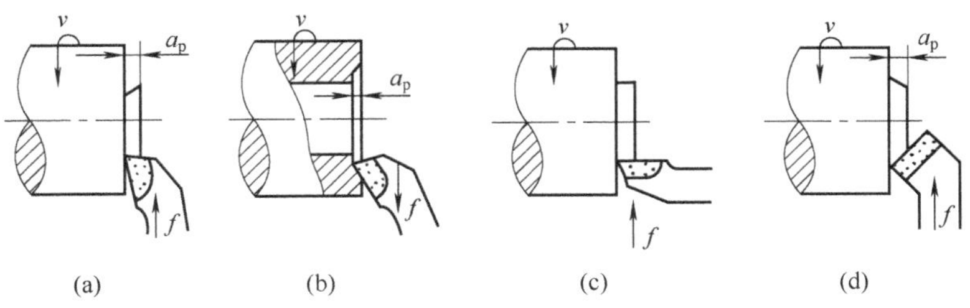

图 3-15　车端面时车刀的选择

2. 车外圆

车外圆是车削加工中最基本的操作。除了在车床上用车刀车削外圆，还可以用钻头、镗刀、扩孔钻等作为刀具进行加工。

车外圆可分别用图 3-16 所示的各种车刀。直头车刀(尖刀)的形状简单，主要用于粗车无台阶的光滑轴和盘套类的外圆；弯头车刀不但可以车外圆，还可以车端面和倒角；偏刀可用于加工有台阶的外圆和细长轴。

直头和弯头车刀的刀头部分强度好，常用于粗加工和半精加工，而 90° 偏刀常用于精加工。

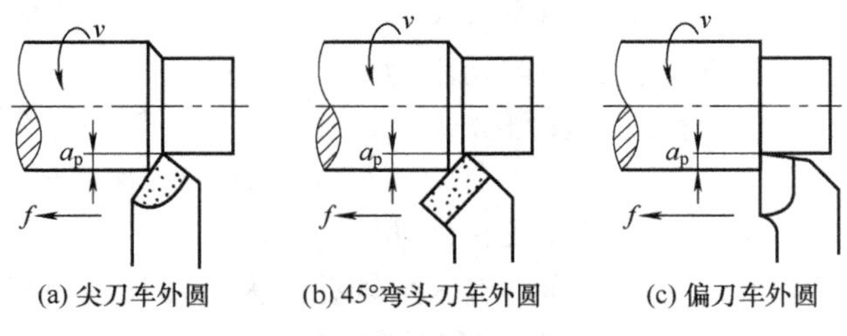

图 3-16　外圆车削

3. 车台阶

台阶面是常见的机械结构，它由几段圆柱面和端面组成，车轴上的台阶面应使用偏刀。

车削时应兼顾外圆直径和台阶长度两个方向的尺寸，还必须保证台阶平面与工件轴线的垂直度要求。

(1) 车台阶的高度小于 5 mm 时，应使车刀主切削刃垂直于零件的轴线，台阶可一次车出。装刀时可用 90° 尺对刀，如图 3-17(a)所示。

(2) 车台阶高度大于 5 mm 时，应使车刀主切削刃与零件轴线约成 95°，分层纵向进给切削，如图 3-17(b)所示。最后一次纵向进给时，车刀刀尖应紧贴台阶端面横向退出，以车出 90° 台阶，如图 3-17(c)所示。

(3) 台阶长度尺寸要求较低时可直接用大拖板刻度盘控制(1 毫米/小格)，也可用钢直尺或样板确定位置。长度尺寸要求较高且长度较短时，可用小滑板刻度盘控制其长度。

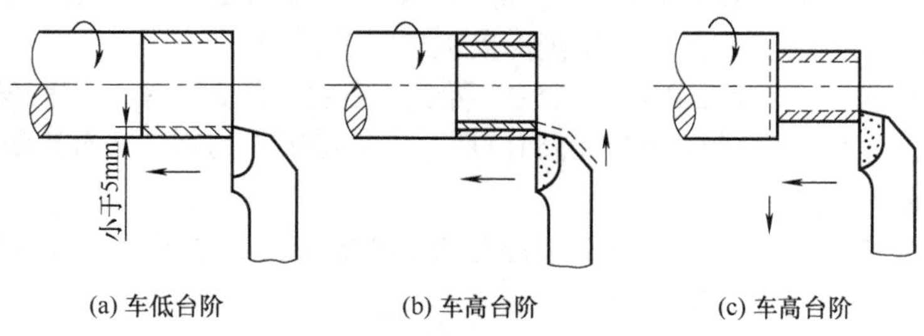

图 3-17　车台阶面

4. 车圆锥面及成形面

在机械制造业中，除采用内外圆柱面作为配合表面，还广泛采用内外圆锥面作为配合表面，如车床主轴的锥孔、尾座的套筒、钻头的锥柄等。这是因为圆锥面配合紧密，拆卸方便，而且多次拆卸仍能准确定心。车削圆锥面有宽刀法和转动小刀架法两种。在普通车床上加工成形面一般可以用普通车刀、用成形车刀、用靠模。

5. 车槽及切断

回转体表面常有退刀槽、砂轮越程槽等沟槽，在回转体表面上车出沟槽的方法称车槽。切断是将坯料或零件从夹持端上分离出来，主要用于圆棒料按尺寸要求下料或把加工完毕的零件从坯料下切下来。另外车床还可以完成车内孔、车螺纹、车凸轮、盘弹簧、滚压、滚花等工序。

3.3.5　车削实训

1. 训练目的

(1) 熟练操作卧式车床加工轴类零件(外圆、端面、切槽、锥面、球面和滚花等)。

(2) 能按加工要求正确使用刀具、夹具、量具。

(3) 了解螺纹加工、车成型面的钻孔和镗孔的常用方法。

2. 设备及工具

(1) 设备及附件：C6132 普通车床、三爪卡盘、顶尖等。

(2) 刀具：各种车刀(偏刀、尖刀、切刀、中心钻、滚花刀等)。

(3) 量具：钢直尺、游标卡尺、千分尺等。

3. 训练内容及步骤

1) 车床手柄操作

车床操作手柄及名称如图 3-18 所示。

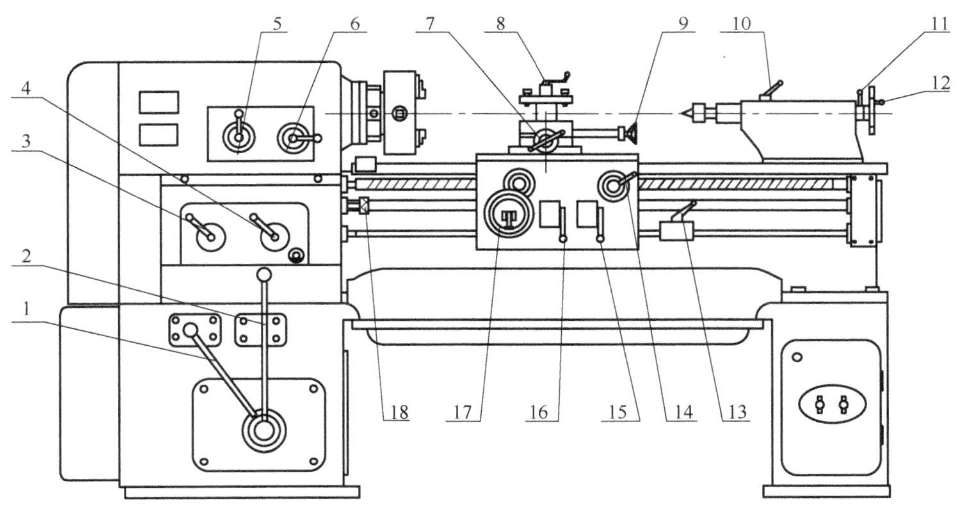

图 3-18　C6132 型卧式车床操作手柄

1、2、6-主运动变速手柄；3、4-进给运动变速手柄；5-刀架纵向移动变速手柄；7-刀架横向运动手柄；8-方刀架锁紧手柄；9-小滑板移动手柄；10-尾座套筒锁紧手柄；11-尾座锁紧手柄；12-尾座套筒移动手轮；13-主轴正反转及停止手柄；14-开合螺母手柄；15-横向进给自动手柄；16-纵向进给自动手柄；17-纵向进给手动手轮；18-光杠、丝杠更换使用的离合器

车床手柄操作练习如下。

(1) 停车练习：主轴正反转及停止手柄练习。

(2) 变换主轴转速练习：变动变速箱和主轴箱外面的变速手柄，可得到各种相对应的主轴转速。当手柄拨动不顺利时，用手稍转动卡盘即可。

(3) 变换进给量练习：按所选的进给量查看进给箱上的标牌，再按标牌上进给变换手柄位置来变换手柄的位置，调到所选定的进给量。

(4) 纵向和横向手动进给手柄(手轮)练习：单左手握纵向进给手动手轮、单右手横向进给手动手柄分别顺时针和逆时针旋转手轮和双手协调同时练习来操纵刀架和溜板箱的移动方向。

(5) 纵向或横向自动进给练习：光杠或丝杠接通手柄位于光杠接通位置上，将纵向自动进给手柄提起即可纵向进给。横向自动进给手柄向上提起即可横向机动进给。分别向下扳动则可停止纵、横机动进给。

(6) 尾座手柄(手轮)练习：尾座靠手动移动，其固定靠紧固螺栓螺母。转动尾座移动套筒手轮，可使套筒在尾架内移动，转动尾座锁紧手柄，可将套筒固定在尾座内。

2) 车床低速开车练习

操作前应先检查各手柄是否处于正确的位置，无误后进行开空车练习。

主轴启动和停止练习：合上电源开关—卡盘扳手放入安全器内—电动机启动—操纵主轴正、反转动—停止主轴转动—关闭电动机。

3) 自动进给练习

合上电源开关—卡盘扳手放入安全器—电动机启动—操纵主轴转动—手动纵横进给—自动纵横进给—手动退回—自动横向进给—手动退回—停止主轴转动—关闭电动机。

4) 零件的车削练习

在正确安装零件和刀具，并熟悉了手柄操作和进行了开空车练习之后，按以下步骤进行零件的车削训练。

(1) 试切。试切的方法与步骤如下。

① 开车对刀：如图 3-19(a)、(b)使刀尖与零件表面稍微接触，确定刀具与零件的接触点，作为背吃刀量的起点，然后向右纵向退刀，记下中滑板刻度盘上的数值。注意对刀时必须开车！因为这样容易找到刀具与零件最高处的接触点，也不容易损坏车刀。

② 进刀：如图 3-19(c)、(d)、(e)按背吃刀量或零件直径的要求，根据中滑板刻度盘上的数值进切深，并手动纵向切进 1～3 mm，然后向右纵向退刀。

③ 测量：如果尺寸合格了，就按该切深将整个表面加工完；如果尺寸偏大或偏小，就重新进行试切，直到尺寸合格。试切调整过程中，为了迅速而准确地控制尺寸，背吃刀量需按中拖板丝杠上的刻度盘来调整。

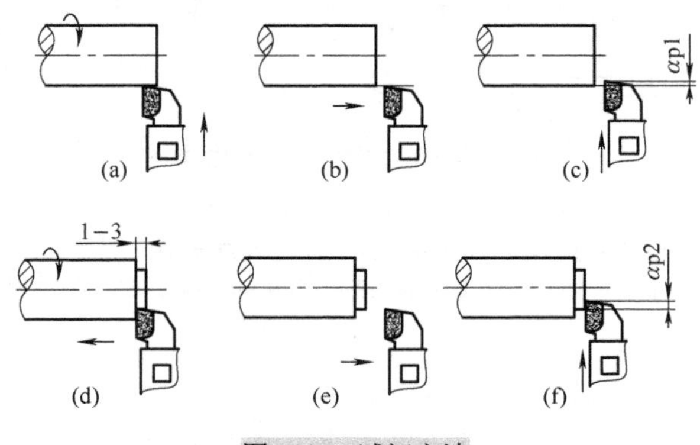

图 3-19　试切方法

(2) 切削。经试切获得尺寸余量后，就可以扳动自动走刀手柄进行自动走刀。每当车刀纵向进给至末端距离 3～5 mm 时，应将自动进给改为手动进给，以避免行程走刀超长或车刀与卡盘爪发生干涉碰撞。如需再切削，可将车刀沿进给反方向移出，再进行车削。如不再切削，则应先将车刀沿切深反方向退出，脱离零件已加工表面，再沿进给反方向退出车刀，然后停车。

(3) 检验。零件加工完后要进行测量检验，以确保零件的质量。

3.4 铣　　削

铣削是在铣床上利用铣刀的旋转做主运动、工件的移动作进给运动来切削工件的加工方法。铣削加工是机械制造业中重要的加工方法。铣削的加工范围广泛，可加工平面、斜面、台阶面、沟槽(直槽、燕尾槽、T 形槽)、成型面、齿轮等，也可用以钻孔和切断，如图 3-20 所示。

铣削加工的尺寸精度为 IT9～IT7，表面粗糙度 *Ra* 值为 6.3～1.6 μm。铣刀是旋转使用的多齿刀具。铣削时，每个刀齿是间歇的进行切削，刀刃的散热条件好，可以采用较大的切削用量，是一种高生产率的加工方法。特别适用于加工平面和沟槽。

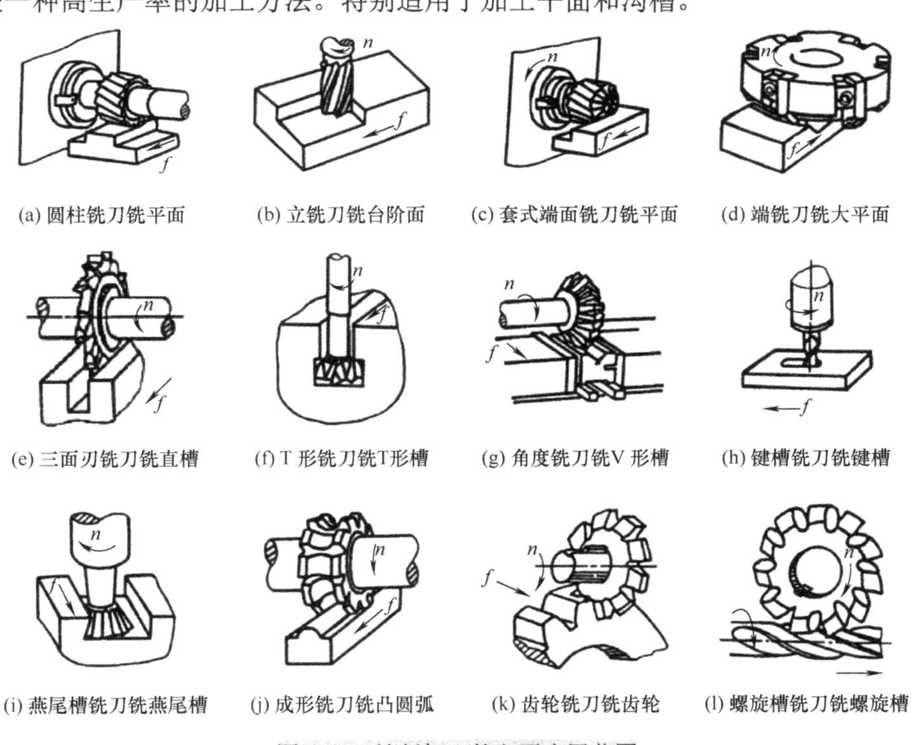

(a) 圆柱铣刀铣平面　(b) 立铣刀铣台阶面　(c) 套式端面铣刀铣平面　(d) 端铣刀铣大平面

(e) 三面刃铣刀铣直槽　(f) T 形铣刀铣T形槽　(g) 角度铣刀铣V 形槽　(h) 键槽铣刀铣键槽

(i) 燕尾槽铣刀铣燕尾槽　(j) 成形铣刀铣凸圆弧　(k) 齿轮铣刀铣齿轮　(l) 螺旋槽铣刀铣螺旋槽

图 3-20　铣削加工的主要应用范围

3.4.1　铣床

铣削加工的设备是铣床，铣床可分为卧式铣床、立式铣床和龙门铣床三大类。最常用的是万能卧式铣床和立式铣床，主要用于单件小批生产中的中小型零件。铣床的工作量仅次于车床。

1. 卧式铣床

卧式铣床全称卧式万能升降台铣床，是铣床中应用最多的一种。其主要特征是主轴轴线与工作台台面平行，即主轴轴线处于横卧位置，因此称卧铣。如图 3-21 所示为 X6132 卧式万能升降台铣床外形图。

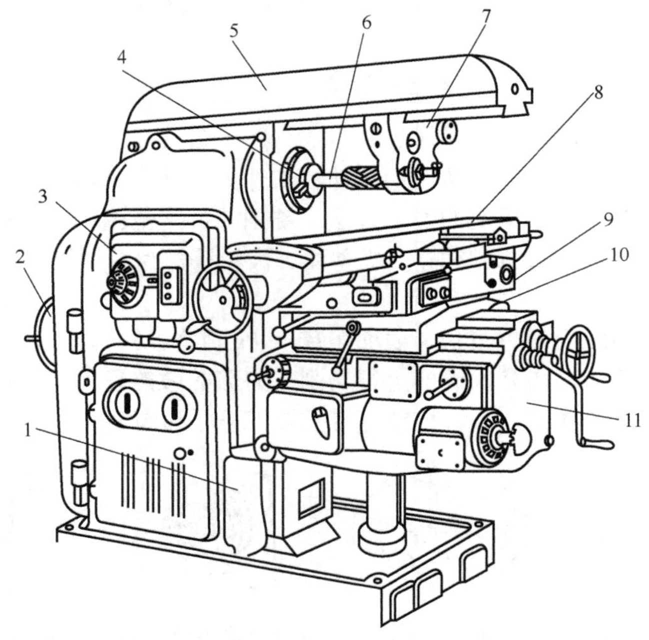

图 3-21　X6132 卧式万能升降台铣床示意图

1-床身；2-电动机；3-主轴变速机构；4-主轴；5-横梁；6-刀杆；7-吊架；8-纵向工作台；9-转台；10-横向工作台；11-升降台

(1) 床身。床身支承并连接各部件，顶面水平导轨支承横梁，前侧导轨供升降台移动。床身内装有主轴和主运动变速系统及润滑系统。

(2) 横梁。它可在床身顶部导轨前后移动，用于安装吊架，用来支承铣刀杆。横梁可沿床身的水平导轨移动，以适应不同长度的刀轴。

(3) 主轴。主轴是空心的，前端有锥孔，用以安装铣刀杆和刀具。主轴的转动是由电动机经主轴变速箱传动，改变手柄的位置，可使主轴获得各种不同的转速。

(4) 工作台。工作台上有 T 形槽，可直接安装工件，也可安装附件或夹具。纵向工作台用于装夹夹具和零件，横向工作台位于升降台上面的水平导轨上，可带动纵向工作台一起作横向进给。

(5) 转台。转台位于工作台和横溜板之间，下面用螺钉与横溜板相连，松开螺钉可使转台带动工作台在水平面内回转一定角度。具有转台的卧式铣床称为卧式万能铣床。

(6) 升降台。升降台可沿床身导轨作垂直移动，调整工作台至铣刀的距离。并作垂直进给。升降台内部装置着供进给运动用的电动机及变速机构。

2. **立式铣床**

立式铣床全称立式升降台铣床，如图 3-22 所示。立式铣床与卧式铣床相似。不同的是：它床身无顶导轨，也无横梁，而是前上部是一个立铣头，其作用是安装主轴和铣刀。通常立式铣床在床身与立铣头之间还有转盘，可使主轴倾斜成一定角度，用来铣削斜面。

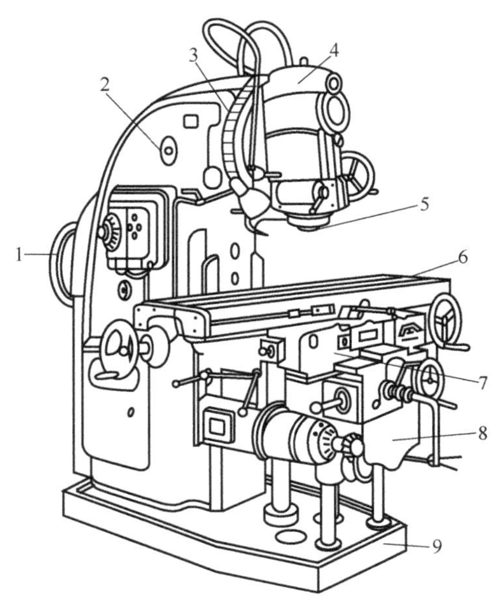

图 3-22　X5032 立式铣床

1-电动机；2-床身；3-主轴头架旋转刻度；4-主轴头架；5-主轴；6-纵向工作台；7-横向工作台；8-升降台；9-底座

3.4.2　铣刀

铣刀实质上是一种多刃刀具，刀齿分布在圆柱铣刀的外圆柱表面或端铣刀的端面上。

1. **铣刀的分类**

铣刀的种类很多，按其安装方法可分为带孔铣刀和带柄铣刀两大类。

1) 带孔铣刀

常用的带孔铣刀有圆柱铣刀、圆盘铣刀、角度铣刀、成形铣刀等，如图 3-23 所示。带孔铣刀多用于卧式铣床上。带孔铣刀的刀齿形状和尺寸可以适应所加工的零件形状和尺寸。

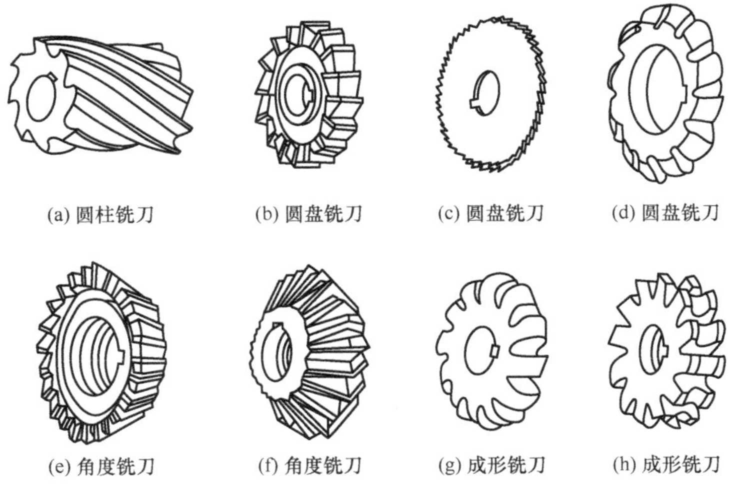

(a) 圆柱铣刀　(b) 圆盘铣刀　(c) 圆盘铣刀　(d) 圆盘铣刀

(e) 角度铣刀　(f) 角度铣刀　(g) 成形铣刀　(h) 成形铣刀

图 3-23　带孔铣刀

(1) 圆柱铣刀：其刀齿分布在圆柱表面上，通常分为直齿和斜齿两种，主要用圆周刃铣削中小型平面。

(2) 圆盘铣刀：如三面刃铣刀、锯片铣刀等，主要用于加工不同宽度的沟槽及小平面、小台阶面等；锯片铣刀用于铣窄槽或切断材料。

(3) 角度铣刀：它们具有各种不同的角度，用于加工各种角度槽及斜面等。

(4) 成形铣刀：其切削刃呈凸圆弧、凹圆弧、齿槽形等形状，主要用于加工与切削刃形状相对应的成形面。

2) 带柄铣刀

常用的带柄铣刀如图 3-24 所示。铣刀有立铣刀、键槽铣刀、T 形槽铣刀和镶齿端铣刀等，其共同特点是都有供夹持用的刀柄。带柄铣刀多用于立式铣床上。

(1) 镶齿端铣刀：如图 3-24(a)，用于加工较大的平面。刀齿主要分布在刀体端面上，还有部分分布在刀体周边，一般是刀齿上装有硬质合金刀片，可以进行高速铣削，以提高效率。

(2) 立铣刀：如图 3-24(b)、(c)，多用于加工沟槽、小平面、台阶面等。立铣刀有直柄和锥柄两种，直柄立铣刀的直径较小，一般小于 20 mm，直径较大的为锥柄，大直径的锥柄铣刀多为镶齿式。

(3) T 形槽铣刀：如图 3-24(d)，用于加工 T 形槽。

(4) 键槽铣刀：如图 3-24(e)，用于加工封闭式键槽。

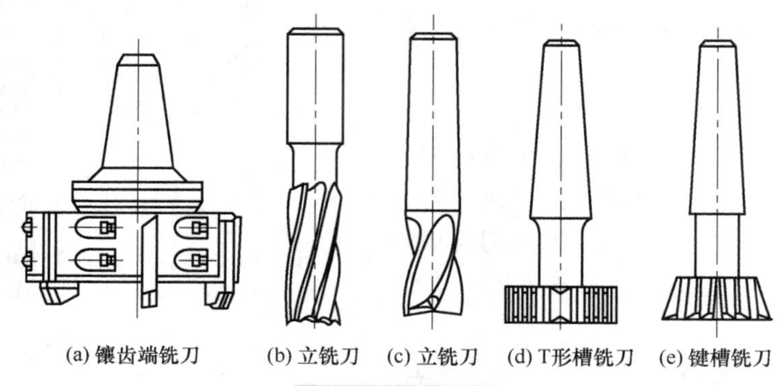

图 3-24 带柄铣刀

2. 铣刀的安装

1) 带孔铣刀的安装

带孔铣刀多用短刀杆安装。而带孔铣刀中的圆柱形、圆盘形铣刀，多用长刀杆安装，如图 3-25 所示。长刀杆一端有 7∶24 锥度与铣床主轴孔配合，并用拉杆穿过主轴将刀杆拉紧，以保证刀杆与主轴锥孔紧密配合。安装铣刀的刀杆部分，根据刀孔的大小分几种型号，常用的有 $\phi16$、$\phi22$、$\phi27$、$\phi32$ 等。

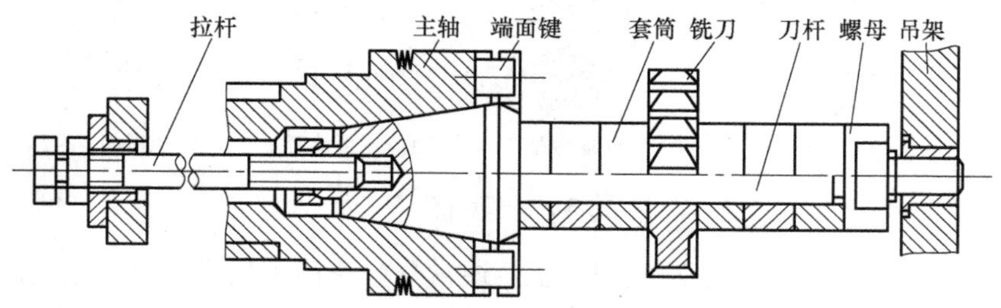

图 3-25 圆盘铣刀的安装

用长刀杆安装带孔铣刀的注意事项。

(1) 在不影响加工的条件下，应尽可能使铣刀靠近铣床主轴，并使吊架尽量靠近铣刀，以保证有足够的刚性，避免刀杆发生弯曲，影响加工精度。铣刀的位置可用更换不同的套筒的方法调整。

(2)斜齿圆柱铣刀所产生的轴向切削力应指向主轴轴承。

(3)套筒的端面与铣刀的端面必须擦干净，以保证铣刀端面与刀杆轴线垂直。

(4)拧紧刀杆压紧螺母时，必须先装上吊架，以防刀杆受力弯曲，如图 3-26(a)所示。

(5)初步拧紧螺母，开车观察铣刀是否装正，装正后用力拧紧螺母，如图 3-26(b)所示。

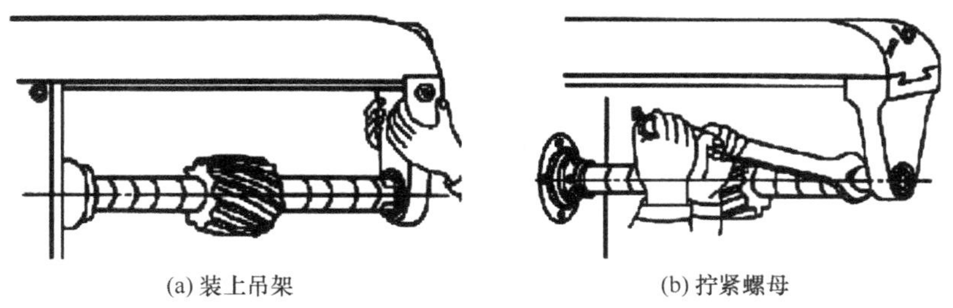

(a) 装上吊架　(b) 拧紧螺母

图 3-26　拧紧刀杆压紧螺母时注意事项

2) 带柄铣刀的安装

(1)锥柄立铣刀的安装：如图 3-27 所示。如果锥柄立铣刀的锥柄尺寸与主轴孔内锥尺寸相同，则可直接装入铣床主轴中并用拉杆将铣刀拉紧；如果铣刀锥柄尺寸与主轴孔内锥尺寸不同，则根据铣刀锥柄的大小，选择合适的变锥套，将配合表面擦净，然后用拉杆把铣刀及变锥套一起拉紧在主轴上。

(2)直柄立铣刀的安装：这类铣刀多用弹簧夹头安装，铣刀的直径插入弹簧套的孔中，用螺母压弹簧套的端面，使弹簧套的外锥面受压而缩小孔径，即可将铣刀夹紧。弹簧套上有三个开口，故受力时能收缩，弹簧套有多种孔径，以适应各种尺寸的立铣刀。

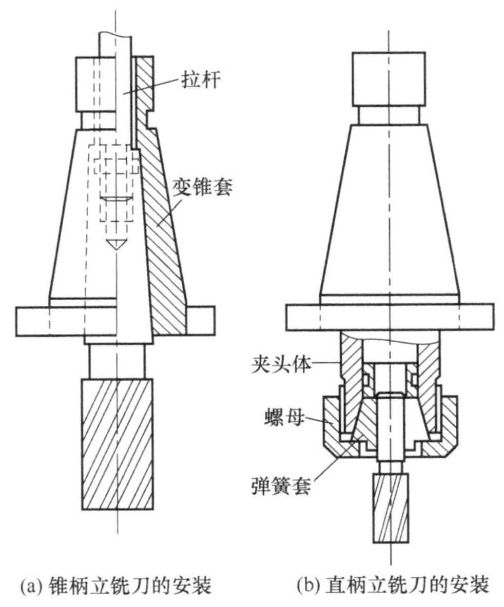

(a) 锥柄立铣刀的安装　(b) 直柄立铣刀的安装

图 3-27　带柄铣刀的安装

3.4.3 工件安装

1. 铣床附件

铣床的主要附件有机用平口虎钳、回转工作台和分度头，用于安装零件。万能铣头用于安装刀具。

(1) 回转工作台：又称转盘或圆工作台，一般用于较大零件的分度工作和非整圆弧面的加工。当铣削一些有弧形表面的工件，可安装圆形转台。

(2) 万能铣头：如图 3-28 所示，在卧式铣床上装上万能铣头，不仅能完成各种立铣的工作，而且还可根据铣削的需要，把铣头主轴在空间偏转成所需要的任意角度，扩大卧式铣床的加工范围。

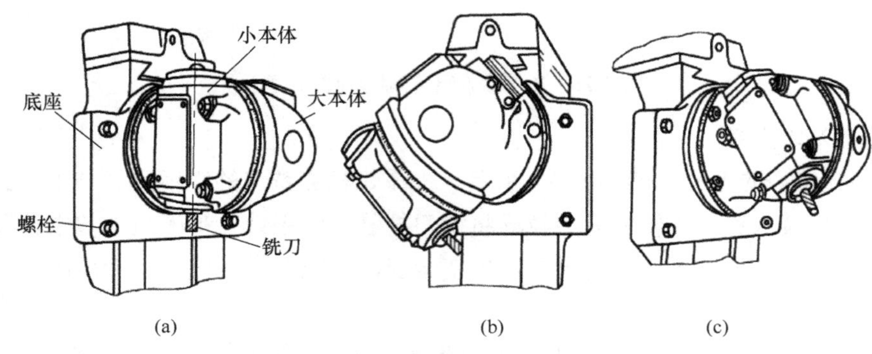

图 3-28　万能铣头

(3) 万能分度头：铣削加工各种需要分度工作的工件，可安装分度头。利用分度头可铣削多边形、齿轮、花键、螺旋面等。万能分度头的结构如图 3-29 所示。

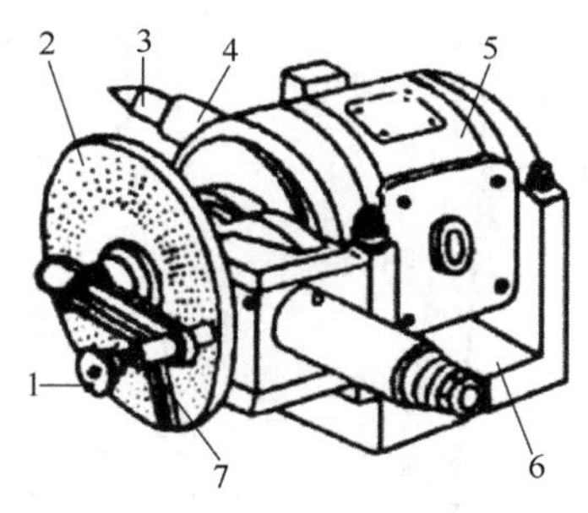

图 3-29　万能分度头结构

1-分度手柄；2-分度盘；3-顶尖；4-主轴；5-转动体；6-底座；7-扇形夹

2. 工件的安装

零件较大或形状特殊时，用压板、螺栓、垫铁和挡铁把零件直接固定在工作台上进行铣削。当生产批量较大时，可采用专用夹具或组合夹具安装零件，这样既能提高生产效率，又能保证零件的加工质量，如图 3-30 所示。

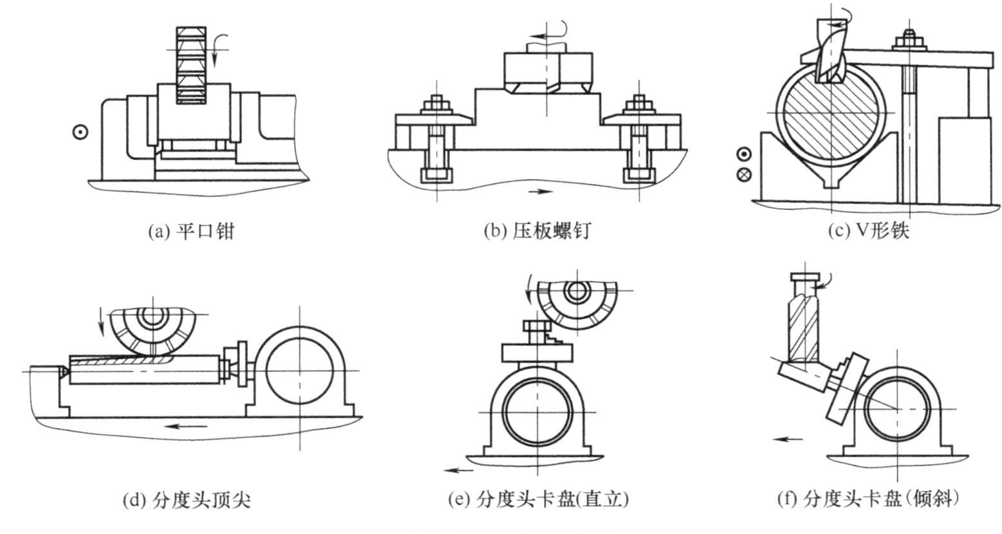

图 3-30　工件的安装

3.4.4　铣削工艺

铣削工作范围很广，常见的有铣平面、铣沟槽、铣成形面、钻孔、镗孔以及铣螺旋槽等。

1. 铣削方式

1) 周铣法

用圆柱铣刀的圆周刀齿加工平面，称为周铣法。周铣可分为逆铣和顺铣。

(1) 逆铣：铣刀和零件接触部分的旋转方向与零件的进给方向相反，如图 3-31(a)所示。

(2) 顺铣：铣刀和零件接触部分的旋转方向与零件的进给方向相同，如图 3-31(b)所示。由于铣床工作台的传动丝杠与螺母之间存在间隙，如无消除间隙装置，顺铣时会产生振动和造成进给量不均匀，所以通常情况下采用逆铣。

2) 端铣法

用端铣刀的端面刀齿加工平面，称为端铣法。

铣平面可用周铣法或端铣法，由于端铣法具有刀具刚性好，切削平稳(同时进行切削的刀齿多)，生产率高(便于镶装硬质合金刀片，可采用高速铣削)，加工表面粗糙度数值较小等优点，应优先采用端铣法。但是周铣法的适应性较广，可以利用多种形式的铣刀，故生产中仍常用周铣法。

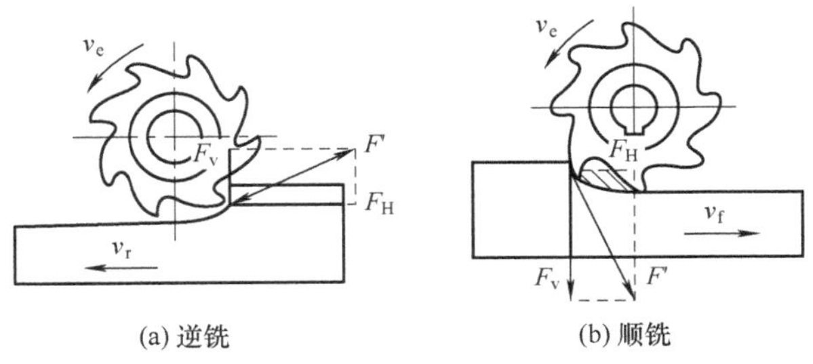

图 3-31　逆铣和顺铣

2. 铣削工艺

1) 铣水平面

铣平面可用周铣法或端铣法，并应优先采用端铣法。但在很多场合，如在卧式铣床上铣平面，也常用周铣法。铣削平面的步骤如下。

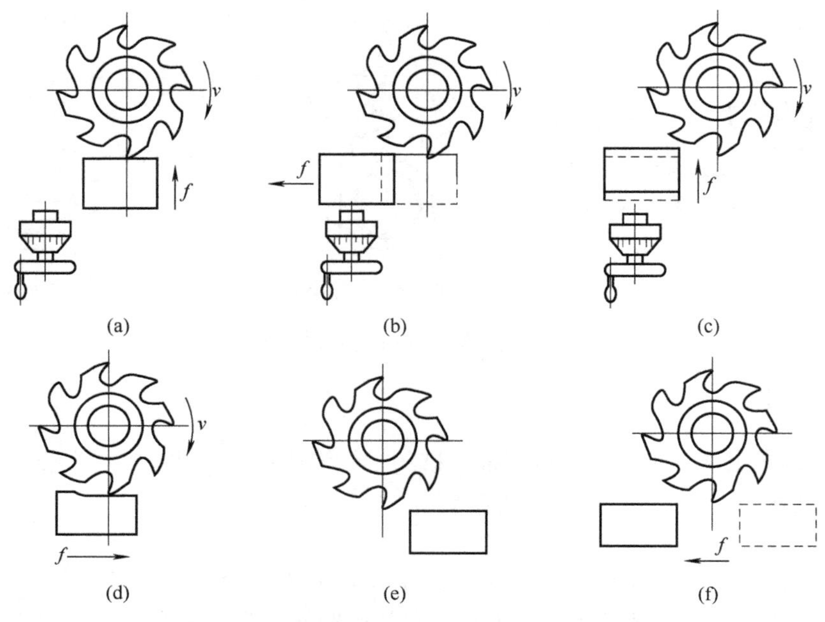

图 3-32　铣水平面步骤

(1) 开车使铣刀旋转，升高工作台，使零件和铣刀稍微接触，记下刻度盘读数，如图 3-32(a)所示。

(2) 纵向退出零件，停车，如图 3-32(b)所示。

(3) 利用刻度盘调整侧吃刀量(为垂直于铣刀轴线方向测量的切削层尺寸)，使工作台升高到规定的位置，如图 3-32(c)所示。

(4) 开车先手动进给，当零件被稍微切入后，可改为自动进给，如图 3-32(d)所示。

(5) 铣完一刀后停车，如图 3-32(e)所示。

(6) 退回工作台，测量零件尺寸，并观察表面粗糙度，重复铣削到规定要求，如图 3-32(f)所示。

2) 铣斜面

铣斜面可以用如图 3-33 所示的倾斜零件法铣斜面，也可用如图 3-34 所示的倾斜刀轴法铣斜面。铣斜面的这些方法，可视实际情况选用。

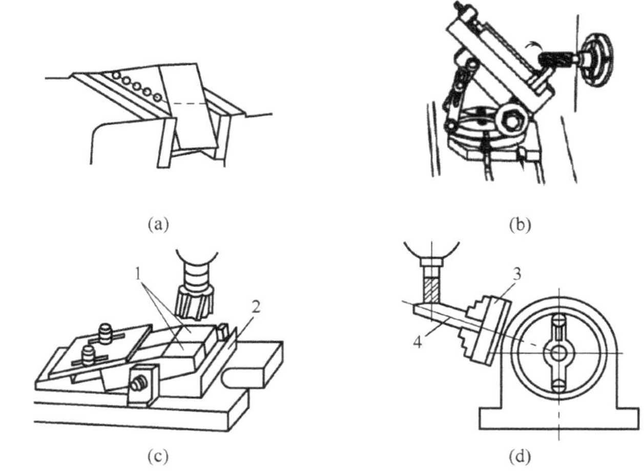

图 3-33　用倾斜零件法铣斜面

1-零件；2-垫铁；3-卡盘；4-零件

图 3-34　用倾斜刀轴法铣斜面

3) 铣沟槽

(1) 铣键槽：有敞开式键槽、封闭式键槽和花键三种。敞开式键槽一般用三面刃铣刀在卧式铣床上加工，封闭式键槽一般在立式铣床上用键槽铣刀或立铣刀加工，批量大时用键槽铣床加工。

(2) 铣燕尾槽：步骤如图 3-35 所示。

4) 铣齿轮齿形

齿轮齿形的切削加工，按原理分为成形法和展成法两大类。

(1) 成形法：是用与被切齿轮齿槽形状相似的成形铣刀铣出齿形的方法。成形法加工的特点是：设备简单(用普通铣床即可)，成本低，生产效率低；加工的齿轮精度较低，只能达到 IT9 级或 IT9 级以下，齿面粗糙度 Ra 值为 6.3～3.2 μm。

(2) 展成法：是建立在齿轮与齿轮或齿条与齿轮的相互啮合原理基础上的齿形加工方法。

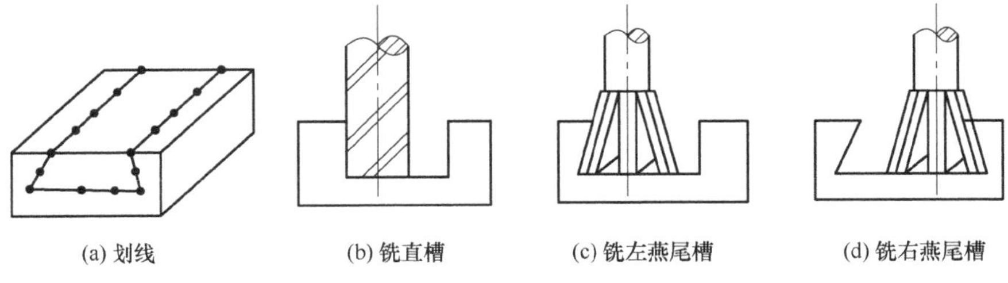

图 3-35　铣燕尾槽步骤

3.4.5 铣削实训

1. 训练目的

(1) 熟悉铣床基本操作。

(2) 了解铣床常用附件，铣刀的选择、使用。

(3) 了解零件的安装及铣削方法。

(4) 能独立操作铣床加工一般的平面、简单沟槽和分度工作。

2. 设备及工具

(1) 设备　X6132 卧式铣床(图 3-21)、机用平口虎钳、万能分度头等附件。

(2) 器材　各种常用铣刀、垫铁等。

3. 训练内容及步骤

螺钉坯六边形的铣削加工。以图 3-36 所示分度头加工螺钉坯六边形为例，分析单件生产时的铣削加工操作步骤如表 3-1 所示。

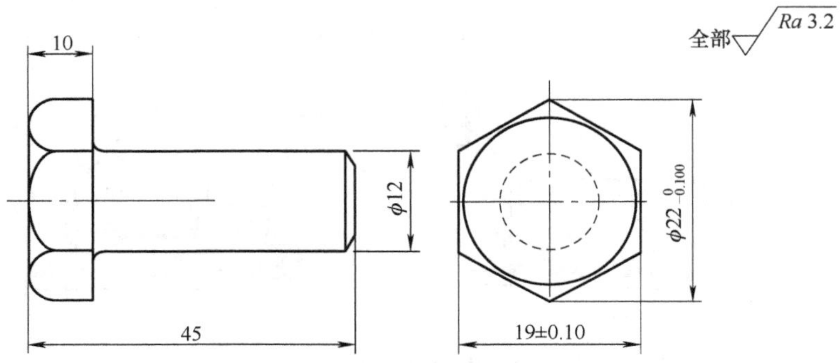

图 3-36　螺钉坯尺寸设计

表 3-1　螺钉坯铣削加工操作步骤

加工序号		加工内容	加工简图	刀具	设备	装夹方法
铣六边形各面	1	用三爪卡盘装夹φ12 处，外伸 15mm，铣刀旋转接触工件后工作台上升 1.5mm 铣任意一边	铣刀 扇形夹 分度盘 工件 三爪夹头	φ25 mm 带柄立铣刀	X5032 立式铣床	三爪卡盘、万能分度头

续表

加工序号		加工内容	加工简图	刀具	设备	装夹方法
铣六边形各面	2	按公式 $n=40/Z$ 计算后得：$n=6\frac{16}{24}$。选第一块分度盘正面圈孔数为 24，转 6 圈后再转 16 个孔，铣第二边		ϕ25 mm 带柄立铣刀	X5032 立式铣床	三爪卡盘、万能分度头
	3，4，5，6	以后的 4 边分别按上述方法分度后依次类推铣削各边				

检验。零件刨削完工后，停车检验，尺寸和加工精度合格后即可卸下。

3.5　磨　　削

在机床上，用高速旋转砂轮表面的磨粒对工件表面进行刻划和摩擦，去除工件表层微屑，改变上道工序留下的不正确的几何形状及误差，使产品质量在较短时间内得到明显改善和提高的加工工艺过程，称为磨削。

在磨削过程中，磨具以砂轮为主，能加工一般的金属材料(碳素钢、铸铁及有色金属)和高硬度材料(淬火钢、硬质合金)。

磨床加工范围如图 3-37 所示。它是一种较特殊的加工工艺，是一种微刃多刀的切削方式，也是机械零件制造过程中的一道精加工工序。

磨削加工与刀具切削加工(如车、铣、刨削等)方式比较，有以下一些工艺特点。

(1)能获得很高的加工精度和较低的粗糙度值。通常能满足的加工精度为 IT6～IT5 级，粗糙度 Ra0.8～0.2μm。在采用高精度的镜面磨削法加工时，精度可达到接近 IT4～IT3 级，粗糙度小于 $Ra0.01\mu m$ 的要求。

(2)能加工刀具不能切削的高硬度材料。如淬火钢、硬质合金、光学玻璃、陶瓷等，同时还可以对黄铜、硬橡胶、硬塑料等材料进行加工。

(3)切削速度高。一般磨削砂轮线速度 30～35m/s，高速磨削时线速度达 45～100m/s，切削速度高，能提高生产率，但磨削温度也高达1000℃左右，为避免工件烧伤，磨削时应使用大量冷却液，降低磨削温度，以提高产品质量。

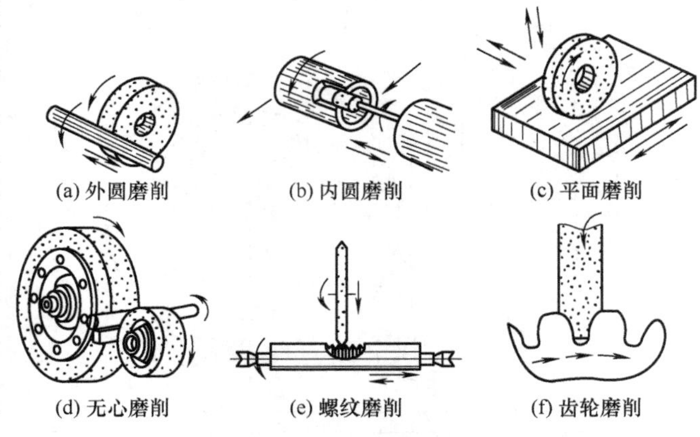

图 3-37　磨床加工范围

随着科学技术的发展，对现代机器零件制造要求的提高，以及高硬度、高耐磨、长寿命零件的大量使用，磨削加工在机械零件制造中所占的比重越来越大，而且，随着精密毛坯制造技术(精密锻造、铸造等)的应用和高生产率磨削方法(高速磨削、强力磨削等)的发展，某些零件有可能不经其他切削加工，而直接由磨削加工完成，这将使磨削加工发挥更加巨大的作用。

3.5.1　磨床

根据用途不同，可分为外圆磨床、内圆磨床、平面磨床、工具磨床、螺纹磨床、齿轮磨床和导轨磨床等。又由于磨削方式及使用性能的不同，每一类磨床还分为很多品种，如外圆磨床可细分为普通或万能及无心外圆磨床等。另外，还有为数众多的专用磨床，如花键轴、凸轮轴、曲轴、轧辊磨床等。以下是几种常用磨床分类。

(1) 外圆磨床：主要用于轴、套类零件的外圆柱、外圆锥面，台阶轴外圆面及端面的磨削。

(2) 内圆磨床：主要用于轴套类零件和盘套类零件内孔表面及端面的磨削。

(3) 平面磨床：主要用于各种零件的平面及端面的磨削。

(4) 工具磨床：主要用于磨削各种切削刀具的刃口，如车刀、铣刀、铰刀、齿轮刀具、螺纹刀具等。装上相应的机床附件，可对体积较小的轴类外圆、矩形平面、斜面、沟槽等外形复杂的机具、夹具、模具进行磨削加工。

1. 外圆磨床

常用的外圆磨床分为普通外圆磨床和万能外圆磨床。在普通外圆磨床上可磨削零件的外圆柱面和外圆锥面；万能外圆磨床由于砂轮架、头架和工作台上都装有转盘，能回转一定的角度，且增加了内圆磨具附件，所以万能外圆磨床除可磨削外圆柱面和外圆锥面，还可磨削内圆柱面、内圆锥面及端平面，故万能外圆磨床较普通外圆磨床应用更广。如图 3-38 所示为 M131W 型万能外圆磨床外形。

在型号中，M 为机床类别代号，表示磨床，读作“磨”；1 为机床组别代号，表示外圆磨床；W 表示万能外圆磨床；31 为主参数最大磨削直径的 1/10，即最大磨削直径为 310 mm。M131W 由床身、工作台、头架、顶尖尾座、砂轮架和内圆磨头等部分组成。

(1)床身。铸铁的箱体，用来支承固定和安装各个部件。上端有两组相互垂直的导轨，纵向导轨(较长)安装工作台，可引导工作台上的磨削零件沿轴线方向获得纵向往复的进给运动；横向导轨(较短)安装砂轮架，并引导它对工件实现径向切入，完成横向进给运动；床身内有油池、液压传动装置和其他传动机构，前端有电器控制箱及操纵手柄等。

(2)工作台。它分为上下两层。上层相对下层转动一定角度(顺时针 3 度，逆时针 9 度)以实现两顶针间较小角度锥体零件的磨削，还可通过角度微调，消除轴套类零件轴向上的微锥误差现象。整个工作台可被液压传动或手动机构带动，完成纵向进给运动。

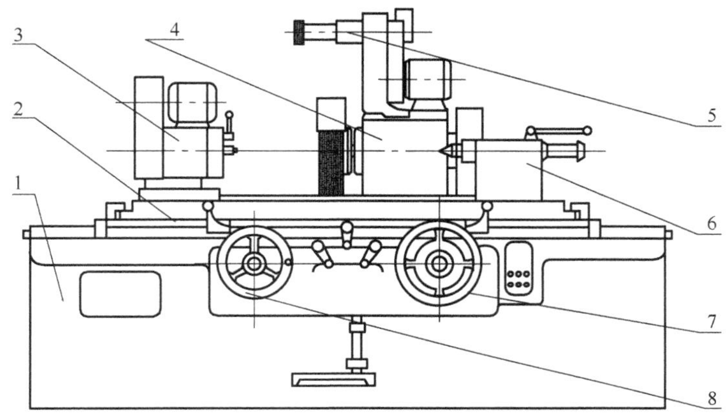

图 3-38　M131W 万能外圆磨床

1-床身；2-工作台；3-头架；4-砂轮架；5-内圆磨头；6-尾座；7、8-手轮

(3)头架与尾座。均安装于工作台斜 10 度的台面两端，头架主轴可安装顶针或卡盘，与尾架上的后顶针配合完成工件的夹持，并带动其旋转，实现圆周进给运动。

(4)砂轮座。砂轮安装于主轴上(外圆砂轮)。由电动机带动旋转，实现主运动。并由液压系统带动实现快速进退(在原停留位置快速移动 50mm)或手动与自动的周期性径向进给(横向)。砂轮座的快速进退动作，可使操作者方便、准确测量和安全装卸工件。(底部可转动角度±30°)

(5)内圆磨具。安装于砂轮座平台上方，装有内圆砂轮轴，使用时翻转向下，可实现在外圆磨床上对内孔的磨削。

(6)冷却箱。位于机床后端，通过水泵加压将冷却液输送到零件炽热的磨削区域内，实现冷却、润滑、洗涤的作用，避免工件烧伤、退火、变形等现象的产生，保证产品加工质量。该系统采用循环和沉淀的方式，既降低了乳化油的使用成本，又解决了清洁过滤。

(7)液压系统

磨床传动广泛采用液压传动，这是因为液压传动具有无级调速、运转平稳、无冲击振动等优点。

2. 平面磨床

平面磨床主要用于磨削零件上的平面。图 3-39 为 M7120A 型平面磨床外形图。在型号中，7 为机床组别代号，表示平面磨床；1 为机床系别代号，表示卧轴矩台平面磨床；20 为主参数工作台面宽度的 1/10，即工作台面宽度为 200 mm。平面磨床与其他磨床不同的是工作台上安装有电磁吸盘或其他夹具，用作装夹零件。

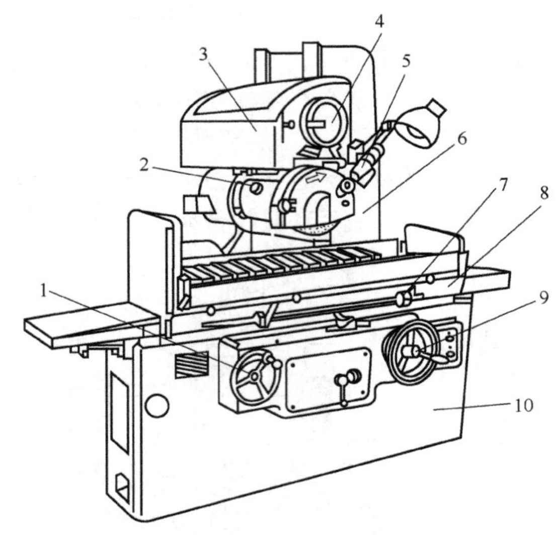

图 3-39　M7120A 型平面磨床外形图

1-驱动工作台手轮；2-磨头；3-滑板；4-横向进给手轮；5-砂轮修整器；6-立柱；
7-行程挡块；8-工作台；9-垂直进给手轮；10-床身

3. 内圆磨床

内圆磨床主要用于磨削内圆柱面、内圆锥面、端面等。图 3-40 所示为 M2120 型内圆磨床外形图，型号中 2 和 1 分别为机床组别、系别代号，表示内圆磨床；20 为主参数最大磨削孔径的 1/10，即最大磨削孔径为 200mm。

内圆磨床的结构特点为砂轮转速特别高，一般可达 10000～20000 r/min，以适应磨削速度的要求。加工时，零件安装在卡盘内，磨具架 5 安装在工作台 6 上，可绕垂直轴转动一个角度，以便磨削圆锥孔。磨削运动与外圆磨削基本相同，只是砂轮与零件按相反方向旋转。

3.5.2　砂轮

砂轮是磨削的主要工具，它是由磨料和结合剂构成的多孔物体，如图 3-41 所示。砂轮表面上杂乱地排列着许多磨粒，磨削时砂轮高速旋转，切下粉末状切屑。磨粒、结合剂、粒度、硬度、组织和空隙是构成砂轮的要素。

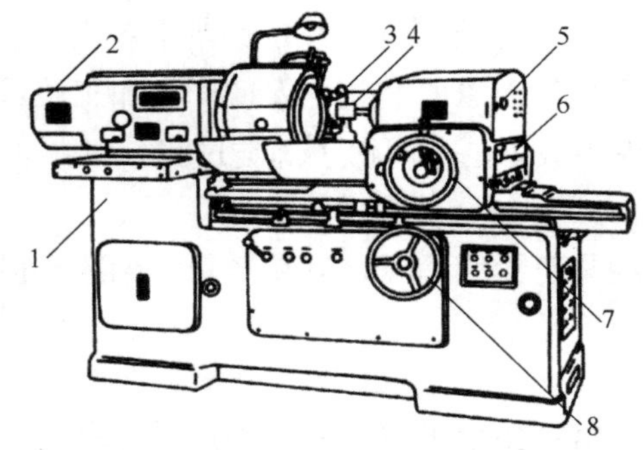

图 3-40　M2120 型内圆磨床外形图

1-床身；2-头架；3-砂轮修整器；4-砂轮；5-磨具架；
6-工作台；7-操纵磨具架手轮；8-操纵工作台手轮

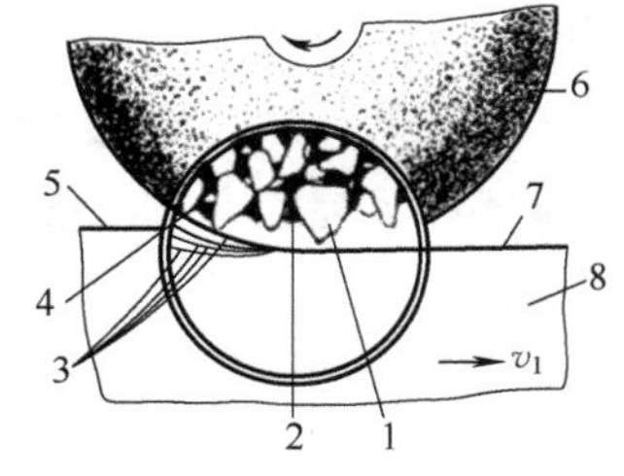

图 3-41　砂轮及磨削

1-磨粒；2-结合剂；3-加工表面；4-空隙；
5-待加工表面；6-砂轮；7-已加工表面；8-工件

1. 砂轮的特性

表示砂轮的特性主要包括磨料、粒度、硬度、结合剂、组织、形状和尺寸等。磨料直接担负着切削工作，必须硬度高、耐热性好，还必须有锋利的棱边和一定的强度。常用磨料有刚玉类、碳化硅类和超硬磨料。

粒度是指磨粒颗粒的大小。粒度号越大，磨料越细，颗粒越小。可用筛选法或显微镜测量法来区别。粗磨或磨软金属时，用粗磨料；精磨或磨硬金属时，用细磨料。

硬度是指砂轮上磨料在外力作用下脱落的难易程度。磨粒易脱落，表明砂轮硬度低，反之则表明砂轮硬度高。砂轮的硬度与磨料的硬度无关。磨硬金属时，用软砂轮；磨软金属时，用硬砂轮。

常用结合剂有陶瓷结合剂、树脂结合剂、橡胶结合剂等。其中陶瓷结合剂做成的砂轮耐蚀性和耐热性很高，应用广泛。

根据机床结构与磨削加工的需要，砂轮制成各种形状和尺寸。

2. 砂轮的选择

砂轮的选择原则。

(1) 磨削硬材料，应选择软的、粒度号大的砂轮；磨削软材料，应选择硬的、粒度号小的、组织号大的砂轮。磨削软而韧的工件时，应选大气孔的砂轮。

(2) 提高生产效率，应选择粒度号小、软的砂轮。精磨时选择粒度号大、硬的砂轮。

3. 砂轮的安装与平衡

砂轮因在高速下工作，安装时应首先检查外观没有裂纹后，再用木槌轻敲，如果声音嘶哑，则禁止使用，否则砂轮破裂后会飞出伤人。

4. 砂轮的修整

砂轮工作一定时间后，磨粒逐渐变钝，砂轮工作表面空隙被堵塞，使之丧失切削能力。

3.5.3 工件安装

在磨床上安装零件的主要附件有顶尖、卡盘、花盘和心轴等。

1. 外圆磨削工件的安装

在外圆磨床上磨削外圆零件，常采用顶尖安装、卡盘安装和心轴安装三种方式。

1) 顶尖安装

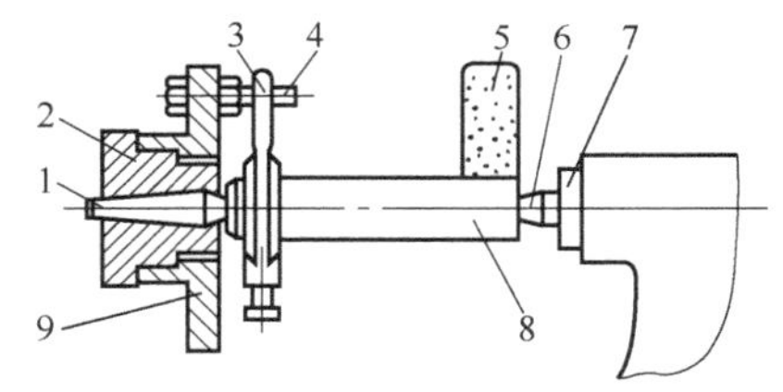

图 3-42　顶尖安装

1-前顶尖；2-头架主轴；3-鸡心夹头；4-拨杆；5-砂轮；6-后顶尖；7-尾座套筒；8-零件；9-拨盘

顶尖安装适用于两端有中心孔的轴类零件。如图 3-42 所示，零件支承在顶尖之间，其安装方法与车床顶尖装夹基本相同，不同点是磨床所用顶尖是不随零件一起转动的(称死顶尖)，这样可以提高加工精度，避免由于顶尖转动带来的误差。同时，尾座顶尖靠弹簧推力顶紧零件，可自动控制松紧程度，这样既可以避免零件轴向窜动带来的误差，又可以避免零件因磨削热可能产生的弯曲变形。

2) 卡盘安装

磨削短零件上的外圆可视装卡部位形状不同，分别采用三爪自定心卡盘、四爪单动卡盘或花盘安装。安装方法与车床基本相同。

3) 心轴安装

磨削盘套类空心零件常以内孔定位磨削外圆，大都采用心轴安装，如图 3-43 所示。装夹方法与车床所用心轴类似，只是磨削用的心轴精度要求更高一些。

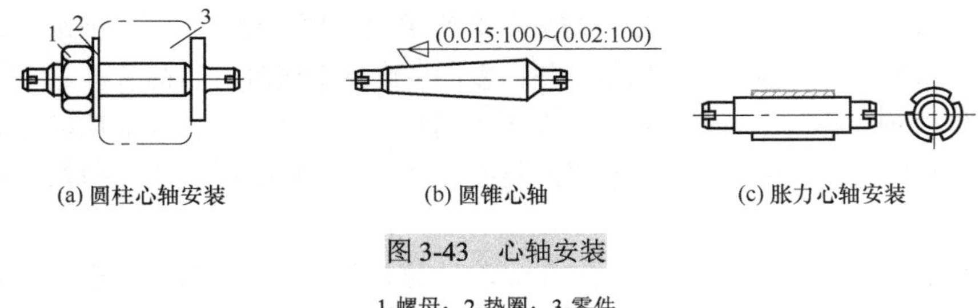

(a) 圆柱心轴安装　(b) 圆锥心轴　(c) 胀力心轴安装

图 3-43　心轴安装

1-螺母；2-垫圈；3-零件

2. 平面磨削工件的安装

在平面磨床上磨削平面，零件安装常采用电磁吸盘和精密虎钳两种方式。

1) 电磁吸盘安装

磨削平面通常是以一个平面为基准磨削另一平面。若两平面都需磨削且要求相互平行，则可互为基准，反复磨削。

磨削中小型零件的平面，常采用电磁吸盘工作台吸住零件。电磁吸盘工作台有长方形和圆形两种，分别用于矩台平面磨床和圆台平面磨床。当磨削键、垫圈、薄壁套等尺寸小而壁较薄的零件时，因零件与工作台接触面积小，吸力弱，易被磨削力弹出造成事故。因此安装这类零件时，需在其四周或左右两端用挡铁围住，以免零件走动。

2) 精密虎钳安装

电磁吸盘只能安装钢、铸铁等磁性材料的零件，对于铜、铜合金、铝等非磁性材料制成的零件，可在电磁吸盘上安放一精密虎钳安装零件。精密虎钳与普通虎钳相似，但精度很高。

3) 内圆磨削工件的安装

磨削零件内圆，大都以其外圆和端面作为定位基准，通常采用三爪自定心卡盘、四爪单动卡盘、花盘及弯板等安装零件。

3.5.4　磨削工艺

1. 外圆磨削

外圆磨削是一种基本的磨削方法，它适于轴类及外圆锥零件的外表面磨削。在外圆磨床上磨削外圆常用的方法有纵磨法、横磨法和综合磨法 3 种。

1) 纵磨法

如图 3-44 所示，磨削时，砂轮高速旋转起切削作用(主运动)，零件转动(圆周进给)并与工作台一起作往复直线运动(纵向进给)，当每一纵向行程或往复行程终了时，砂轮作周期性横向进给(背吃刀量)。每次背吃刀量很小，磨削余量是在多次往复行程中磨去的。当零件加工到接近最终尺寸时，采用无横向进给的几次光磨行程，直至火花消失，以提高零件的加工精度。由于纵磨法每次的径向进给量少，磨削力小，散热条件好，充分提高了工件的磨削精度和表面质量，能满足较高的加工质量要求，但磨削效率较低。纵磨法磨削外圆适合磨削较大的工件，是单件、小批量生产的常用方法，尤其适用于细长轴的磨削。

2) 横磨法

如图 3-45 所示，横磨削时，采用砂轮的宽度大于零件表面的长度，零件无纵向进给运动，而砂轮以很慢的速度连续地或断续地向零件作横向进给，直至余量被全部磨掉。使用横磨法，要求工艺系统刚性要好，工件宜短不宜长。短阶梯轴轴颈的精磨工序，通常采用这种磨削方法。该法适于磨削长度较短、刚性较好的零件。

3) 综合磨法

如图 3-46 所示，是先用横磨分段粗磨，相邻两段间有 5～15 mm 重叠量，然后将留下的 0.01～0.03 mm 余量用纵磨法磨去。当加工表面的长度为砂轮宽度的 2～3 倍时，可采用综合磨法。综合磨法能集纵磨、横磨法的优点为一体，既能提高生产效率，又能提高磨削质量。

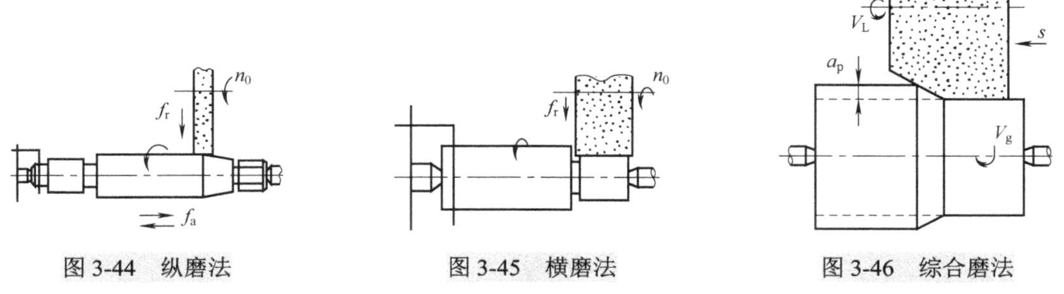

图 3-44　纵磨法　　图 3-45　横磨法　　图 3-46　综合磨法

2. 内圆磨削

如图 3-47 所示，内圆磨削方法与外圆磨削相似，只是砂轮的旋转方向与磨削外圆时相反，操作方法以纵磨法应用最广，且生产率较低，磨削质量较低。磨削内圆时，工件大多数是以外圆或端面作为定位基准，装夹在卡盘上进行磨削，磨内圆锥面时，只需将内圆磨具偏转一个圆周角即可。

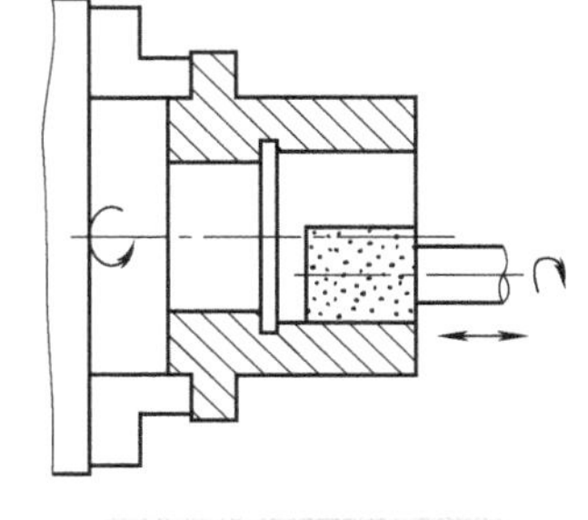

图 3-47　内圆的磨削

与外圆磨削不同，内圆磨削时，砂轮的直径受到工件孔径的限制，一般较小，故砂轮磨损较快，需经常修整和更换。内圆磨使用的砂轮要比外圆磨使用的砂轮软些，这是因为内圆磨时砂轮和工件接触的面积较大。另外，砂轮轴直径比较小，悬伸长度较大，刚性很差，故磨削深度不能大，而降低了生产率。但由于磨孔具有万能性，不需成套刀具，故在单件、小批生产中应用较多，特别是淬火零件，磨孔仍是精加工孔的主要方法。

3. 平面磨削

平面磨削常用的方法有周磨和端磨两种，当采用砂轮周边磨削方式时，磨床主轴按卧式布局；当采用砂轮端面磨削方式时，磨床主轴按立式布局。平面磨削时，工件可安装在作往复直线运动的矩形工作台上，也可安装在作圆周运动的圆形工作台上。

在卧轴矩台式平面磨床的磨削如图 3-48(a)所示，在这种机床中，工件由矩形电磁工作台吸住。砂轮作旋转主运动，工作台作纵向往复运动，砂轮架作间歇的竖直切入运动和横向进给运动。在立轴矩台式平面磨床的磨削如图 3-48(b)所示，在这种机床上，砂轮作旋转主运动，矩形工作台作纵向往复运动，砂轮架作间歇的竖直切入运动。

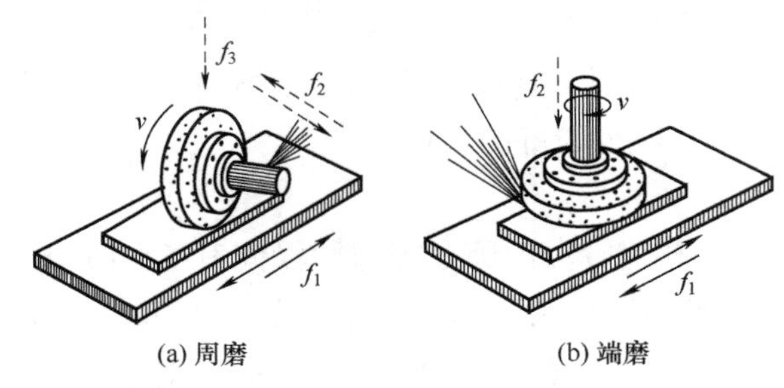

(a) 周磨　(b) 端磨

图 3-48　磨削加工

4. 圆锥面磨削

圆锥面磨削通常有转动工作台法和转动头架法两种。

(1) 转动工作台法：大多用于锥度较小、锥面较长的零件。

(2) 转动零件头架法：常用于锥度较大、锥面较短的内外圆锥面。

3.5.5 磨削实训

1. 训练目的

(1) 熟悉磨床基本操作。

(2) 了解磨床常用附件，砂轮的选择、使用。

(3) 了解零件的安装及磨削方法。

(4) 能独立操作磨床加工。

2. 设备及工具

(1) 设备：平面磨床(图 3-39)。

(2) 器材：各种常用砂轮、导磁直角铁、带磁力座的百分表、垫铁等。

3. 训练内容及步骤

(1) 读图，充分理解零件的加工要求。

(2) 根据零件技术要求和零件材质选用合适的砂轮。

(3) 安装砂轮，确定砂轮进给量。

(4) 正确安装工件。擦拭干净工作台面、工件各基准面和待加工表面，把工件放置在导磁直角铁上，如图 3-49 所示。再利用带磁力座的百分表和垫铁等工具，对工件的 X 向和 Y 向分别进行找正，找正完毕，打开磁力开关将工件固定。

(5) 调整主轴行程至待加工面高度(根据工件加工余量可采用多次走刀)。

(6) 加工。按照设定切削规范进行加工，每次走刀结束后需要用塞规观察尺寸的实际加工情况，直至达到所需尺寸。

(7) 检验。零件磨削完工后，停车检验，尺寸和加工精度合格后即可卸下。

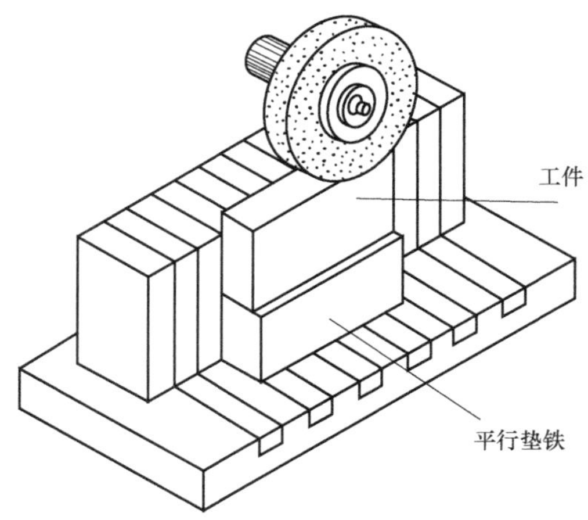

图 3-49　工件装夹示意图

复习思考题

3-1　车削可以加工哪些表面？

3-2　车削可以达到的尺寸精度和表面粗糙度值各为多少？

3-3　铣削加工有什么特点？

3-4　什么叫磨削加工?它可以加工的表面主要有哪些?

3-5　为什么软砂轮适于磨削硬材料？

第4章　钳 工 技 术

4.1　概　　述

钳工是机械制造中重要的工种之一，在机械生产过程中起着重要的作用。钳工主要利用台虎钳、手持工具和钻床等小型机械完成某些零件的加工，部件、机器的装配和调试，以及各类机械设备的维护、修理等任务。

钳工按照专业性质分为普通钳工、工具钳工、划线钳工、模具钳工、装配钳工和机修钳工等。钳工基本操作包括划线、錾削、锯割、锉削、钻孔、扩孔、锪孔、铰孔、攻螺纹、套螺纹、装配、刮削、研磨、矫正和弯曲以及铆接等。

钳工主要是手工作业，技术工艺比较复杂、加工操作细致、工艺要求高的工种。它具有使用工具简单、加工多样灵活、操作方便和适应能力强等特点。目前虽然有各种先进的加工方法，但很多工作还不可替代，仍然需要钳工来完成，钳工在保证产品质量中起重要作用。钳工主要用于以下几个方面。

(1) 用钳工工具进行修配及小批量零件的加工。

(2) 精度较高的样板及模具的制作。

(3) 整机产品的装配和调试。

(4) 机器设备使用中的调试和维修。

4.2　钳工设备与工具

4.2.1　钳工设备

钳工常用的设备有钳工工作台、虎钳、砂轮机、钻床、手电钻等。

1. 钳台

钳工工作台简称钳台，如图 4-1(a)所示，用于安装虎钳，进行钳工操作。有单人使用和多人使用的两种，用硬质木材或钢材做成。工作台要求平稳、结实，台面高度一般以装上台虎钳后钳口高度与人手肘齐平为宜。工作时，应将工具和量具分开放置，工具摆放在常用和方便拿取处，量具则摆放在离工具较远处，避免工、量具混放而影响量具精度。工作结束后，应将工、量具擦净保养并分别而整齐地放进柜子和抽屉内。

2. 虎钳

虎钳是钳工最常用的一种夹持工具。錾切、锯割、锉削以及许多其他钳工操作都是在虎钳上进行的。

钳工常用的虎钳有固定式和回转式两种。如图 4-1(b)所示为回转式台虎钳的结构图。其主体用铸铁制成，由固定部分和活动部分组成。固定部分由锁紧螺钉固定在转盘座上，转盘座内装有夹紧盘，放松锁紧螺钉手柄，固定部分就可以在转盘座上转动，用以改变虎钳夹持方向。转盘座用螺栓固定在钳台上。连接手柄的螺杆穿过活动部分旋入固定部分上的螺母内。转动手柄使螺杆从螺母中旋出或旋进，带动活动钳口张开或合拢，以放松或夹紧工件。夹紧工件时，不得用榔头敲打夹紧手柄或用加力杠增加力臂。

为延长虎钳的使用寿命，在虎钳的咬口处用螺钉紧固着两块经过淬硬的钢质钳口。钳口的工作面上有斜形齿纹，使零件夹紧时不致滑动。夹持零件精加工表面时，应在钳口和零件间垫上纯铜皮或铝皮等软材料制成的护口片(俗称软钳口)，以免损伤零件表面。

虎钳规格以钳口的宽度来表示，一般常用为100～150 mm。

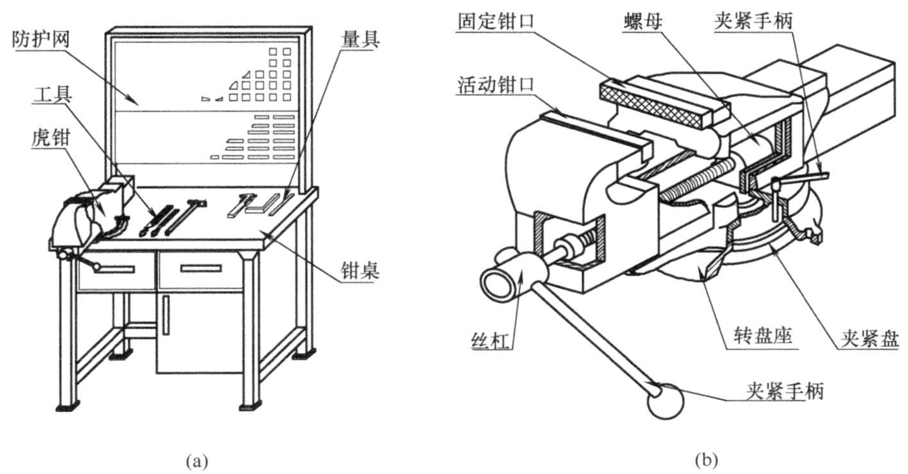

图4-1 钳台及虎钳

3. 钻床

钻床是用于加工孔的一种机械设备，它的规格用可加工孔的最大直径表示。这类钻床小型轻便、操作方便、转速高，适于加工中、小型零件直径在16 mm以下的小孔，应用较广。台式钻床如图4-2(a)所示。

4. 手电钻

手电钻如图4-2(b)所示。主要用于钻直径12 mm以下的孔。常用于不便使用钻床钻孔的场合。手电钻的电源有单相(220V、36V)和三相(380V)两种。根据用电安全条例，手电钻额定电压只允许36V。手电钻携带方便，操作简单，使用灵活，应用广泛。

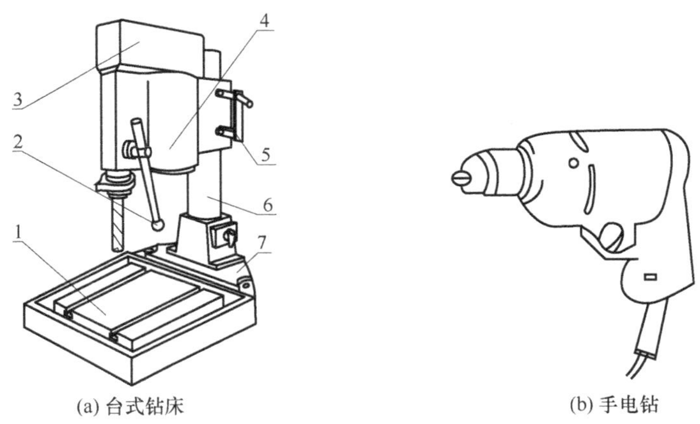

(a) 台式钻床　　(b) 手电钻

图4-2 孔加工设备

1-工作台；2-进给手柄；3-变速箱；4-电动机；5-升降锁紧装置；6-主轴架；7-机座

此外，还有摇臂钻床、立式钻床等适于加工大、中型零件直径在 16mm 以上的孔。

4.2.2　钳工工具

钳工常用的手用工具有划线盘、錾子、手锯、锉刀、刮刀、扳手、螺钉旋具、锤子等。

1. 手锯

手锯由锯弓和锯条组成。

(1) 锯弓：有固定式锯弓(图 4-3(a))和可调式锯弓(图 4-3(b))两种。

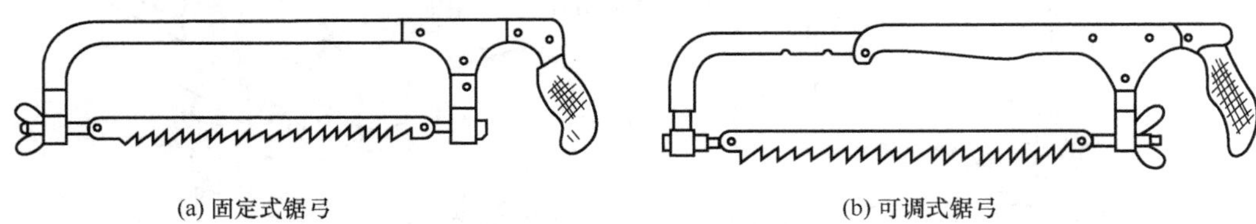

(a) 固定式锯弓　　(b) 可调式锯弓

图 4-3　手锯

(2) 锯条：一般用工具钢或合金钢制成，并经淬火和低温回火处理。锯条规格用锯条两端安装孔之间距离表示，常用手工锯条长 300mm、宽 12mm、厚 0.8mm ，并按锯齿齿距分为粗齿、中齿、细齿三种，锯齿的粗细度选择见表 4-1。

表 4-1　锯齿的粗细度选择

粗细度	每 25mm 齿数	应用
粗	14～18	铝、纯铜、软钢
中	22～24	中等硬度钢、厚壁钢管、铜管
细	32	薄板、薄壁管

锯齿在制造时按一定的规律左右错开，排列成一定形状形成锯路，其作用是使锯缝宽度大于锯背的厚度，目的是防止锯割时锯条卡在锯缝中，以减少锯条与锯缝之间的摩擦阻力，锯割省力，并使排屑顺畅，提高工作效率。

2. 锉刀

锉刀是锉削的主要工具，锉刀用高碳钢(T12、T13)制成，并经热处理淬硬至 HRC62～HRC67。锉刀的构造及各部分名称如图 4-4 所示。

锉刀分类如下。

(1) 按锉齿的大小分为：粗齿锉、中齿锉、细齿锉和油光锉等。

(2) 按齿纹分为：单齿纹和双齿纹。

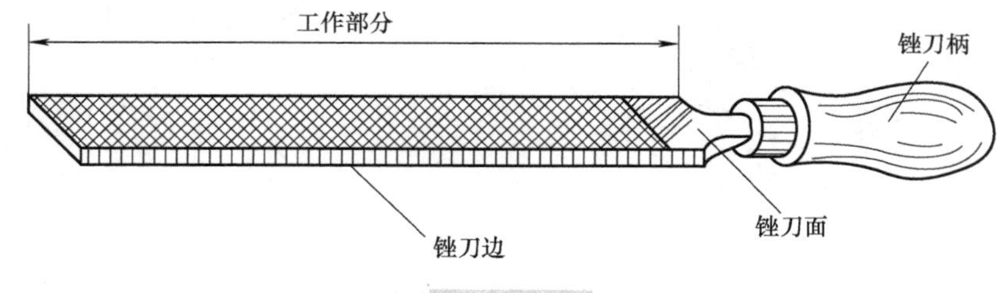

图 4-4　锉刀

(3) 按断面形状（图 4-5）可分为：板锉(平锉)，用于锉平面、外圆面和凸圆弧面；方锉，用于锉平面和方孔；三角锉，用于锉平面、方孔及 60° 以上的锐角；圆锉，用于锉圆孔和内弧面；半圆锉，用于锉平面、内弧面和大的圆孔。如图 4-5(b)所示为特种锉刀，用于加工各种零件的特殊表面。

(a) 普通锉刀断面形状　　(b) 特种锉刀断面形状

图 4-5　锉刀断面形状

4.3　钳工基本操作

钳工的基本操作包括划线、锉削、锯削、錾削、刮削、攻螺纹、套螺纹、装配等。

4.3.1　划线

划线是在毛坯或半成品上按所要求的尺寸，用工具划出加工界线和作为基准的点、线，作为切削加工的依据和标志。

划线分为平面划线和立体划线。划线的种类如图 4-6 所示。

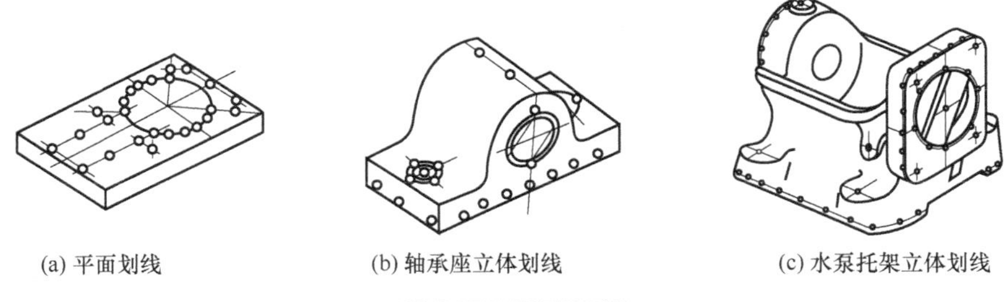

(a) 平面划线　　(b) 轴承座立体划线　　(c) 水泵托架立体划线

图 4-6　划线的种类

划线常用的工具：划线平板、方箱、千斤顶、V 形铁、划针、划线盘、划规、划卡等。

平面划线的实质是平面几何作图问题。平面划线是用划线工具将图样按实物大小 1∶1 划到零件上去的。操作步骤如下：

(1) 根据图样要求，选定划线基准。

(2) 对零件进行划线前的准备(清理、检查、涂色，在零件孔中装中心塞块等)。在零件上划线部位涂上一层薄而均匀的涂料(即涂色)，使划出的线条清晰可见。零件不同，涂料也不同。一般在铸、锻毛坯件上涂石灰水，小的毛坯件上也可以涂粉笔，钢铁半成品上一般涂龙胆紫(也称“兰油”)或硫酸铜溶液，铝、铜等有色金属半成品上涂龙胆紫或墨汁。

(3) 划出加工界限(直线、圆及连接圆弧)。

(4) 在划出的线上打样冲眼。

立体划线是平面划线的复合运用。它和平面划线有许多相同之处，如划线基准一经确定，其后的划线步骤大致相同。它们的不同之处在于一般平面划线应选择两个基准，而立体划线要选择三个基准。

4.3.2 锯割

用手锯把原材料和零件割开，或在其上锯出沟槽的操作叫锯割。锯割操作要领如下。

(1)选择合适的锯条。根据工件材料的硬度和厚度选择合适的锯条。

(2)锯条安装。安装锯条时，锯齿尖倾斜方向朝前，锯条绷紧程度要适当，过松锯条不走直线，过紧锯条容易断。

(3)握锯及锯割操作。一般握锯方法是右手握稳锯柄，左手轻扶弓架前端。锯割时站立位置如图 4-7 所示。锯割时推力和压力由右手控制，左手压力不要过大，主要应配合右手扶正锯弓，锯弓向前推出时加压力，回程时不加压力，在零件上轻轻滑过。锯割往复运动速度应控制在 40 次/min 左右。锯割时，锯条参加切削的往返长度不应小于锯条全长的 2/3。

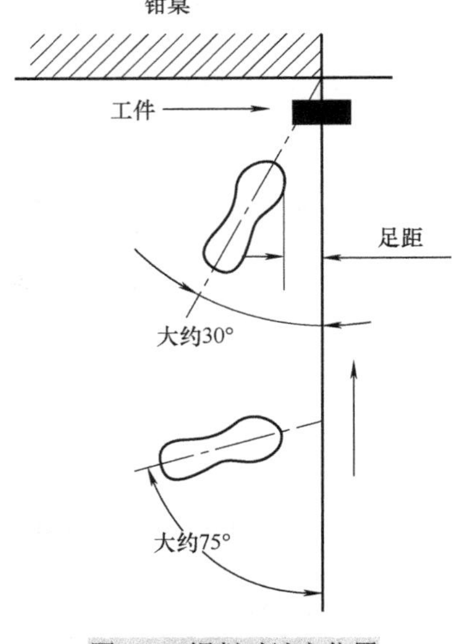

图 4-7　锯削时站立位置

(4)起锯。锯条开始切入零件称为起锯。起锯方式有近起锯(图 4-8(a))和远起锯(图 4-8(b))。用左手拇指靠近并挡住锯条后，右手平稳推动锯弓，短距离往复运动。起锯角为 10° ～15° 。锯弓往复行程要短，压力要轻，锯条要与零件表面垂直，当锯出到槽深 0.5～2mm 的锯口时，起锯结束，开始逐渐进行正常锯割。

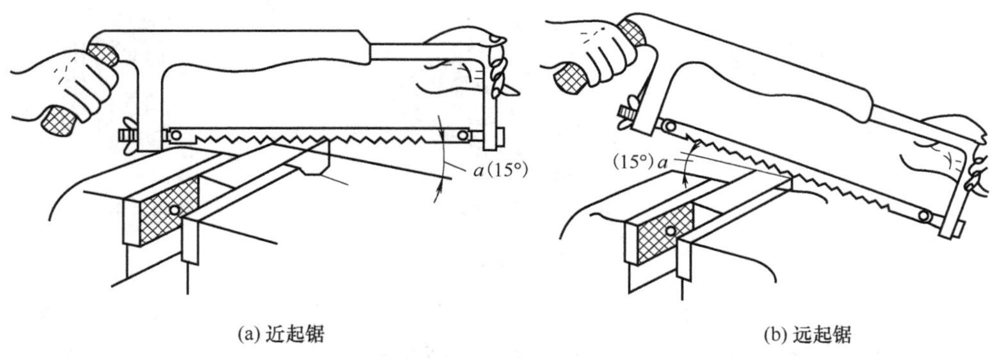

(a) 近起锯　　(b) 远起锯

图 4-8　起锯

4.3.3 锉削

用锉刀从零件表面锉掉多余的金属，使零件达到图样要求的尺寸、形状和表面粗糙度的操作叫锉削。锉削加工范围包括平面、曲面、型孔、沟槽、内外倒角和各种形状的孔，也用于成形样板、模具、型腔以及部件、机器装配时的工件修整。

锉削是用锉刀对工件表面进行加工的方法，其尺寸精度高达 0.01mm 左右，表面粗糙度达 Ra=0.8μm。锉削应用范围广泛，可加工平面、曲面、内孔、沟槽及其他复杂表面，还可用于成形样板、模具、型腔以及机器装配时的维修等。

1. 锉削操作要领

1)握锉

锉刀的种类较多，规格、大小不一，使用场合也不同，故锉刀握法也应随之改变。如图图 4-9(a)所示为大锉刀的握法。如图 4-9(b)所示为中、小锉刀的握法。

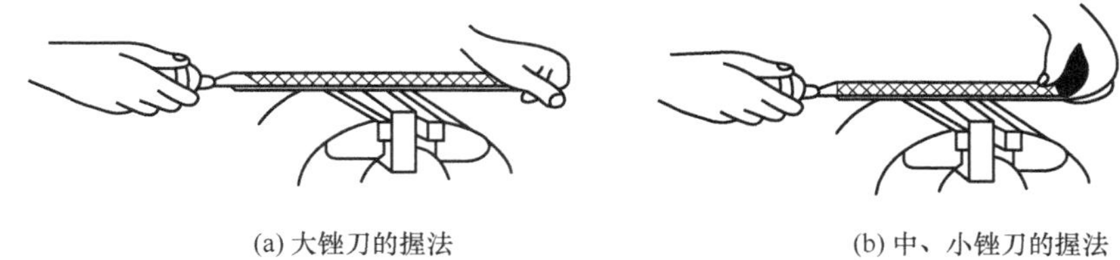

(a) 大锉刀的握法　　(b) 中、小锉刀的握法

图 4-9　握锉

2）锉削姿势

锉削时人的站立位置与锯削相似，锉削操作姿势如图 4-10 所示。

锉削过程中，两手用力也时刻在变化。开始时，左手压力大推力小，右手压力小推力大。随着推锉过程，左手压力逐渐减小，右手压力逐渐增大。锉刀回程时不加压力，以减少锉齿的磨损。锉刀往复运动速度一般为 30～40 次/分钟，推出时慢，回程时可快些。

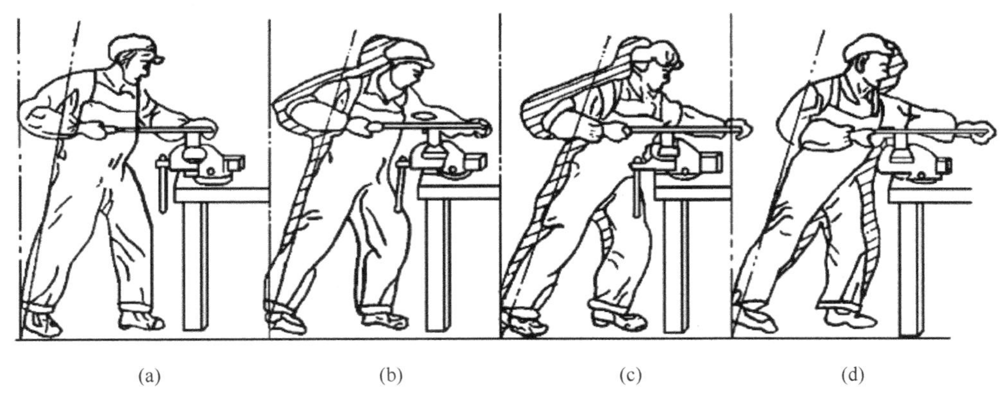

(a)　(b)　(c)　(d)

图 4-10　锉削姿势

2．锉削工艺

1）平面锉削

锉削平面的方法有 3 种：顺向锉法如图 4-11(a)所示；交叉锉法如图 4-11(b)所示；推锉法如图 4-11(c)所示。锉削平面时，锉刀要按一定方向进行锉削，并在锉削回程时稍作平移，这样逐步将整个面锉平。

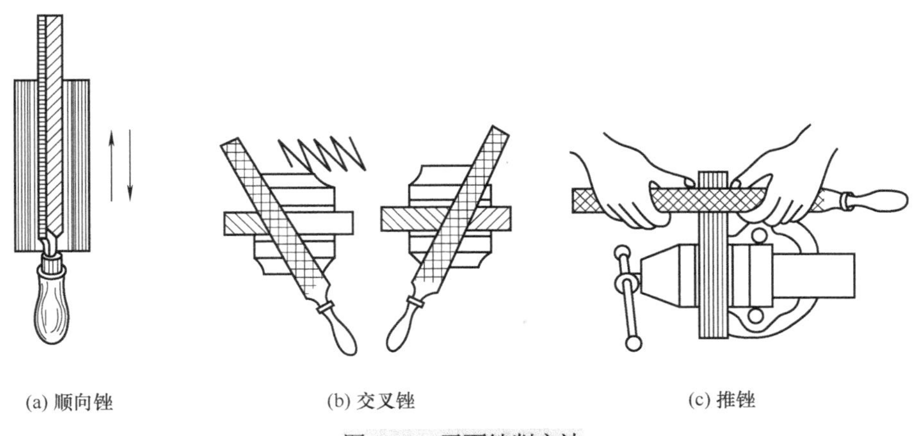

(a) 顺向锉　　(b) 交叉锉　　(c) 推锉

图 4-11　平面锉削方法

2) 弧面锉削

外圆弧面一般可采用平锉进行锉削，常用的锉削方法有两种。顺锉法如图 4-12(a)所示，是横着圆弧方向锉，可锉成接近圆弧的多棱形(适用于曲面的粗加工)。滚锉法如图 4-12(b)所示，锉刀向前锉削时右手下压，左手随着上提，使锉刀在零件圆弧上作转动。

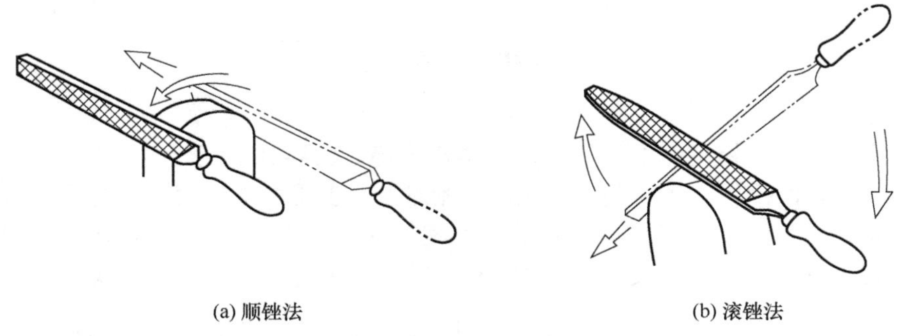

(a) 顺锉法　　(b) 滚锉法

图 4-12　圆弧面锉削方法

3) 检验工具及其使用

检验工具有刀口形直尺、90° 角尺、游标角度尺等。刀口形直尺、90° 角尺可检验零件的直线度、平面度及垂直度。下面介绍用刀口形直尺检验零件平面度的方法。

将刀口形直尺垂直紧靠在零件表面，并在纵向、横向和对角线方向逐次检查，如图 4-13 所示。

检验时，如果刀口形直尺与零件平面透光微弱而均匀，则该零件平面度合格；如果透光强弱不一，则说明该零件平面凹凸不平。可在刀口形直尺与零件紧靠处用塞尺插入，根据塞尺的厚度即可确定平面度的误差，如图 4-14 所示。

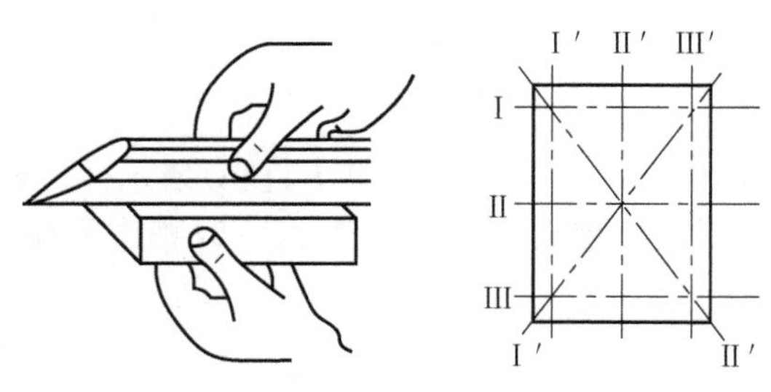

图 4-13　用刀口形直尺检验平面度

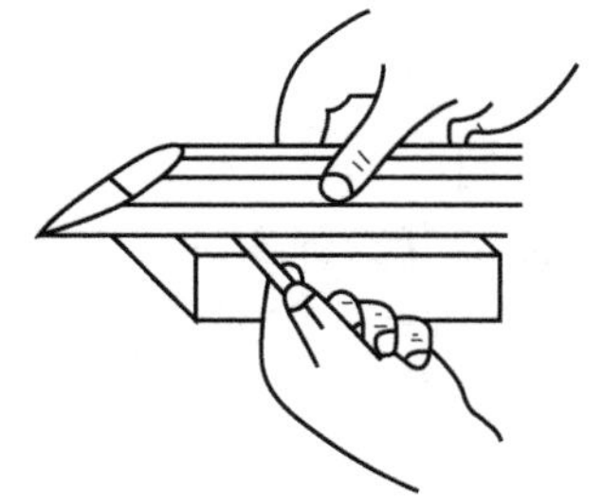

图 4-14　用塞尺测量平面度误差值

4.3.4　钻、扩、铰孔

钻孔是用钻头在实体材料上加工孔的方法。零件上孔的加工，除去一部分由车、镗、铣和磨等机床完成，很大一部分是由钳工利用各种钻床和钻孔工具完成的，常用的有台式、立式和摇臂钻床。钳工加工孔的方法一般指钻孔、扩孔和铰孔。

一般情况下，孔加工刀具都应同时完成两个运动，如图 4-15 所示。主运动，即刀具绕轴线的旋转运动(箭头 1 所指方向)；进给运动，即刀具沿着轴线方向对着零件的直线运动(箭头 2 所指方向)。

用钻头在实心零件上加工孔叫钻孔。钻孔的尺寸公差等级低，为 IT14～IT11，表面粗糙度 *Ra* 为 25～12.5μm。在钻床上钻孔时，主运动是钻头的旋转运动，进给运动是钻头的向下轴向移动。

扩孔是用扩孔钻对已有孔扩大孔径的加工，以提高孔的加工精度、降低表面粗糙度。

铰孔是用铰刀对孔进行精加工的方法，尺寸精度可达IT8～IT7，表面粗糙度达 *Ra* 为1.6～1.8μm。

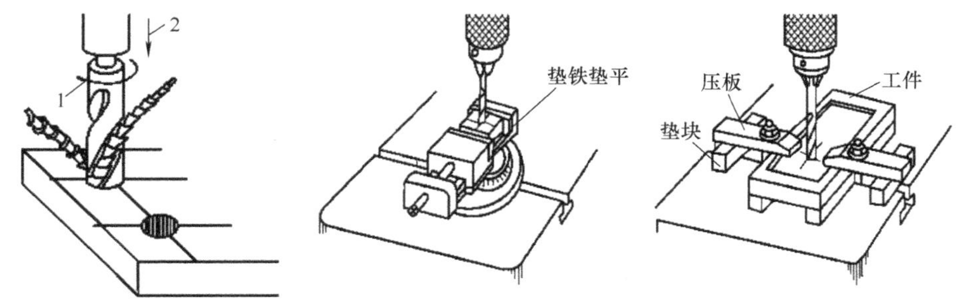

图4-15 孔加工切削运动

1-主运动；2-进给运动

1. 麻花钻

麻花钻如图4-16所示，是钻孔的主要刀具。麻花钻用高速钢制成，工作部分经热处理淬硬至HRC 62～HRC65。麻花钻由钻柄、颈部和工作部分组成。

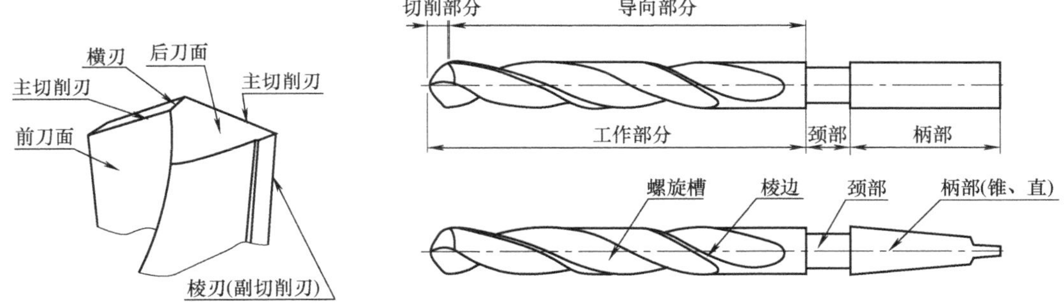

图4-16 标准麻花钻头组成

(1) 钻柄：供装夹和传递动力用。钻柄形状有两种：柱柄传递扭矩较小，用于直径13 mm以下的钻头；锥柄对中性好，传递扭矩较大，用于直径大于13 mm的钻头。

(2) 颈部：是磨削工作部分和钻柄时的退刀槽。钻头直径、材料、商标一般刻印在颈部。

(3) 工作部分：分成导向部分与切削部分。

(4) 导向部分：如图4-16所示，依靠两条狭长的螺旋形的高出齿背0.5～1 mm 的棱边(刃带)起导向作用。它的直径前大后小，略有倒锥度。倒锥量为(0.03～0.12)mm/100 mm，可以减少钻头与孔壁间的摩擦。导向部分经铣、磨或轧制形成两条对称的螺旋槽，用以排除切屑和输送切削液。

2. 零件装夹

如图4-17所示，钻孔时零件夹持方法与零件生产批量及孔的加工要求有关。

生产批量较大或精度要求较高时，零件一般是用钻模来装夹的，单件小批生产或加工要求较低时，零件经划线确定孔中心位置后，多数装夹在通用夹具或工作台上钻孔。常用的附件有手虎钳、平口虎钳、V形铁和压板螺钉等，这些工具的使用和零件形状及孔径大小有关。

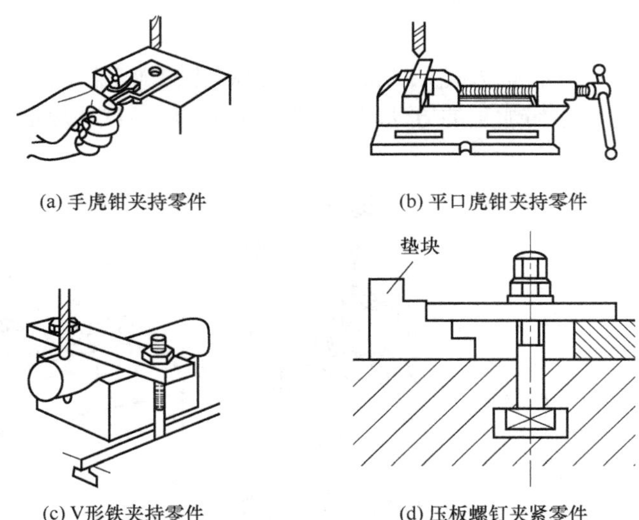

(a) 手虎钳夹持零件　(b) 平口虎钳夹持零件

(c) V形铁夹持零件　(d) 压板螺钉夹紧零件

图 4-17　零件夹持方法

3．钻头的装夹

钻头的装夹方法，按其柄部的形状不同而异。锥柄钻头可以直接装入钻床主轴锥孔内，较小的钻头可用过渡套筒安装，如图 4-18(a)所示。直柄钻头用钻夹头安装，如图 4-18(b)所示。钻夹头(或过渡套筒)的拆卸方法是将楔铁插入钻床主轴侧边的扁孔内，左手握住钻夹头，右手用锤子敲击楔铁卸下钻夹头，如图 4-18(c)所示。

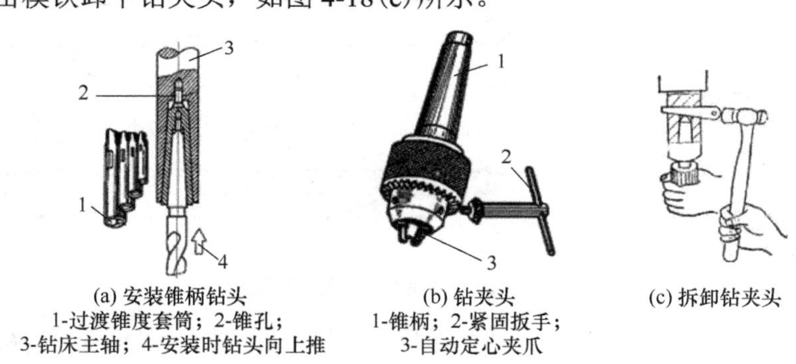

(a) 安装锥柄钻头
1-过渡锥度套筒；2-锥孔；
3-钻床主轴；4-安装时钻头向上推

(b) 钻夹头
1-锥柄；2-紧固扳手；
3-自动定心夹爪

(c) 拆卸钻夹头

图 4-18　安装拆卸钻头

4．钻削用量

钻孔钻削用量包括钻头的钻削速度(m/min)或转速(r/min)和进给量(钻头每转一周沿轴向移动的距离)。钻削用量受到钻床功率、钻头强度、钻头耐用度和零件精度等许多因素的限制。因此，合理选择钻削用量直接关系到钻孔生产率、钻孔质量和钻头的寿命。

选择钻削用量可以用查表方法，也可以考虑零件材料的软硬、孔径大小及精度要求，凭经验选定一个进给量。

5．钻孔方法

钻孔前先用样冲在孔中心线上打出样冲眼，用钻尖对准样冲眼锪一个小坑，检查小坑与所划孔的圆周线是否同心(称试钻)。如稍有偏离，可移动零件找正，若偏离较多，可用尖錾或样冲在偏离的相反方向凿几条槽，如图4-19所示。对较小直径的孔也可在偏离的方向用垫铁垫高些再钻。直到钻出的小坑完整，与所划孔的圆周线同心或重合时才可正式钻孔。

用扩孔钻或钻头扩大零件上原有的孔叫扩孔。孔径经钻孔、扩孔后，用铰刀对孔进行提高尺寸精度和表面质量的加工叫铰孔。

6. 扩孔

一般用麻花钻作扩孔钻扩孔。在扩孔精度要求较高或生产批量较大时，还采用专用扩孔钻如图4-20所示扩孔。扩孔钻一般有3～4条切削刃，故导向性好，不易偏斜，没有横刃，轴向切削力小，扩孔能得到较高的尺寸精度(可达IT10～IT9)和较小的表面粗糙度(*Ra*为6.3～3.2 μm)。

由于扩孔的工作条件比钻孔时好得多，故在相同直径情况下扩孔的进给量可比钻孔大1.5～2倍。扩孔钻削用量可查表，也可按经验选取。

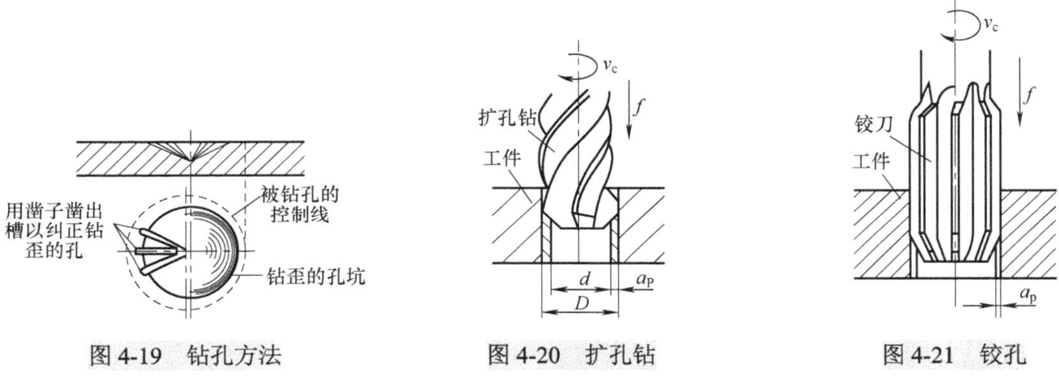

图4-19 钻孔方法　　图4-20 扩孔钻　　图4-21 铰孔

7. 铰孔

钳工常用手用铰刀进行铰孔，手铰刀如图4-21所示，铰孔精度高(可达IT8～IT6)，表面粗糙度小(*Ra*为1.6～0.4 μm)。铰孔的加工余量较小，粗铰0.15～0.5 mm，精铰0.05～0.25 mm。钻孔、扩孔、铰孔时，要根据工作性质、零件材料，选用适当的切削液，以降低切削温度，提高加工质量。

1) 铰刀

铰刀是孔的精加工刀具。铰刀分为机铰刀和手铰刀两种，机铰刀为锥柄，手铰刀为直柄。如图4-22所示为手铰刀。铰刀一般是制成两支一套的，其中一支为粗铰刀(它的刃上开有螺旋形分布的分屑槽)，一支为精铰刀。

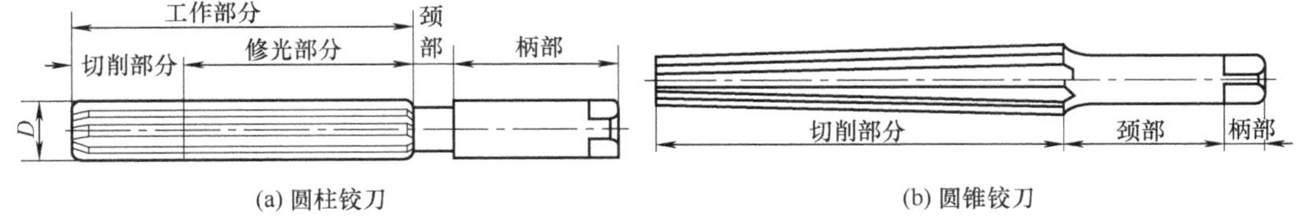

(a) 圆柱铰刀　　(b) 圆锥铰刀

图4-22 手铰刀

2) 手铰孔方法

将铰刀插入孔内，两手握铰杠手柄，顺时针转动并稍加压力，使铰刀慢慢向孔内进给，注意两手用力要平衡，使铰刀铰削时始终保持与零件垂直。铰刀退出时，也应边顺时针转动边向外拔出。

4.3.5 攻螺纹和套螺纹

常用的三角螺纹零件，除采用机械加工外，还可以用钳工攻螺纹和套螺纹的方法获得。

1．攻螺纹

攻螺纹是用丝锥加工出内螺纹的方法。

1) 丝锥

丝锥是加工小直径内螺纹的成形工具，如图 4-23 所示。它由切削部分、校准部分和柄部组成。

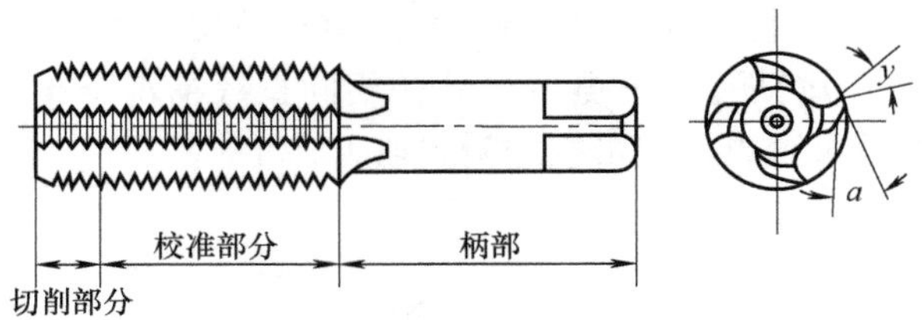

图 4-23 丝锥的构造

由于螺纹的精度、螺距大小不同，丝锥一般为头攻、二攻、三攻成组使用。使用成组丝锥攻螺纹孔时，要顺序使用来完成螺纹孔的加工。丝锥的材料常用高碳优质工具钢或高速钢制造，手用丝锥一般用 T12A 或 9SiCr 制造。

2) 手用丝锥铰手

丝锥铰手是扳转丝锥的工具，如图 4-24 所示。常用的铰手有固定式和可调节式，以便夹持各种不同尺寸的丝锥。

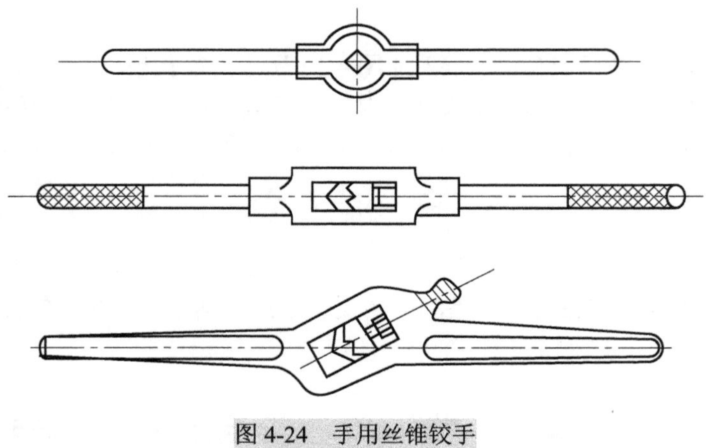

图 4-24 手用丝锥铰手

3) 攻螺纹方法

攻螺纹前的孔径 d(钻头直径)略大于螺纹底径。其选用丝锥尺寸可查表，也可按经验公式计算。

对于攻普通螺纹，加工钢料及塑性金属时：

$$d=D-t$$

加工铸铁及脆性金属时：

$$d=D-1.1t$$

式中，D 为螺纹基本尺寸；t 为螺距。

若孔为盲孔，由于丝锥不能攻到底，所以钻孔深度要大于螺纹长度，其尺寸按下式计算：

$$孔的深度=螺纹长度+0.7D$$

手工攻螺纹的方法，如图 4-25 所示。

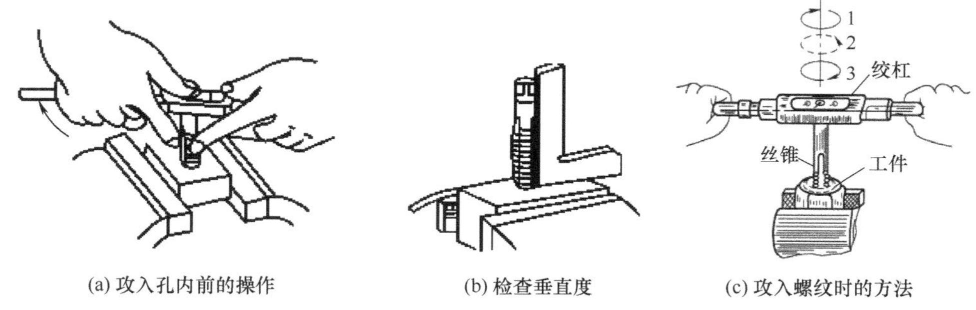

(a) 攻入孔内前的操作　(b) 检查垂直度　(c) 攻入螺纹时的方法

图 4-25　手工攻螺纹的方法

双手转动铰手，并轴向加压力，当丝锥切入零件 1～2 牙时，用 90° 角尺检查丝锥是否歪斜，如丝锥歪斜，要纠正后再往下攻。当丝锥位置与螺纹底孔端面垂直后，轴向就不再加压力。两手均匀用力，为避免切屑堵塞，要经常倒转 1/4～1/2 圈，以达到断屑。头锥、二锥应依次攻入。攻铸铁材料螺纹时加煤油而不加切削液，钢件材料加切削液，以保证铰孔表面的粗糙度要求。

2. 套螺纹

套螺纹是用板牙在圆杆上加工出外螺纹。手工套螺纹时需要用圆板牙铰手，如图 4-26 所示。

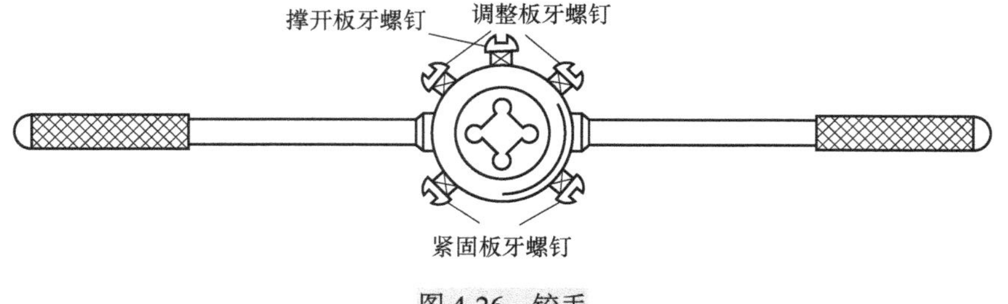

图 4-26　铰手

套螺纹操作方法如图 4-27 所示，将板牙套在圆杆头部倒角处，并保持板牙与圆杆垂直，右手握住铰手的中间部分，加适当压力，左手将铰手的手柄顺时针方向转动，在板牙切入圆杆 2～3 牙时，应检查板牙是否歪斜，发现歪斜，应纠正后再套，当板牙位置正确后，再往下套就不加压力。套螺纹和攻螺纹一样，应经常倒转以切断切屑。套螺纹应加切削液，以保证螺纹的表面粗糙度要求。

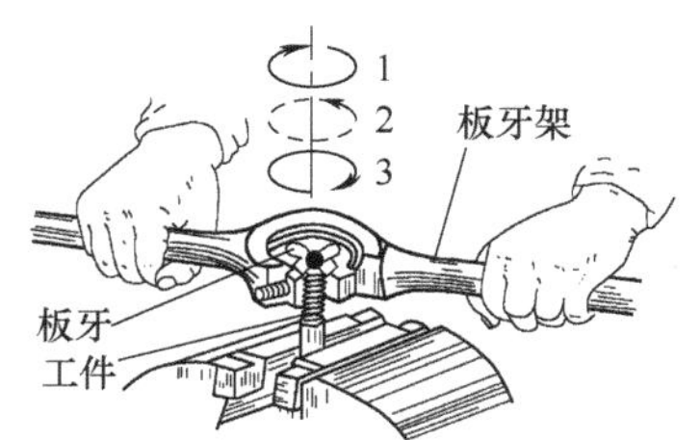

图 4-27　套螺纹方法

4.4　钳 工 实 训

1. 训练目的

(1) 训练钳工的各项基本操作。

(2) 掌握钳工常用工具、量具的使用方法。

(3) 能按零件图熟练加工较复杂零件。

2．设备与器材

台钻(图 4-2)、钳台(图 4-1)、各种锉刀、划线工具等。

3．训练步骤及内容

以典型零件——锤头(图 4-28)加工为例进行制造加工，其加工手段和方法很多，目的只有一个：以最高的效率、最简单的加工手段和最低的成本达到图纸要求。锤头加工工序见表 4-2。

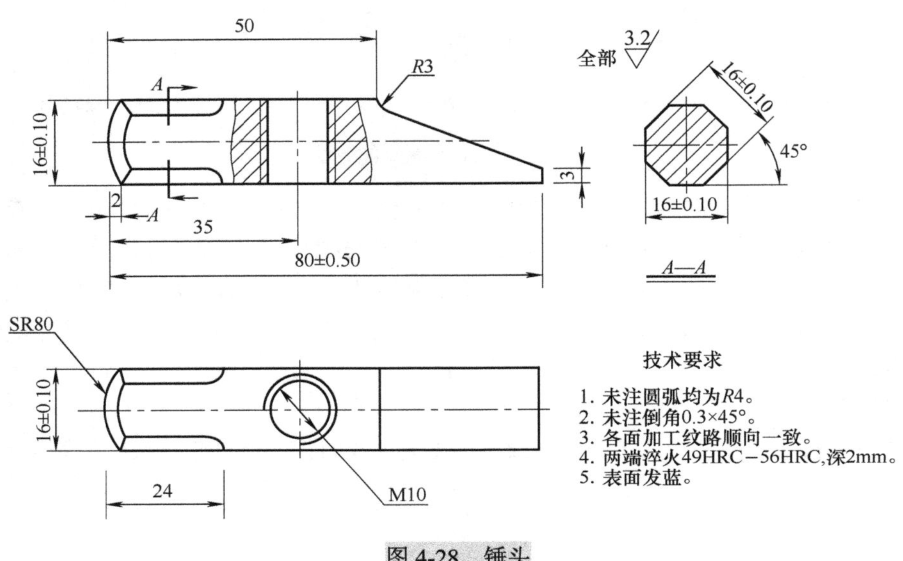

图 4-28　锤头

表 4-2　锤头加工工序

工序号	工序名称	加工简图	工序内容	设备、工具、量具
1	备料	20×20 83	下料：20×20×83 的 45 钢	手锯、钢直尺
2	锉削	1　2　3	锉削 1、2、3 三个相互垂直平面，要求平面平直，面与面之间垂直	大平粗锉刀、角尺、刀口尺
3	划线		以加工出来的 1、2、3 三个相互垂直的平面为基准，按图纸尺寸全部划出加工界限，并打样冲眼	划针、划规、钢直尺、样冲、手锤、划线平板、高度游标尺等
4	锯割		锯出榔头斜面，并留出加工线	手锯

续表

工序号	工序名称	加工简图	工序内容	设备、工具、量具
5	锉削		锉削另外 3 个与基准 1、2、3 相互垂直的平面，锉 5 处圆弧，锉锤嘴斜面，锉锤头 4 小平面和球面，按图纸尺寸要求全部加工	粗、中平锉、圆锉刀、细锉，游标卡尺等
6	钻孔		钻通孔 ∮8.5	台钻，∮8.5 钻头
7	攻丝		攻通孔螺纹 M10	M10 丝锥、铰杠
8	修光		精锉各面，加工纹路顺向一致	细锉刀，游标卡尺，刀口尺等
9	热处理		淬火，两头锤击部分表面 HRC49～HRC56	加热炉、冷却介质等
10	检验		自检后，送老师检测	游标卡尺等

复习思考题

4-1　钳工主要工作包括哪些？

4-2　什么是划线？划线的主要作用是什么？

4-3　什么是锉削？其加工范围包括哪些？

4-4　钻孔、扩孔与铰孔各有什么区别？

4-5　什么是攻螺纹？什么是套螺纹？

第 5 章 热加工技术

5.1 概 述

铸造从成形原理看属于聚合成形，即将液体金属浇注到具有与零件形状相适应的铸型空腔中，待其冷却凝固后以获得零件或毛坯的方法。铸造是人类掌握比较早的一种金属热加工工艺，已有约 6000 年的历史。中国在公元前 1700～前 1000 年已进入青铜铸件的全盛期，工艺上已达到相当高的水平。中国商朝的重 875 公斤的司母戊方鼎，战国时期的曾侯乙尊盘，西汉的透光镜，都是古代铸造的代表产品。考古发现我国铸铁件用铁型（古称“范”）生产始于战国（距今 2200～2300 年），用铜范铸造铁器最早为汉代（距今 1800 年），到清代（距近 200～300 年）铁范铸铁技术不断完善，用铁范铸造铁炮。中国在公元前 513 年，铸出了世界上最早见于文字记载的铸铁件——晋国铸型鼎，重约 270 公斤。龚振麟《铸炮铁模图说》是世界上发现最早的系统论述金属型铸铁件的专著。

锻造是一种利用外力使金属产生塑性变形，使其改变形状、尺寸和内部组织，获得型材或锻压件的加工方法。中国在公元前 200 年就掌握了锻造的有关技术，例如，在陕西兵马俑出土的三把合金宝剑，其中一把至今仍光艳夺目，锋利如昔。这种情况表明了在很早的时候，我们就可以运用锻造技术来制作我们生产生活中的各种工具以及战争兵器。

焊接是指通过适当的物理化学过程如加热、加压等使两个分离的物体产生原子（分子）间的结合力而连接成一体的连接方法。焊接应用广泛，既可用于金属，也可用于非金属。古代的焊接方法主要是铸焊、钎焊和锻焊。中国商朝制造的铁刃铜钺，就是铁与铜的铸焊件，其表面铜与铁的熔合线蜿蜒曲折，接合良好。春秋战国时期曾侯乙墓中的建鼓铜座上有许多盘龙，是分段钎焊连接而成的。经分析，所用的与现代软钎料成分相近。战国时期制造的刀剑，刀刃为钢，刀背为熟铁，一般是经过加热锻焊而成的。据明朝宋应星所著《天工开物》一书记载：中国古代将铜和铁一起入炉加热，经锻打制造刀、斧；用黄泥或筛细的陈久壁土撒在接口上，分段煅焊大型船锚。

5.2 热加工基础

5.2.1 金属液态成形

1. 金属液态成形的概念及特点

金属液态成形（铸造）：将液态金属在重力或外力作用下充填到型腔中，待其凝固冷却后，获得所需形状和尺寸的毛坯或零件的方法。

金属液态成形的优点。

(1) 适应性广，工艺灵活性大（材料、大小、形状几乎不受限制）。

(2) 最适合形状复杂的箱体、机架、阀体、泵体、缸体等。

(3) 成本较低（铸件与最终零件的形状相似、尺寸相近）。

金属液态成形的主要问题在于组织疏松、晶粒粗大，铸件内部常有缩孔、缩松、气孔等缺陷产生，导致铸件力学性能，特别是冲击性能较低。

2. 金属液态成形的工艺基础

1) 熔融合金的流动性

液态合金充满型腔是获得形状完整、轮廓清晰合格铸件的保证，铸件的很多缺陷都是在此阶段形成的。流动性指液态合金充满型腔，形成轮廓清晰、形状和尺寸符合要求的优质铸件的能力。熔融合金的流动性差，铸件易产生浇不到、冷隔、气孔和夹杂等缺陷；熔融合金的流动性好，易于充满型腔，有利于气体和非金属夹杂物上浮和对铸件进行补缩。

2) 液态合金的收缩

液态合金在凝固与冷却过程中，体积和尺寸减小的现象称为合金的收缩。收缩能使铸件产生缩孔、缩松、裂纹、变形和内应力等缺陷。

合金的收缩经历如下三个阶段:

(1) 液态收缩：即从浇注温度($T_{浇}$)到凝固开始温度(即液相线温度 T_l)间的收缩。

(2) 凝固收缩：即从凝固开始温度(T_l)到凝固终止温度(即固相线温度 T_s)间的收缩。

(3) 固态收缩：即从凝固终止温度(T_s)到室温间的收缩。

3) 铸件的缺陷

(1) 缩孔和缩松。若液态收缩和凝固收缩所缩减的体积得不到补足，则在铸件的最后凝固部位会形成一些孔洞。按照孔洞的大小和分布，可将其分为缩孔和缩松两类。

缩孔：集中在铸件上部或最后凝固部位、容积较大的孔洞。缩孔多呈倒圆锥形，内表面粗糙。

缩松：分散在铸件某些区域内的细小缩孔。

(2) 铸造应力。铸造内应力有热应力和机械应力两类，它们是铸件产生变形和裂纹的基本原因。

热应力：铸件各部分冷却速度不同，在同一时期铸件各部分收缩不一致而引起。铸件的厚壁或心部受拉应力，薄壁或表层受压应力。

机械应力：是合金的线收缩受到铸型或型芯的机械阻碍而形成的内应力。机械应力使铸件产生拉伸或剪切应力，是暂时存在的，在铸件落砂之后，这种内应力便可自行消除。

(3) 铸件变形与裂纹。

翘曲变形：厚薄不均匀、截面不对称及细长的杆类、板类及轮类铸件，当铸造应力超过铸件材料的屈服极限时产生。

裂纹：当铸造内应力超过金属材料的抗拉强度时，铸件便产生裂纹，根据产生温度的不同，裂纹可分为热裂和冷裂两种。

5.2.2 金属塑性成形

1. 金属塑性成形的概念及特点

金属塑性成形：在外力作用下金属材料通过塑性变形，获得具有一定形状、尺寸和力学性能的零件或毛坯的加工方法。

金属塑性成形的特点。

(1) 改善金属的组织、提高力学性能。金属材料经压力加工后，其组织、性能都得到改善和提高，塑性加工能消除金属铸锭内部的气孔、缩孔和树枝状晶等缺陷，并由于金属的塑性变形和再结晶，可使粗大晶粒细化，得到致密的金属组织，从而提高金属的力学性能。在零件设计时，若正确选用零件的受力方向与纤维组织方向，可以提高零件的抗冲击性能。

(2) 材料的利用率高。金属塑性成形主要是靠金属的体积重新分配，而不需要切除金属，因而材料利用率高。

(3) 较高的生产率。塑性成形一般是利用压力机和模具进行成形加工的，生产效率高。例如，利用多任务位冷镦工艺加工内六角螺钉，比用棒料切削加工工效提高 400 倍以上。

(4) 毛坯或零件的精度较高。应用先进的技术和设备，可实现少切削或无切削加工。例如，精密锻造的伞齿轮齿形部分可不经切削加工直接使用，复杂曲面形状的叶片精密锻造后只需磨削便可达到所需精度。

2. 金属塑性成形的工艺方式

金属塑性成形在工业生产中称为压力加工，分为自由锻、模锻、板料冲压、挤压、拉拔、轧制等。它们成形的工艺方式如图 5-1 所示。

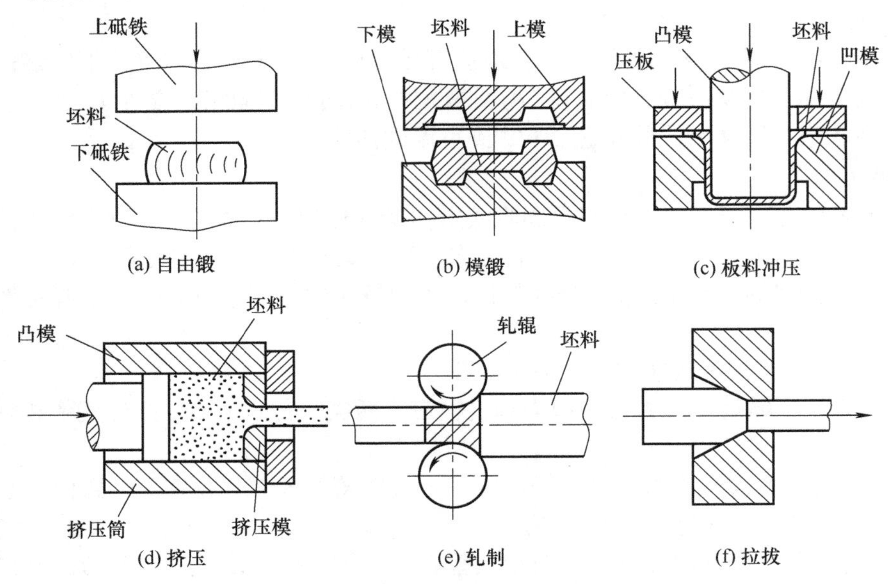

图 5-1　常用的压力加工方法

5.2.3 金属连接成形

1. 金属连接成形的概念

在制造金属结构和机器的过程中，经常需要把两个或两个以上的构件组合起来，而构件之间的组合必须通过一定的连接方式，才能成为完整的产品，这里的连接即连接成形。

金属的连接有很多种方法，按拆卸时是否损坏被连接件分为可拆连接和不可拆连接。

(1) 可拆连接：不必损坏被连接件或起连接作用的连接件就可以完成拆卸，如键连接和螺栓连接等。

(2) 不可拆连接：必须损坏或损伤连接件或起连接作用的连接件才能完成拆卸，如焊接和铆接等。

2. 金属连接成形的工艺方法

1) 焊接

焊接通常是指金属的焊接。是通过加热或加压，或两者同时并用，使两个分离的物体产生原子间结合力而连接成一体的成形方法。

根据焊接过程中加热程度和工艺特点的不同，焊接方法可以分为三大类。

(1) 熔焊：将工件焊接处局部加热到熔化状态，形成熔池(通常还加入填充金属)，冷却结晶后形成焊缝，被焊工件结合为不可分离的整体。常见的熔焊方法有气焊、电弧焊、电渣焊、等离子弧焊、电子束焊、激光焊等。

(2) 压焊：在焊接过程中无论加热与否，均需要加压的焊接方法。常见的压焊有电阻焊、摩擦焊、冷压焊、扩散焊、爆炸焊等。

(3) 钎焊：采用熔点低于被焊金属的钎料(填充金属)熔化之后，填充接头间隙，并与被焊金属相互扩散实现连接。钎焊过程中被焊工件不熔化，且一般没有塑性变形。

焊接生产的特点。

(1) 节省金属材料，结构重量轻。

(2) 以小拼大、化大为小，制造重型、复杂的机器零部件，简化铸造、锻造及切削加工工艺，获得最佳技术经济效果。

(3) 焊接接头具有良好的力学性能和密封性。

(4) 能够制造双金属结构，使材料的性能得到充分利用。

焊接技术也还存在一些不足之处，如焊接结构不可拆卸，给维修带来不便；焊接结构中会存在焊接应力和变形；焊接接头的组织性能往往不均匀，并会产生焊接缺陷等。

焊接技术在机器制造、造船工业、建筑工程、电力设备生产、航空及航天工业等应用十分广泛。

2) 胶接

使用胶黏剂来连接各种材料。

与其他连接方法相比，胶接不受材料类型的限制，能够实现各种材料之间的连接(如各种金属、各种非金属和金属与非金属之间的连接)，而且具有工艺简单，应力分布均匀，密封性好，防腐节能，应力和变形小等特点，已被广泛用于现代化生产的各个领域。胶接的主要缺点是固化时间长、胶黏剂易老化、耐热性差等。

3) 机械连接

有螺纹连接、销钉连接、键连接、铆钉连接和胀接等，其中铆钉连接为不可拆连接，其余均为可拆连接。

机械连接的主要特点是所采用的连接件一般为标准件，具有良好的互换性，选用方便，工作可靠，易于检修，其不足之处是增加了机械加工工序，结构重量大，密封性差，影响外观，且成本较高。

5.3　铸　　造

将液体金属浇注到具有与零件形状相适应的铸型空腔中，待其冷却凝固后以获得零件或毛坯的方法，称为铸造。用于铸造的金属统称为铸造合金，常用的铸造合金有铸铁、铸钢和铸造有色金属，其中，铸铁，特别是灰铸铁用得最普遍。用铸造方法制成的毛坯或零件称为铸件。铸件一般作为毛坯，需要经过机械加工后才能成为机器零件，少数对尺寸精度和表面粗糙度要求不高的零件也可以直接应用铸件。与其他金属加工方法相比，铸造具有如下特点。

(1) 适用范围广。铸件形状可以十分复杂，可获得机械加工难以实现的复杂内腔的部件。

(2) 生产成本低。由于铸造容易实现机械化生产，铸造原料来源广，可以大量利用废、旧金属材料，加之铸造动能消耗比锻造动能消耗小，因而铸造的综合经济性能好。

(3) 铸件与零件形状接近，加工余量小；尺寸精度一般比锻件、焊接件高。

但是，铸造生产也存在不足，如砂型铸造生产工序较多，有些工艺难以控制，铸件质量不稳定；铸件组织粗大，常出现缩孔、疏松、气孔等缺陷，其力学性能不如同类材料锻件；铸件表面较粗糙，尺寸精度不高；工人的劳动强度大，劳动条件差等。

铸造的方法很多，主要有砂型铸造、金属型铸造、压力铸造、离心铸造以及熔模铸造等。其中以砂型铸造应用最广泛，占铸件总产量的 80%以上，其铸型是由型砂制作的。铸造工艺过程主要包括金属熔炼、铸型制造、浇注凝固和落砂清理等。铸件的材质有碳素钢、合金钢、铸铁、铸造有色合金等合金材料。

铸造工艺是机械制造工业中毛坯和零件的主要加工工艺，在国民经济中占有极其重要的地位。铸件在一般机器中占总质量的 40%～80%，铸造工艺广泛应用于机床制造、动力机械、冶金和石油机械、重型机械、航空航天等领域。

5.3.1　铸造方法

1. 砂型铸造

铸造的方法很多，其中以砂型铸造应用最广泛，占铸件总产量的 80%以上，其铸型是由型砂制作的。砂型铸造是指铸型由砂型和砂芯组成，而砂型和砂芯是用砂子和黏结剂等为基本材料制成的。图 5-2 为铸造工艺流程图。砂型铸造的主要生产工序有制模、配砂、造型、造芯、合模、熔炼、浇注、落砂、清理和检验。

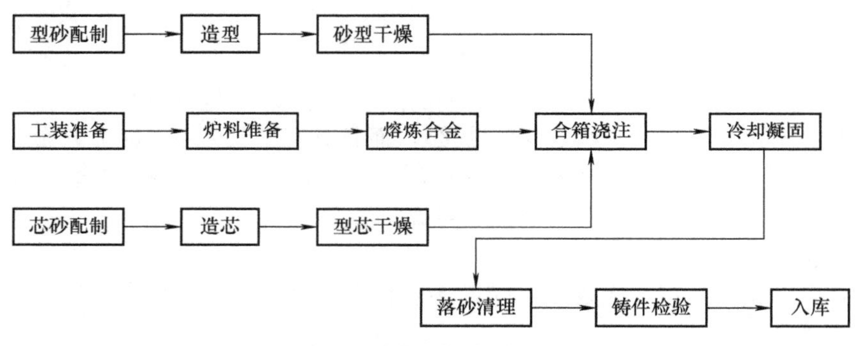

图 5-2　铸造工艺流程图

套筒铸件的生产过程如图 5-3 所示，根据零件形状和尺寸，设计并制造模样和芯盒；配制型砂和芯砂；利用模样和芯盒等工艺装备分别制作砂型和芯型；将砂型和芯型合为一整体铸型；将熔融的金属浇注入铸型，完成充型过程；冷却凝固后落砂取出铸件；最后对铸件清理并送检后入库。

生产中，为了获得合格铸件、减少制造铸型的工作量、降低生产成本，首先要制订出合理的铸造工艺方案，并绘制出正确的铸造工艺图。然后根据工艺图制作模样，并与配制好的型砂制成砂型，用熔化好的金属液进行浇注，待铸件冷却后再进行落砂、清理等工作，将铸件清理出来，并经检验合格获得所需的铸件。

2. 特种铸造

特种铸造有熔模铸造、压力铸造、低压铸造、金属型铸造、陶瓷型铸造、离心铸造、消失模铸造、挤压铸造、连续铸造等。与砂型铸造相比，特种铸造有以下优点。

(1) 铸件尺寸精确，表面粗糙度值低，易于实现少切削或无切削加工，降低原材料消耗。

(2) 铸件内部质量好，力学性能高，铸件壁厚可以减薄。

(3) 便于实现生产过程机械化、自动化，提高生产效率。

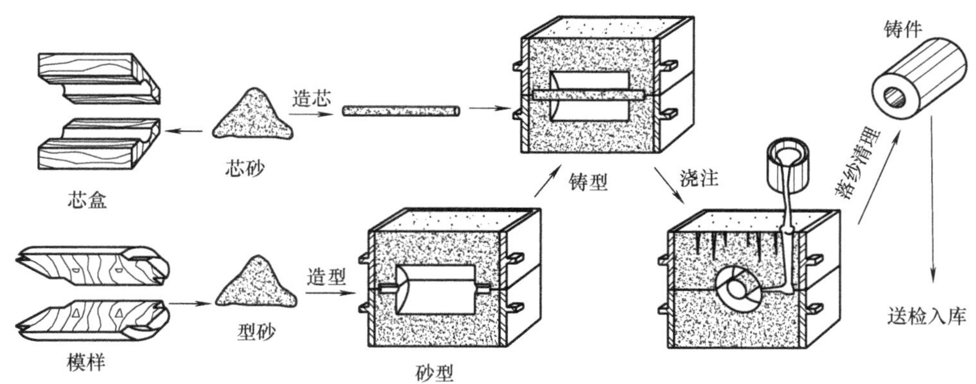

图 5-3　砂型铸造的生产过程

5.3.2　造型与制芯

造型和制芯是利用造型材料和工艺装备制作铸型的工序，按成型方法总体可分为手工造型(制芯)和机器造型(制芯)。本书主要介绍应用广泛的砂型造型和制芯。

1．铸型的组成

铸型是根据零件形状用造型材料制成的。铸型一般由上砂型、下砂型、型芯和浇注系统等部分组成，如图 5-4 所示。上砂型和下砂型之间的接合面称为分型面。铸型中由砂型面和型芯面所构成的空腔部分，用于在铸造生产中形成铸件本体，称为型腔。型芯一般用来形成铸件的内孔和内腔。金属液体流入型腔的通道称为浇注系统。出气孔的作用在于排出浇注过程中产生的气体。

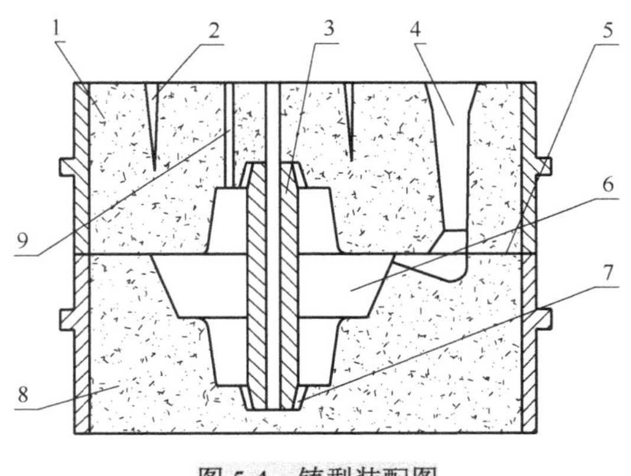

图 5-4　铸型装配图

1-上砂型；2-出气孔；3-型芯；4-浇注系统；5-分型面；6-型腔；7-芯头芯座；8-下砂型；9-冒口

2．型(芯)砂的性能

砂型铸造的造型材料为型砂，其质量好坏直接影响铸件的质量、生产效率和成本。生产中为了获得优质的铸件和良好的经济效益，对型砂性能有一定的要求。

(1) 强度：型砂抵抗外力破坏的能力。型砂必须具备足够高的强度才能在造型、搬运、合箱过程中不引起塌陷，浇注时也不会破坏铸型表面。型砂的强度也不宜过高，否则会因透气性、退让性的下降，使铸件产生缺陷。

(2) 可塑性：指型砂在外力作用下变形，去除外力后能完整地保持已有形状的能力。可塑性好，造型操作方便，制成的砂型形状准确、轮廓清晰，易于起模。

(3) 耐火性：指型砂抵抗高温热作用的能力。型砂在高温作用下不熔化、不烧结的性能为耐火性。型砂要有较高的耐火性，同时应有较好的热化学稳定性，较小的热膨胀率和冷收缩率。耐火性差，铸件易产生粘砂。型砂中 SiO_2 含量越多，型砂颗粒越大，耐火性越好。

(4) 透气性：砂能让气体透过的性能。型砂要有一定的透气性，以利于浇注时产生的大量气体的排出。透气性过差，铸件中易产生气孔；透气性过高，易使铸件粘砂。

(5) 退让性：指铸件在冷凝时，型砂可被压缩的能力。型砂退让性差，铸件易产生内应力或开裂。型砂越紧实，退让性越差。在型砂中加入木屑等物可以提高退让性。此外，型砂还要具有较好的耐用性、溃散性和韧性等。

3．型(芯)砂的组成

将原砂或再生砂与黏结剂和其他附加物混合制成的物质称为型砂和芯砂。

(1) 原砂：又称新砂，铸造用原砂一般采用符合一定技术要求的天然矿砂，最常使用的是硅砂(SiO_2)，其二氧化硅的含量在 85%～97%，硅砂粒度以圆形、大小及均匀性为佳。为了降低成本，对于已经使用过的旧砂，经过适当处理后，仍然可以使用。

除硅砂外，其他铸造用砂称为特种砂，有石灰石砂、锆砂、镁砂、橄榄石砂、铬铁矿砂、钛铁矿砂等，这些特种砂性能较硅砂优良，但价格较贵，主要用于合金钢和碳钢铸件的生产。

(2) 黏结剂：能使砂粒黏结在一起的物质。黏土是铸造生产中用量最大的一种黏结剂，此外水玻璃、植物油、合成树脂、水泥等也是铸造常用的黏结剂。

(3) 涂料：涂敷在型腔和芯型表面、用以提高砂(芯)型表面抗黏砂和抗金属液冲刷等性能的铸造辅助材料。使用涂料有降低铸件表面粗糙度值，防止或减少铸件黏砂、砂眼和夹砂缺陷，提高铸件落砂和清理效率等作用。涂料一般由耐火材料、溶剂、悬浮剂、黏结剂和添加剂等组成。耐火材料有硅粉、刚玉粉、高铝矾土粉，溶剂可以是水和有机溶剂等，悬浮剂如膨润土等。涂料可制成液体、膏状或粉剂，用刷、浸、流和喷等方法涂敷在型腔(芯)表面。

(4) 水：通过水使黏土和原砂混成一体，并具有一定的强度和透气性。水分过多，易使型砂湿度大、强度低，造型易黏模、操作困难；水分过少，易使型砂干而脆，造型、起模困难。

型砂中除了含有原砂、黏结剂、附加物和水等材料，附加物如煤粉、重油、锯木屑、淀粉等，使砂型和芯型增加透气性、退让性，提高抗铸件黏砂能力和铸件的表面质量，使铸件具有一些特定的性能。

4．型(芯)砂的制备

砂型铸造用的造型材料主要是用于制造砂型的型砂和用于制造砂芯的芯砂。通常型砂是由原砂(山砂或河砂)、黏土和水按一定比例混合而成的，其中黏土约为 9%，水约为 6%，其余为原砂。有时还加入少量如煤粉、植物油、木屑等附加物以提高型砂和芯砂的性能。

型砂的质量直接影响铸件的质量。型砂质量差会使铸件产生气孔、砂眼、粘砂、夹砂等缺陷。

型(芯)砂混制处理好后，应对型(芯)砂紧实率、透气性、湿强度、韧性参数做检测，以确定是否达到相应的技术要求。也可用手捏的感觉对某些性能作出粗略的判断，通常以手捏成团，一米高自由落体下地即散为宜。

5．模样、芯盒与砂箱

模样、芯盒与砂箱是砂型铸造造型时使用的主要工艺装备。

1) 模样

模样是根据零件形状设计制作，用以在造型中形成铸型型腔的工艺装备。设计模样要考虑到铸造工艺参数，如铸件最小壁厚、加工余量、铸造圆角、铸造收缩率和起模斜度等。

(1) 分型面的选择：分型面是上下砂型的分界面，选择分型面时必须使模样能从砂型中取出，并使造型方便和有利于保证铸件质量。

(2) 铸件最小壁厚：是指在一定的铸造条件下，铸造合金能充满铸型的最小厚度。铸件设计壁厚若小于铸件工艺允许最小壁厚，则易产生浇不足和冷隔等缺陷。

(3) 起模斜度：为保证造型时容易起模，避免损坏砂型，凡垂直于分型面的表面，设计时应给出 0.5°～4° 的拔模斜度。

(4) 铸造圆角：铸件上各表面的转折处，都要做成过渡性圆角，以利于造型及保证铸件质量。

(5) 加工余量：为保证铸件加工面尺寸，在铸件设计时预先增加的金属层厚度，该厚度在铸件机械加工成零件的过程中要除去。

(6) 收缩量：铸件冷却时要收缩，模样的尺寸应考虑收缩的影响。通常铸铁件要增大 1%，铸钢件增大 1.5%～2%，铝合金增大 1%～1.5%。

(7) 芯头：有砂芯的砂型，必须在模样上做出相应的芯头。

图 5-5 所示为零件及模样关系示意图。

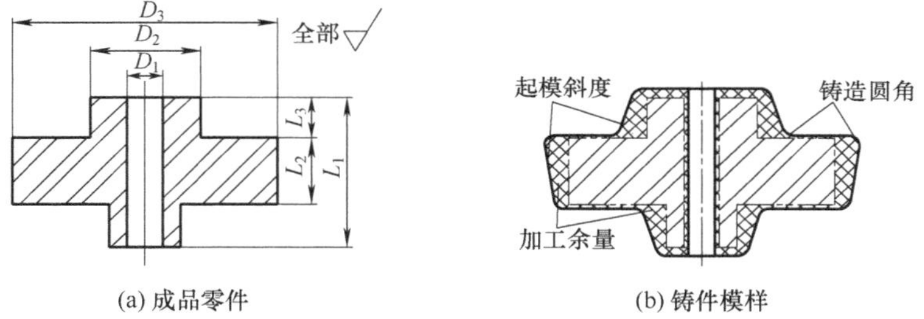

(a) 成品零件　　(b) 铸件模样

图 5-5　零件与模样关系示意图

2) 芯盒

芯盒是制造芯型的工艺装备。按制造材料可分为金属芯盒、木质芯盒、塑料芯盒和金木结构芯盒四类。在大量生产中，为了提高砂芯精度和芯盒耐用性，多采用金属芯盒。按芯盒结构又可分为敞开整体式、分式、敞开脱落式和多向开盒式多种。

3) 砂箱

砂箱是铸件生产中必备的工艺装备之一，用于铸造生产中容纳和紧固砂型。一般根据铸件的尺寸、造型方法设计选择合适的砂箱。按砂箱制造方法可把砂箱分为整铸式、焊接式和装配式。

除模样、芯盒与砂箱外，砂型铸造造型时使用的工艺装备还有压实砂箱用的压砂板，填砂用的填砂框，托住砂型用的砂箱托板，紧固砂箱用的套箱，以及用于砂芯的修磨工具、烘芯板和检验工具等。

6. 手工造型

造型主要工序为填砂、舂砂、起模和修型。填砂是将型砂填充到已放置好模样的砂箱内，舂砂则是把砂箱内的型砂紧实，起模是把形成型腔的模样从砂型中取出，修型是起模后对砂型损伤处进行修理的过程。手工完成这些工序的操作方式即手工造型。

一般手工造型可分为整模造型、分模造型、挖砂造型、活块模造型及三箱造型等，其特点和应用范围如表 5-1 所示。

表 5-1　常用手工造型方法的特点和应用范围

造型方法		主要特点	适用范围
按砂箱特征区分	两箱造型 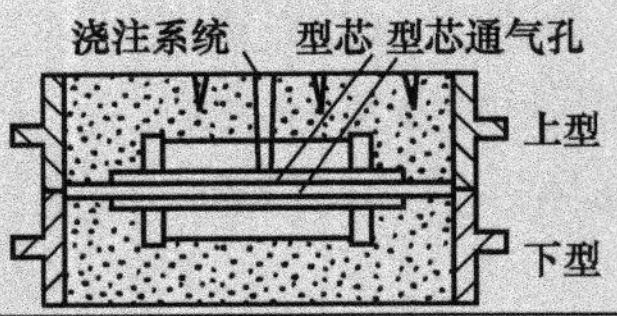 浇注系统　型芯　型芯通气孔 上型 下型	铸型由上型和下型组成，造型、起模、修型等操作方便	适用于各种生产批量，各种大、中、小铸件
	三箱造型 上型 中型 下型 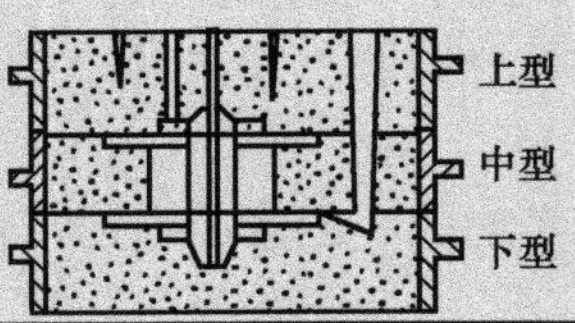	铸型由上、中、下三部分组成，中型的高度须与铸件两个分型面的间距相适应。三箱造型费工，应尽量避免使用	主要用于单件、小批量生产具有两个分型面的铸件
	地坑造型 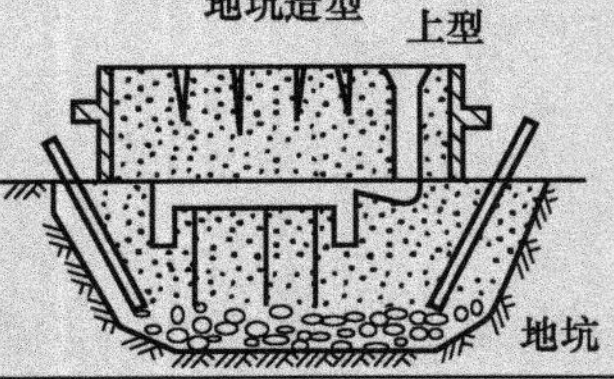 上型 地坑	在车间地坑内造型，用地坑代替下砂箱，只要一个上砂箱，可减少砂箱的投资。但造型费工，而且要求操作者的技术水平较高	常用于砂箱数量不足，制造批量不大的大、中型铸件
	脱箱造型 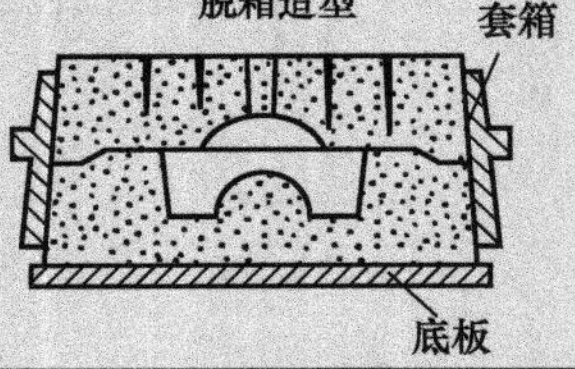 套箱 底板	铸型合型后，将砂箱脱出，重新用于造型。浇注前，须用型砂将脱箱后的砂型周围填紧，也可在砂型上加套箱	主要用在生产小铸件，砂箱尺寸较小
按模样特征区分	整模造型 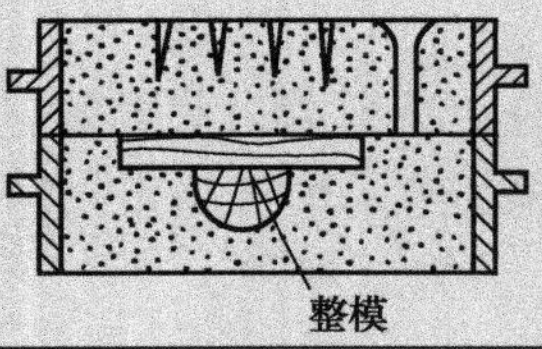 整模	模样是整体的，多数情况下，型腔全部在下半型内，上半型无型腔。造型简单，铸件不会产生错型缺陷	适用于一端为最大截面，且为平面的铸件
按模样特征区分	挖砂造型 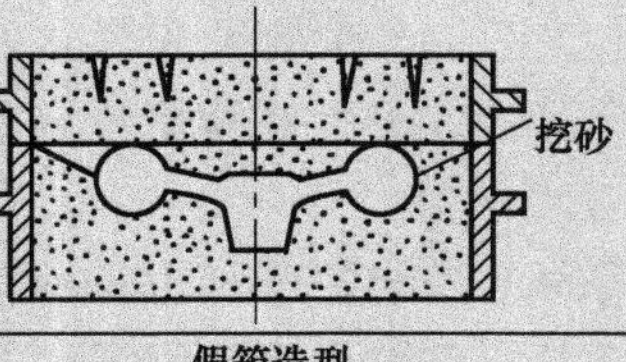 挖砂	模样是整体的，但铸件的分型面是曲面。为了起模方便，造型时用手工挖去阻碍起模的型砂。每造一件，就挖砂一次，费工、生产率低	用于单件或小批量生产分型面不是平面的铸件
	假箱造型  木模 用砂做的成型底板(假箱)	为了克服挖砂造型的缺点，先将模样放在一个预先做好的假箱上，然后放在假箱上造下型，省去挖砂操作。操作简便，分型面整齐	用于成批生产分型面不是平面的铸件

续表

造型方法		主要特点	适用范围
按模样特征区分	分模造型 上模 下模	将模样沿最大截面处分为两半，型腔分别位于上、下两个半型内。造型简单，节省工时	常用于最大截面在中部的铸件
	活块造型 木模主体 活块	铸件上有妨碍起模的小凸台、肋条等。制模时将此部分作成活块，在主体模样起出后，从侧面取出活块。造型费工，要求操作者的技术水平较高	主要用于单件、小批量生产带有突出部分、难以起模的铸件
	刮板造型 刮板 木桩	用刮板代替模样造型。可大大降低模样成本，节约木材，缩短生产周期。但生产率低，要求操作者的技术水平较高	要用于有等截面的或回转体的大、中型铸件的单件或小批量生产

7. 制芯

芯型主要用于形成铸件的内腔、孔洞和凹坑等部分。

1) 芯砂

芯型在铸件浇注时，大部分或部分被金属液包围，经受热作用、机械作用都较强烈，排气条件差，出砂和清理困难，因此对芯砂的要求一般比型砂高。一般可用黏土砂做芯型，但黏土含量比型砂高。

2) 制芯

制芯方法分手工制芯和机器制芯两大类。

(1) 手工制芯。手工制芯可分为芯盒制芯和刮板制芯。

① 芯盒制芯。芯盒制芯是应用较广的一种方法，按芯盒结构的不同，又可分为整体式芯盒制芯、分式芯盒制芯及脱落式芯盒制芯。

② 刮板制芯。对于具有回转体形的砂芯可采用刮板制芯方式，和刮板造型一样，它也要求操作者有较高的技术水平，并且生产率低，所以刮板制芯适用于单件、小批量生产砂芯。

(2) 机器制芯。机器制芯与机器造型原理相同，也有震实式、微震压实式和射芯式等多种方法。机器制芯生产率高、芯型紧实度均匀、质量好，但安放龙骨、取出活块或开气道等工序有时仍需手工完成。

8. 浇注系统

浇注系统是砂型中引导金属液进入型腔的通道。

1) 对浇注系统的基本要求

浇注系统设计的正确与否对铸件质量影响很大，对浇注系统的基本要求如下。

(1) 引导金属液平稳、连续地充型，防止卷入、吸收气体和使金属过渡氧化。

(2) 充型过程中金属液流动的方向和速度可以控制，保证铸件轮廓清晰、完整，避免因充型速度过高而冲刷型腔壁或砂芯及充型时间不适合造成的夹砂、冷隔、皱皮等缺陷。

(3) 具有良好的挡渣、溢渣能力，净化进入型腔的金属液。

(4) 浇注系统结构应当简单、可靠，金属液消耗少，并容易清理。

2) 浇注系统的组成

浇注系统一般由外浇口、直浇道、横浇道和内浇道 4 部分组成，如图 5-6 所示。

(1) 外浇口：用于承接浇注的金属液，起防止金属液的飞溅和溢出、减缓对型腔的冲击、分离渣滓和气泡、阻止杂质进入型腔的作用。外浇口分漏斗形(浇口杯)和盆形(浇口盆)两大类。

(2) 直浇道：其功能是从外浇口引导金属液进入横浇道、内浇道或直接导入型腔。直浇道有一定高度，使金属液在重力的作用下克服各种流动阻力，在规定时间内完成充型。直浇道常做成上大下小的锥形、等截面的柱形或上小下大的倒锥形。

(3) 横浇道：是将直浇道的金属液引入内浇道的水平通道。作用是将直浇道金属液压力转化为水平速度，减轻对直浇道底部铸型的冲刷，控制内浇道的流量分布，阻止渣滓进入型腔。

(4) 内浇道：与型腔相连，其功能是控制金属液充型速度和方向，分配金属液，调节铸件的冷却速度，对铸件起一定的补缩作用。

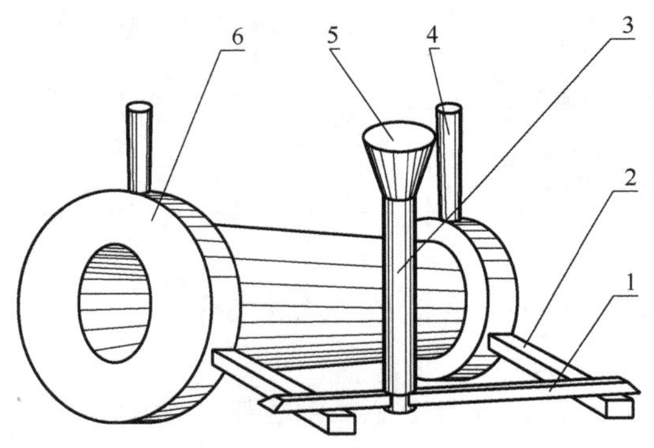

图 5-6　浇注系统的组成

1-横浇道；2-内浇道；3-直浇道；4-冒口；5-外浇口；6-铸件

3) 浇注系统的类型

浇注系统的类型按内浇道在铸件上的相对位置，分为顶注式、中注式、底注式和阶梯注入式等 4 种类型，如图 5-7 所示。

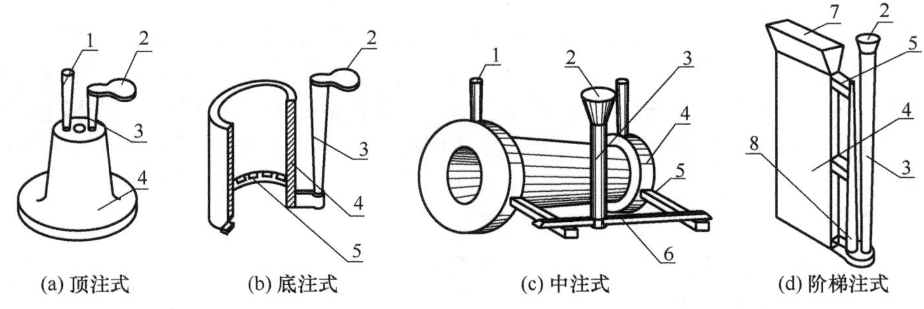

图 5-7　浇注系统的类型

1-出气口；2-浇口杯；3-直浇道；4-铸件；5-内浇道；6-横浇道；7-冒口；8-分配直浇道

9. **冒口和冷铁**

为了实现铸件在浇注、冷凝过程中能正常充型和冷却收缩，一些铸型设计中应用了冒口和冷铁。

1）冒口

铸件浇铸后，金属液在冷凝过程中会发生体积收缩，为防止由此而产生的铸件缩孔、缩松等缺陷，常在铸型中设置冒口。即人为设置用以存储金属液的空腔，用于补偿铸件形成过程中可能产生的收缩(简称补缩)，并为控制凝固顺序创造条件，同时冒口也有排气、集渣、引导充型的作用。

冒口形状有圆柱形、球顶圆柱形、长圆柱形、方形和球形等多种。若冒口设在铸件顶部，使铸型通过冒口与大气相通，称为明冒口；冒口设在铸件内部则为暗冒口，如图 5-8 所示。

冒口一般应设在铸件壁厚交叉部位的上方或旁侧，并尽量设在铸件最高、最厚的部位，其体积应能保证所提供的补缩液量不小于铸件的冷凝收缩和型腔扩大量之和。

应当说明的是，在浇铸冷凝后，冒口金属与铸件相连，清理铸件时，应除去冒口将其回炉。

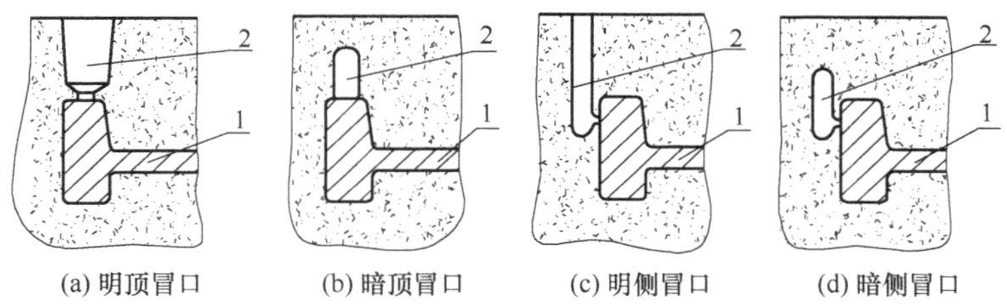

(a) 明顶冒口　(b) 暗顶冒口　(c) 明侧冒口　(d) 暗侧冒口

图 5-8　冒口

1-铸件；2-冒口

2）冷铁

为增加铸件局部冷却速度，在型腔内部及工作表面安放的金属块称为冷铁。冷铁分为内冷铁和外冷铁两大类，放置在型腔内浇铸后与铸件熔合为一体的金属激冷块称为内冷铁，在造型时放在模样表面的金属激冷块为外冷铁。

冷铁的作用在于调节铸件凝固顺序，在冒口难以补缩的部位防止缩孔、缩松，扩大冒口的补缩距离，避免在铸件壁厚交叉及急剧变化部位产生裂纹。

5.3.3　合金的熔炼与浇注

合金熔炼的目的是要获得符合要求的金属熔液。不同类型的金属，需要采用不同的熔炼方法及设备。如钢的熔炼是用转炉、平炉、电弧炉、感应电炉等；铸铁的熔炼多采用冲天炉；而非铁金属如铝、铜合金等的熔炼，则用坩埚炉。

铸造合金熔炼和铸件的浇注是铸造生产的主要工艺。

1. **灰铸铁与铝合金**

铸造合金分为黑色合金和非铁合金两大类，黑色铸造合金即铸钢、铸铁，其中铸铁件生产量所占比例最大。非铁铸造合金有铝合金、铜合金、镁合金、钛合金等。

铸铁是一种以铁、碳、硅为基础的多元合金，其中碳的含量在2.0%～4.0%，硅含量在0.6%～3.0%，此外还含有锰、硫、磷等元素。铸铁按用途分为常用铸铁和特种铸铁。常用铸铁包括灰铸铁、球墨铸铁、可锻铸铁、蠕墨铸铁；特种铸铁有抗磨铸铁、耐蚀铸铁及耐热铸铁等。

灰铸铁通常是指断面呈灰色，其中的碳主要以片状石墨形式存在的铸铁。灰铸铁生产简单、成品率高、成本低，虽然力学性能低于其他类型铸铁，但具有良好的耐磨性和吸震性，较低的缺口敏感性，良好的铸造工艺性能，使其在工业中得到了广泛应用，目前灰铸铁产量约占铸铁产量的80%。

铸铝是工业生产中应用最广泛的铸造非铁合金之一。由于铝合金的熔点低，熔炼时极易氧化、吸气，合金中的低沸点元素(如镁、锌等)极易蒸发烧损，故铝合金的熔炼应在与燃料和燃气隔离的状态下进行。

2. 合金的熔炼

合金熔炼是将金属料、辅料入炉加热，熔化成铁水，为铸造生产提供预定成分和温度、非金属夹杂物和气体含量少的优质铁液的过程。

合金的熔炼设备有很多，如冲天炉、反射炉、电弧炉和感应炉等。

对合金熔炼的要求可以概括为优质、高产、低耗、长寿与操作便利5个方面。

(1)铁液质量好。铁液的出炉温度应满足浇注铸件的需要，并保证得到无冷隔缺陷、轮廓清晰的铸件。一般来说，铁液的出炉温度根据不同的铸件至少应达到1420～1480℃。铁液的主要化学成分 Fe、C、Si 等必须达到规定牌号铸件的规范要求，S、P 等杂质成分必须控制在限量以下，并减少铁液对气体的吸收。

(2)熔化速度快。在确保铁液质量的前提下，提高熔化速度，充分发挥熔炼设备的生产能力。

(3)熔炼耗费少。应尽量降低熔炼过程中包括燃料在内的各种有关材料的消耗，减少铁及合金元素的烧损，取得较好的经济效益。

(4)炉衬寿命长。延长炉衬寿命不仅可节省炉子维修费用，对于稳定熔炼工作过程、提高生产率也有重要作用。

(5)操作条件好。操作方便、可靠，并提高机械化、自动化程度，消除对周围环境的污染。

1)铸铁的熔炼

铸铁的熔炼以冲天炉应用最多。冲天炉熔炼以焦炭作燃料，石灰石等为熔剂，以生铁、废钢铁、铁合金等为原料熔炼成铁液。由于冲天炉结构大，对环境污染重，现在基本被淘汰。

2)铸钢(铁)及铜(铝)合金的熔炼

铸钢(铁)常用电弧炉、平炉和感应炉等进行熔炼。三相电弧炉目前应用最广，如图5-9所示，电弧炉通过电极与炉料之间的电弧来产生大量的热达到加热、熔化炉料的目的。铜(铝)合金的熔炼多用焦炭为燃料的坩锅炉或电阻坩锅炉(电感应炉)来熔炼，电阻坩锅炉如图5-10所示。

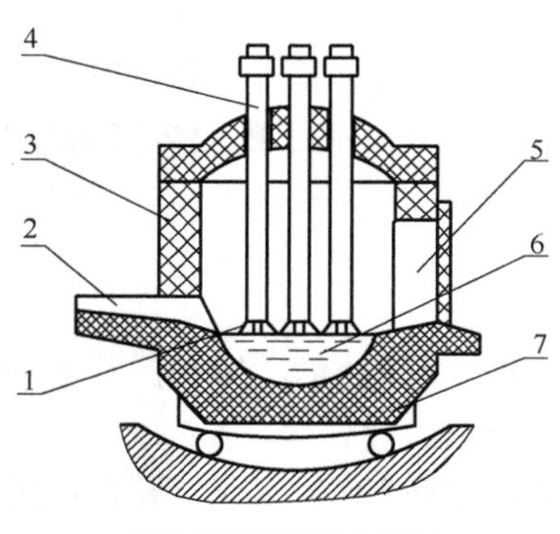

图5-9　三相电弧炉

1-电弧；2-出钢口；3-炉墙；4-电极；5-加料口；6-钢液；7-倾斜机构

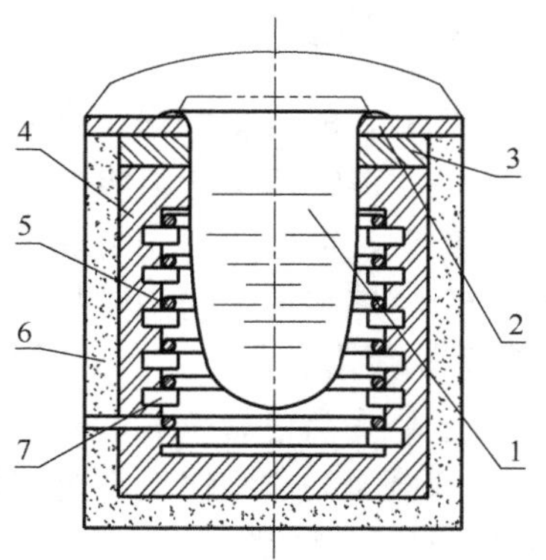

图5-10　电阻坩锅炉

1-坩锅；2-托板；3-耐热板；4-耐火砖；5-电阻丝；6-石棉；7-托砖

3. 合金浇注

将熔炼好的金属液浇入铸型的过程称为浇注。浇注操作不当，铸件会产生浇不足、冷隔、夹砂、缩孔和跑火等缺陷。

1) 浇注前的准备工作

(1) 浇注工具：浇注常用工具有浇包、挡渣钩等。浇注前应根据铸件大小、批量选择合适的浇包，常用的浇包有一人使用的手提浇包，两人操作的抬包和用吊车装运的吊包，容量分别为 20 kg、50～100 kg 以及大于 200 kg 的。对浇包和挡渣钩等工具进行烘干，以免降低金属液温度及引起液体金属的飞溅。

(2) 清理通道：浇注时行走的通道不能有杂物挡道，更不许有积水。

2) 浇注工艺

(1) 浇注温度：金属液浇注温度的高低，应根据铸件材质、大小及形状来确定。浇注温度过低时，铁液的流动性差，易产生浇不足、冷隔、气孔等缺陷；而浇注温度偏高时，铸件收缩大，易产生缩孔、裂纹、晶粒粗大及粘砂等缺陷。铸铁件的浇注温度一般在 1250～1360℃。对形状复杂的薄壁铸件浇注温度应高些，厚壁简单铸件可低些。

(2) 浇注速度：浇注速度要适中，太慢会使金属液降温过多，易产生浇不足、冷隔、夹渣等缺陷；浇注速度太快，金属液充型过程中气体来不及逸出易产生气孔，同时金属液的动压力增大，易冲坏砂型或产生抬箱、跑火等缺陷。浇注速度应根据铸件的大小、形状决定。浇注开始时，浇注速度应慢些，利于减小金属液对型腔的冲击和气体从型腔排出；随后浇注速度加快，以提高生产速度，并避免产生缺陷；结束阶段再降低浇注速度，防止发生抬箱现象。

(3) 浇注的操作：浇注前应估算好每个铸型需要的金属液量，安排好浇注路线，浇注时应注意挡渣。浇注过程中应保持外浇口始终充满，这样可防止熔渣和气体进入铸型。

浇注时在砂型出气口、冒口处引火燃烧，促使气体快速排出，防止铸件气孔和减少有害气体污染空气；浇注过程中不能断流，应始终使外浇口保持充满，以便熔渣上浮。

5.3.4 铸造实训

1. 训练目的

(1) 掌握进行手工整模、分模、挖砂等造型的操作技能。

(2) 熟悉合金浇注的方法。

(3) 能对简单铸件进行初步的工艺分析。

2. 设备及工具

(1) 设备：制备型砂时将型砂各组成物以要求的比例加入专用混砂机中干混 2～3min，再加入适量的水混碾 5～15min 后出砂，堆放 2～4h 使水分均匀后使用，常用的混砂机如图 5-11 所示。

型砂的性能可用专用仪器检测。在现场通常凭经验用手检测，如图 5-12 所示。

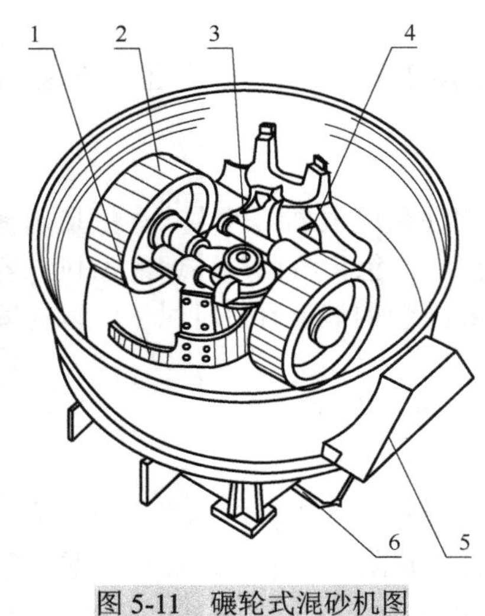

图 5-11　碾轮式混砂机图

1-刮板；2-碾轮；3-主轴；4-卸料门；5-电源防护罩；6-拉杆

（a）型砂湿度适中可用手捏成团

（b）手放开后轮廓清晰

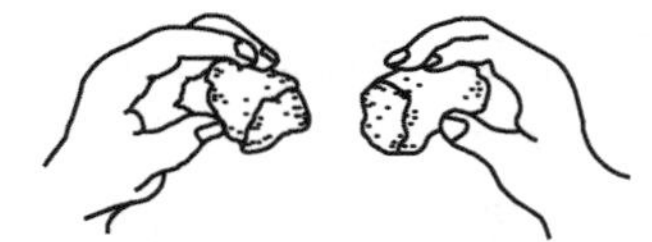

（c）折断时有一定强度，断口没有碎裂

图 5-12　手捏法检查型砂

(2)主要造型工具：常用砂型手工造型工具如图 5-13 所示，有砂箱、刮砂板、舂砂锤、浇口棒、通气针等。

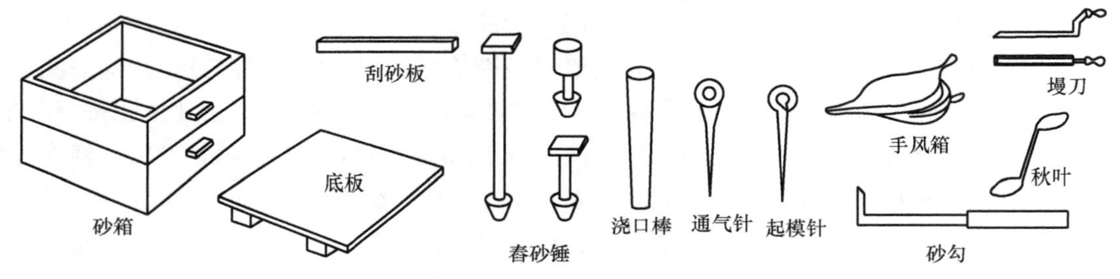

图 5-13　造型工具

3. 训练内容及步骤

1)整模造型

(1)操作训练。

独立完成简单的整模造型，能正确使用造型工具，合理选择分型面，设置浇注系统和初步的修型能力。

(2)操作要点。

①模样放置：擦净模样→确定浇注位置和起模方向→以模样的长宽高选择砂箱大小→放置模样。

②填砂与舂砂：用面砂将模样四周包严塞紧→填充型砂(厚 50～70mm/次)→舂实并均匀，既使型砂均匀，又有足够的强度和透气，以避免气孔和塌箱(舂实应内紧外松)。

③撒分型砂：为避免上、下砂型黏结，在造上砂型前，应在分型面上撒一层很薄的分型砂。

④扎通气孔：上砂型应在舂实刮平后扎通气孔。扎通气孔应分布均匀，深度适当。

⑤开外浇口：外浇口与直浇道连接处应圆滑过渡。

⑥划合型线：为确保合型正确，在开型前，应在砂箱外壁上作出最少两个以上的合箱线。

⑦起模：起模前用毛刷在模样四周的型砂上刷适量的水，以增加型砂强度；起模时将起

模针钉在模样的重心，轻轻敲击模针钉，在模样与砂型松动后，再将模样垂直向上拔出，速度已不损坏砂型为宜，通常是先慢后快。

⑧修型：修补砂型应足遵循先上后下的原则进行。

⑨合型：合型前首先应在型腔内壁刷一层涂料或撒石墨粉，清理型腔内的落砂，检查型芯位置。合型时，上砂箱缓慢水平下降，按定位装置或定位线准确定位。

2)分模造型

(1)操作训练：独立完成中等复杂铸件的分模造型。

(2)操作要点：①分模面通常和分型面重合。所以，造型时模样分别放置在上、下砂箱内。

②模样在分模面上有定位，其定位孔在下半模，定位销在上半模。

③先造下砂箱，再造上砂箱。

④合型应准确，以免产生错箱缺陷。

3)挖砂造型

(1)操作训练：独立完成手轮的挖砂造型。

(2)操作要点：①造下砂箱，在分型面上挖去阻碍起模部分多余的砂。

②挖出模样的最大截面，整型、修光。

③造上砂箱。

④检查、合型。

4)活块与刮板造型

由指导老师进行现场演示。

5)铸件浇注

(1)浇包。

常用浇包如图 5-14 所示，手提浇包容量为 15～20kg，由 1 人拿着浇注；抬包为 25～100kg，由 2～6 人抬着浇注；吊包大于 200 kg，由吊车浇注。

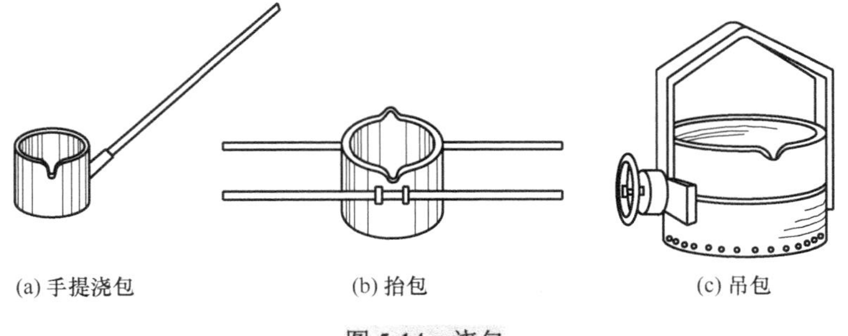

(a) 手提浇包　(b) 抬包　(c) 吊包

图 5-14　浇包

(2)浇注工艺。

①浇注前的准备。对浇包、浇注工具要认真清理、修补、刷好涂料，使用前应充分预热烘干。检查浇注现场，做好准备工作，消除安全隐患。

②浇注过程要求。包括对温度、速度、除渣和引气的要求。

浇注温度：应根据合金材料的种类、铸造方法、铸件大小等因素进行选择。温度过高或过低都会造成铸造缺陷，影响铸件质量。灰铸铁浇注温度一般为 1200～1380 摄氏度。

浇注速度：根据铸造方法、铸件大小、形状等决定。一般在型腔快充满时要放慢速度。

除渣和引气：铸型需要的金属液量在浇注前估算好，安排好浇注路线，浇注时应注意挡渣。浇注过程中应保持外浇口始终充满，这样可防止溶渣和气体进入铸型造成铸造缺陷。

③浇注结束工作。包括对铸件落砂、清理和修理等。

铸件落砂：砂箱分开的操作即为落砂。一般在铸件冷却后进行。

铸件清理：清除铸件表面的粘砂、冒口、飞边和氧化皮等。

铸件修理：用錾子、锉刀、砂轮打磨机等修理飞翅、毛刺、浇冒口等痕迹。

5.4 锻　造

锻造是一种利用外力使金属产生塑性变形，使其改变形状、尺寸和内部组织，获得型材或锻压件的加工方法。经过锻造后的坯料内部消失了孔洞和疏松，金属晶体结构发生了改变。碳化物和某些金属元素、纤维组织分布均匀、密度提高。由于金属的组织得到改善，强度和冲击韧性显著提高，同时锻造成形还具有节省材料、提高生产率的特点。例如，齿轮、机床主轴、汽车曲轴、起重机吊钩等都是以锻件为毛坯加工的。用于锻造的金属必须具有良好的塑性。金属的塑性越好，变形抗力越小，其可锻性越好。锻造所用的材料通常采用可锻性较好的中碳钢和低合金钢。

按所用的设备和工(模)具的不同，锻造可分为自由锻造、胎模锻造和模型锻造等。根据锻造温度不同，锻造可分为热锻、温锻和冷锻三种，其中热锻应用最为广泛。除了少数具有良好塑性的金属在常温下锻造成形，大多数金属均需通过加热来提高塑性和降低变形抗力，达到用较小的锻造力来获得较大的塑性变形称为热锻。热锻的工艺过程包括下料、坯料加热、锻造成形、锻件冷却和热处理等过程。

锻造生产是机械制造行业中提供毛坯的重要途径之一。锻造在国民生产中占有很高的地位，在国防工业、机床制造业、电力工业、农业等方面应用非常广泛。

5.4.1 锻造设备

在锻造生产中，根据热源的不同，分为火焰加热和电加热。前者利用烟煤、重油或煤气燃烧时产生的高温火焰直接加热金属，后者是利用电能转化为热能加热金属。火焰炉包括手锻炉、反射炉等，在锻工实习中常用的是手锻炉。手锻炉常用烟煤作燃料，其结构简单，容易操作，但生产率低，加热质量不稳定，对操作者经验要求高，对环境污染大。在锻工实习中常用的是电阻炉。

1. 加热炉

在工业生产中，锻造加热炉有很多种，如明火炉、反射炉、室式重油炉等，也可采用电能加热。

1)反射炉

反射炉又称为煤炉，以煤炭、焦炭粉为燃料。图 5-15 所示为燃煤反射炉结构示意图，燃烧室 1 产生的高温炉气翻过耐火墙 2 进入加热室 3 加热坯料 4，废气经烟道 7 排出，鼓风机 6 将换热器 8 中经预热的空气送入燃烧室 1，坯料 4 从炉门 5 装取。

优点：时间短、升温快、操作简单、灵活方便、锻件可局部加热，加热室面积大，加热温度均匀，质量较好，生产率高，适用于中小批量生产。

缺点：工作中产生烟雾，鼓风机噪声大，有粉尘、污染环境、温度不容易控制。

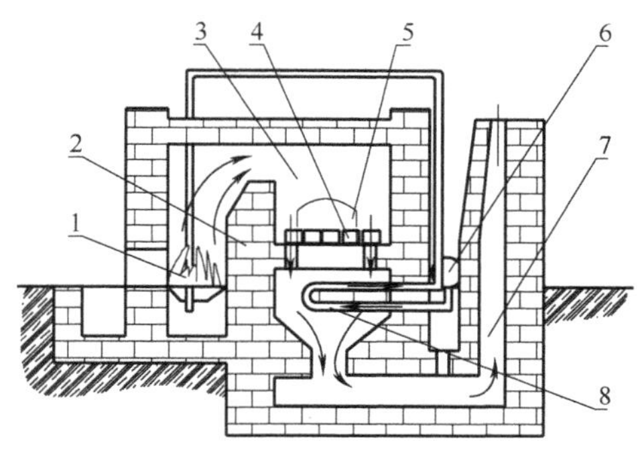

图 5-15　反射炉结构

1-燃烧室；2-耐火墙；3-加热室；4-坯料；5-炉门；6-鼓风机；7-烟道；8-换热器

2）电阻炉

电阻炉是利用电能转换为热能的传热原理对坯料进行加热。电加热是一种比较先进的方法，因电阻炉的外形为箱式结构故称箱式炉。图 5-16 为箱式电阻加热炉。

优点：结构简单，操作方便，炉温易控制，坯料氧化较小，加热质量好，坯料加热温度适应范围较大，无烟雾、粉尘和噪声，利于环保。

缺点：耗电量大，升温慢，热效率较低，适合于自由锻或模锻合金钢、有色金属坯料的单件或成批件的加热。

电加热包括电阻加热、接触加热和感应加热。接触加热是利用大电流通过金属坯料产生的电阻热加热，适合于模锻坯料的大批量加热。感应加热通过交流感应线圈产生交变磁场，使置于线圈中的坯料产生涡流损失和磁滞损失热而升温加热，适合于模锻或热挤压高合金钢、有色金属的大批量件的加热。

3）油炉

油炉如图 5-17 所示，重油和压缩空气分别由两个管道送入喷嘴 4，压缩空气从喷嘴 4 喷出时，所造成的负压将重油带出并喷成雾状，在炉膛 1 内燃烧。煤气炉与重油炉区别是喷嘴的结构不同。

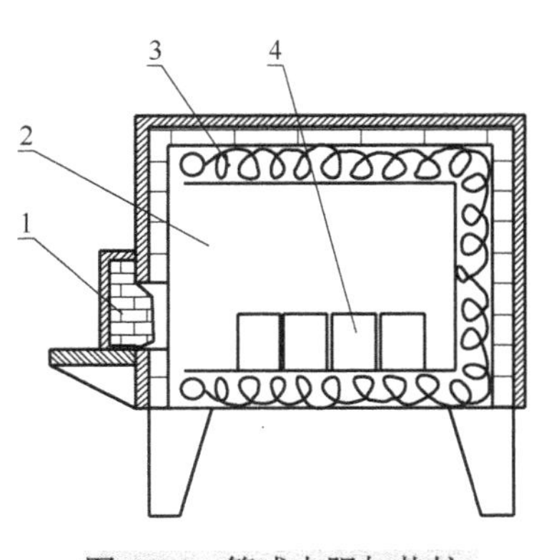

图 5-16　箱式电阻加热炉

1-炉门；2-炉膛；3-电热组件；4-坯料

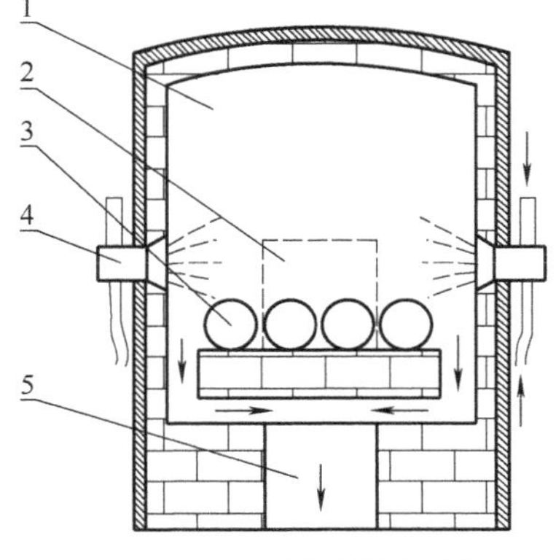

图 5-17　油炉

1-炉膛；2-炉门；3-坯料；4-喷嘴；5-烟道

2. 空气锤

空气锤是生产小型锻件及胎模锻造的常用设备。空气锤的规格是以落下部分(包括工作活塞、锤头和上砧铁)的质量表示。常用的有 65kg、75kg、100kg、150kg、250kg 等，其结构外形如图 5-18(a)所示，工作原理如图 5-18(b)所示。

1)结构组成

空气锤由锤身、压缩缸、工作缸、传动机构、操纵机构、落下部分及砧座等组成。锤身和压缩缸及工作缸铸成一体。砧座部分包括下砥铁、砧垫和砧座。传动机构包括带轮、齿轮减速装置、曲柄和连杆。操纵机构包括手柄(或踏杠)、连接杠杆、上旋阀、下旋阀。在下旋阀中还装有一个只允许空气作单向流动的逆止阀。落下部分包括工作活塞、锤杆和上砥铁(即锤头)。

2)工作原理

电动机 13 通过减速机构 12 带动曲柄连杆机构转动，曲柄连杆机构把电动机的旋转运动转化为压缩活塞 9 的上下往复运动，压缩活塞通过上下旋阀 8 将压缩空气压入工作缸 7 的下部或上部，推动落下部分的升降运动，实现锤头对锻件的打击。

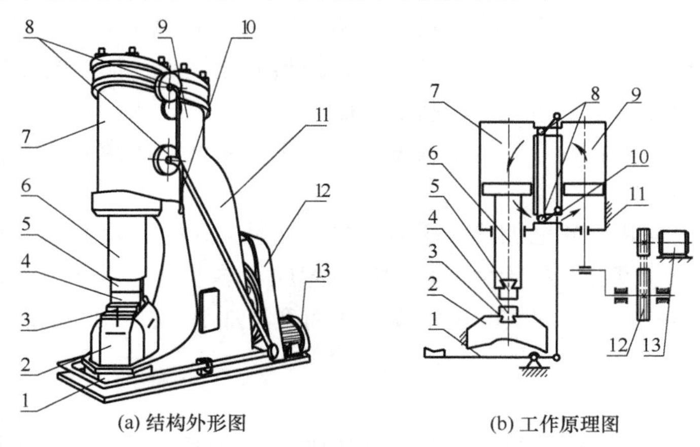

图 5-18　空气锤结构外形与工作原理图

1-踏杆；2-砧座；3-砧垫；4-下砥铁；5-上砥铁；6-锤头；7-工作气缸；8-上、下旋阀；9-压缩气缸；10-手柄；11-锤身；12-减速机构；13-电动机

3)空气锤的操作

通过踏杆或手柄操纵配气机构(上、下旋阀)，空气锤可实现空转、悬空、压紧、连续打击和单次打击等操作。

(1)空转：转动手柄，上、下旋阀的位置使压缩缸的上下气道与大气连通，压缩空气不进入工作缸，而是排入大气中，压缩活塞空转。

(2)悬空：上旋阀的位置使工作缸和压缩缸的上气道都与大气连通，当压缩活塞向上运行时，压缩空气排入大气中，而活塞向下运行时，压缩空气经由下旋阀，冲开一个防止压缩空气倒流的逆止阀，进入工作缸下部，使锤头始终悬空。悬空的目的是便于检查尺寸、更换工具、清洁整理等。

(3)压紧：上、下旋阀的位置使压缩缸的上气道和工作缸的下气道都与大气连通，当压缩活塞向上运行时，压缩空气排入大气中，而当活塞向下运行时，压缩缸下部空气通过下旋阀并冲开逆止阀，转而进入上下旋阀连通道内，经由上旋阀进入工作缸上部，使锤头向下压紧锻件。与此同时，工作缸下部的空气经由下旋阀排入大气中。压紧工件可进行弯曲、扭转等操作。

(4) 连续打击：上、下旋阀的位置使压缩缸和工作缸都与大气隔绝，逆止阀不起作用。当压缩活塞上下往复运动时，将压缩空气不断压入工作缸的上下部位，推动锤头上下运动，进行连续打击。

(5) 单次打击：由连续打击演化出单次打击。即在连续打击的气流下，手柄迅速返回悬空位置，打一次即停。单打不易掌握，初学者要谨慎对待，手柄稍不到位，单打就会变为连打，此时若翻转或移动锻件易出事故。

5.4.2　锻造工艺

1. 坯料加热

对坯料加热的目的是提高坯料的塑性并降低变形抗力，以改善其锻造性能。通常，坯料随着温度的升高，金属材料的强度降低而塑性提高，变形抗力下降，用较小的变形力就能使坯料稳定地改变形状而不出现破裂。

坯料在开始锻造时，所允许的最高加热温度，称为该材料的始锻温度。加热温度高于始锻温度，会使锻件质量下降，甚至造成废品。

材料终止锻造的温度，称为该材料的终锻温度。低于终锻温度继续锻造，由于塑性变差，变形抗力大，不仅难以继续变形，且易锻裂，必须及时停止锻造，重新加热。

每种金属材料，根据其化学成分的不同，始锻和终锻温度都是不一样的。

金属材料的锻造温度范围一般可查阅相关锻造手册，国家标准或企业标准。常用钢材的锻造温度范围见表 5-2。

表 5-2　常用钢材的锻造温度范围　(℃)

材料种类	始锻温度	终锻温度	锻造温度范围
低碳钢	1200～1250	800	450
中碳钢	1150～1200	800	400
碳素工具钢	1050～1150	750～800	300～350
合金结构钢	1150～1200	800～850	350
低合金工具钢	1100～1150	850	250～300
高速钢	1100～1150	900	200～250
铝合金	450～500	350～380	100～120
铜合金	800～900	650～700	150～200

金属加热的温度可用仪表来测量，也可以通过经验观察加热毛坯的火色来判断，即火色鉴定法。碳素钢加热温度与火色的关系见表 5-3。

表 5-3　钢加热到各种温度范围的颜色　(℃)

热颜色	始锻温度	热颜色	始锻温度	热颜色	始锻温度	热颜色	始锻温度
黑　色	小于 600	樱红色	750～800	橙红色	900～1050	亮黄色	1150～1250
暗红色	650～750	橘红色	800～900	深黄色	1050～1150	亮白色	1250～1300

在加热过程中，由于加热时间、炉内温度扩散气氛、加热方式等选择不当，坯料可能产生各种加热缺陷，影响锻件质量。金属在加热过程中可能产生的缺陷有氧化、脱碳、过热、过烧和裂纹。

(1) 氧化：钢料表面的铁和炉气中的氧化性气体发生化学反应，生成氧化皮，这种现象称为氧化。氧化造成金属烧损，每加热一次，坯料因氧化而烧损的量占总质量的 2%～3%，严重的会造成锻件表面质量下降，模锻时加剧锻模的损耗。

减少氧化的措施：在保证加热质量的前提下，应尽量采用快速加热，并避免坯料在高温下停留时间过长。此外还应控制炉气中的氧化性气体，如严格控制送风量或采用中性、还原性气体加热。

(2) 脱碳：加热时，金属坯料表层的碳在高温下与氧或氢产生化学反应而烧损，造成金属表层碳的降低，这种现象称为脱碳。脱碳后，金属表层的硬度与强度会明显降低，影响锻件质量。减少脱碳的方法与减少氧化的措施相同。

(3) 过热：当坯料加热温度过高或高温下保持时间过长时，其内部组织会迅速变粗，这种现象称为过热。过热组织的力学性能变差，脆性增加，锻造时易产生裂纹，所以应当避免产生。如锻后发现过热组织，可用热处理(调质或正火)方法使晶粒细化。

(4) 过烧：当坯料的加热温度过高到接近熔化温度时，其内部组织间的结合力将完全失去，这时坯料锻打会碎裂成废品，这种现象称为过烧。过烧的坯料无法挽救，避免发生过烧的措施是严格控制加热温度和保温时间。

(5) 裂纹：对于导热性较差的金属材料如采用过快的加热速度，将引起坯料内外的温差过大，同一时间的膨胀量不一致而产生内应力，严重时会导致坯料开裂。为防止产生裂纹，应严格制定和遵守正确的加热规范(包括入炉温度、加热速度和保温时间等)。

2. 锻件冷却

锻件在锻后的冷却方式对锻件的质量有一定影响。冷却太快，会使锻件发生翘曲，表面硬度提高，内应力增大，甚至会发生裂纹，使锻件报废。锻件的冷却是保证锻件质量的重要环节。冷却的方法有三种。

(1) 空冷：在无风的空气中，放在干燥的地面上自然冷却。

(2) 坑冷：在充填有石棉灰、沙子或炉灰等绝热材料的坑中冷却。

(3) 炉冷：在 500～700℃的加热炉中，随炉缓慢冷却。

一般地，锻件中的碳元素及合金元素含量越高，锻件体积越大，形状越复杂，冷却速度越要缓慢，否则会造成硬化、变形甚至裂纹。

3. 锻后热处理

锻件在切削加工前，一般都要进行热处理。热处理的作用是使锻件的内部组织进一步细化和均匀化，消除锻造残余应力，降低锻件硬度，利于切削加工等。常用的锻后热处理方法有正火、退火和球化退火等。具体的热处理方法和工艺要根据锻件材料种类和化学成分而定。

5.4.3 自由锻造和模锻

1. 自由锻

自由锻是将加热状态的毛坯在锻造设备的上、下砧铁之间施加外力进行塑性变形，金属在变形时可朝各个方向自由流动不受约束。自由锻可分手工自由锻(手锻)和机器自由锻(机锻)两大类。

优点：工艺灵活，使用的工具比较简单，设备和工具的通用性强，成本低，广泛用于单件、小批量零件的生产。

缺点：锻件精度较低，加工余量大，劳动强度大，生产率低，对操作工人的技术水平要求高。

自由锻的基本工序分为基本工序、辅助工序和精整工序。基本工序是实现锻件基本成形的工序，如镦粗、拔长、冲孔、弯曲、切割等，其中，镦粗、拔长、冲孔是实际生产中最常用的 3 个基本工序；基本工序前要有做准备的辅助工序，如压钳口、压肩、钢锭倒棱等；基本工序后要有修整形状的精整工序，如滚圆、摔圆、平整和校直等。

1)镦粗

如图 5-19 所示，镦粗是使坯料截面增大，高度减小的锻造工序，有整体镦粗和局部镦粗两种。整体镦粗是将坯料直立在下砧上进行锻打，使其沿整个高度产生高度减小。局部镦粗分为端部镦粗和中间镦粗，需要借助于工具，例如，胎模或漏盘(或称垫环)来进行。常用来生产盘类件毛坯，如齿轮坯、法兰盘等。圆钢镦粗下料的高径比要满足 H_0/D_0=2.5～3，坯料太高，镦粗时会发生侧弯或双鼓变形，锻件易产生夹黑皮折叠而报废。

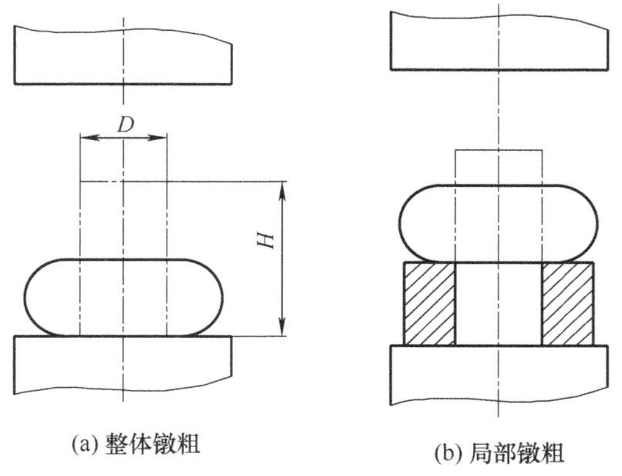

图 5-19 整体镦粗和局部镦粗

2)拔长

拔长是使坯料长度增加、横截面减少的锻造工序。常用来生产轴类件毛坯，如车床主轴、连杆等。操作中还可以进行局部拔长、芯轴拔长等。

(1)送进：拔长时，每次的送进量 L 应为砧宽 B 的 0.3～0.7，若 L 太大，则金属横向流动多，纵向流动少，拔长效率反而下降。若 L 太小，又易产生夹层，如图 5-20 所示。

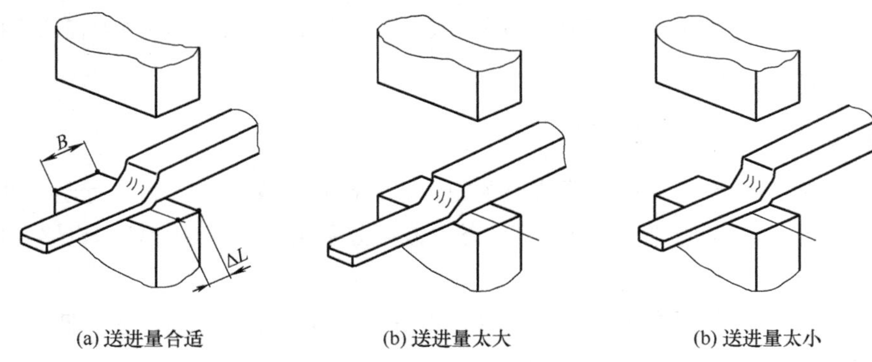

图 5-20　拔长时的送进量

(2)翻转：拔长过程中应作 90° 翻转，除了图 5-21 所示按数字顺序进行的两种翻转方法，还有螺旋式翻转拔长方法。为便于翻转后继续拔长，压下量要适当，应使坯料横截面的宽度与厚度之比不要超过 2.5，否则易产生折叠。

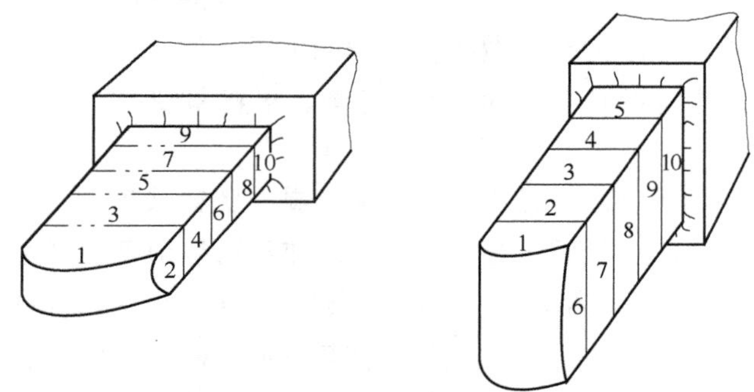

图 5-21　拔长时锻件的翻转方法

(3)锻打：将圆截面的坯料拔长成直径较小的圆截面时，必须先把坯料锻成方形截面，在拔长到边长接近锻件的直径时，再锻成八角形，最后打成圆形，如图 5-22 所示。

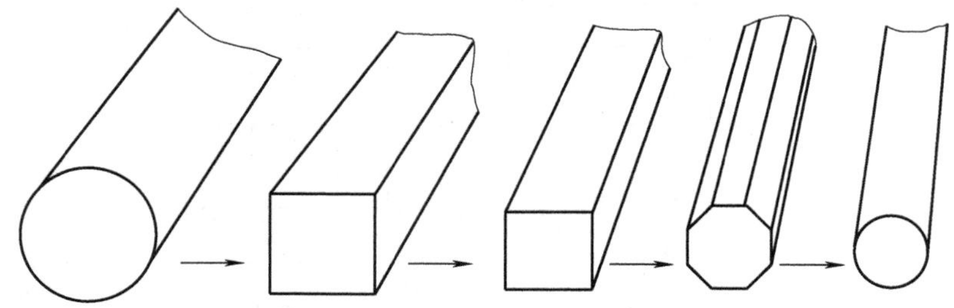

图 5-22　圆截面坯料拔长时横截面的变化

3) 冲孔

在坯料上冲出通孔或不通孔的工序称为冲孔。冲孔分双面冲孔和单面冲孔，如图 5-23 和图 5-24 所示。单面冲孔适用于坯料较薄场合。

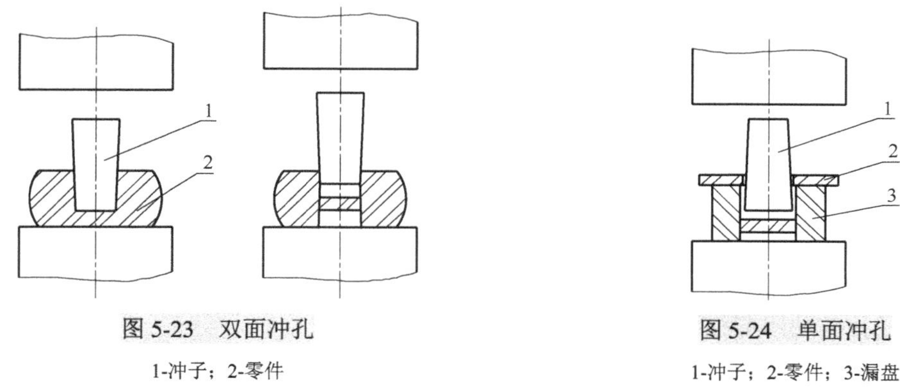

图 5-23　双面冲孔

1-冲子；2-零件

图 5-24　单面冲孔

1-冲子；2-零件；3-漏盘

4) 弯曲

将坯料加热后弯成一定角度、弧度或异形的工序称为弯曲。

5) 切割

将锻件从坯料上分割下来或切除锻件的工序称为切割，如图 5-25 所示。自由锻造的基本工序还有扭转、错移等。

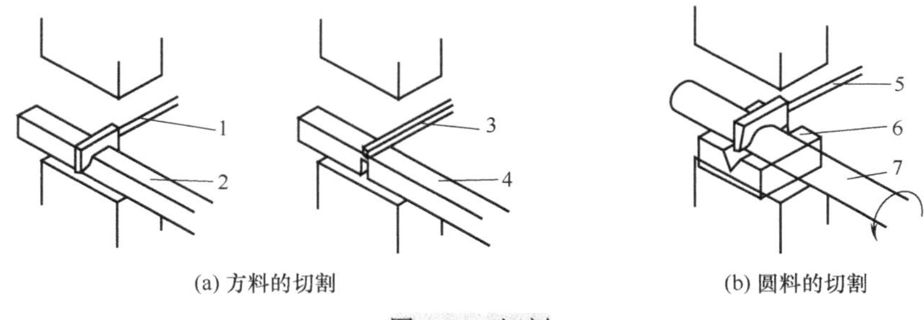

(a) 方料的切割　　(b) 圆料的切割

图 5-25　切割

1、5-垛刀；2、4、7-零件；3-克棍；6-垛垫

2. 模锻

模型锻造简称模锻。模锻是在高强度模具材料上加工出与锻件形状一致的模膛(即制成锻模)，然后将加热后的坯料放在模膛内受压变形，最终得到和模膛形状相符的锻件。模锻与自由锻相比有以下特点。

(1) 能锻造出形状比较复杂的锻件。

(2) 模锻件尺寸精确，表面粗糙度值较小，加工余量小。

(3) 生产率高。

(4) 模锻件比自由锻件节省金属材料，减少切削加工工时。此外，在批量足够的条件下可降低零件的成本。

(5) 劳动条件得到一定改善。

但是，模锻生产受到设备吨位的限制，模锻件的尺寸不能太大。此外，锻模制造周期长，成本高，所以模锻适合于中小型锻件的大批量生产。

按所用设备不同，模锻可分为胎模锻、锤上模锻及压力机上模锻等。

5.4.4　锻造实训

1. 训练目的

(1) 掌握简单自由锻的镦粗、拔长、冲孔的操作技能。

(2) 能通过观察火色判断钢件温度。

(3) 对自由锻件进行初步的工艺分析。

(4) 掌握板料冲压的操作。

2. 设备及工具

1) 设备

空气锤、电阻加热炉、冲床。

2) 自由锻工具

自由锻工具按其功用可分为以下几种。

(1) 支持工具：铁砧、花砧，常用铸钢制成，如图 5-26(a) 所示。

(2) 打击工具：大锤、手锤等，如图 5-26(b) 所示。

(3) 辅助工具：置于打击工具和支持工具之间，如图 5-26(c) 所示。

(4) 夹持工具：各种钳子，分别以钳口形状命名。

(5) 测量工具：卡钳、角尺、直尺等。

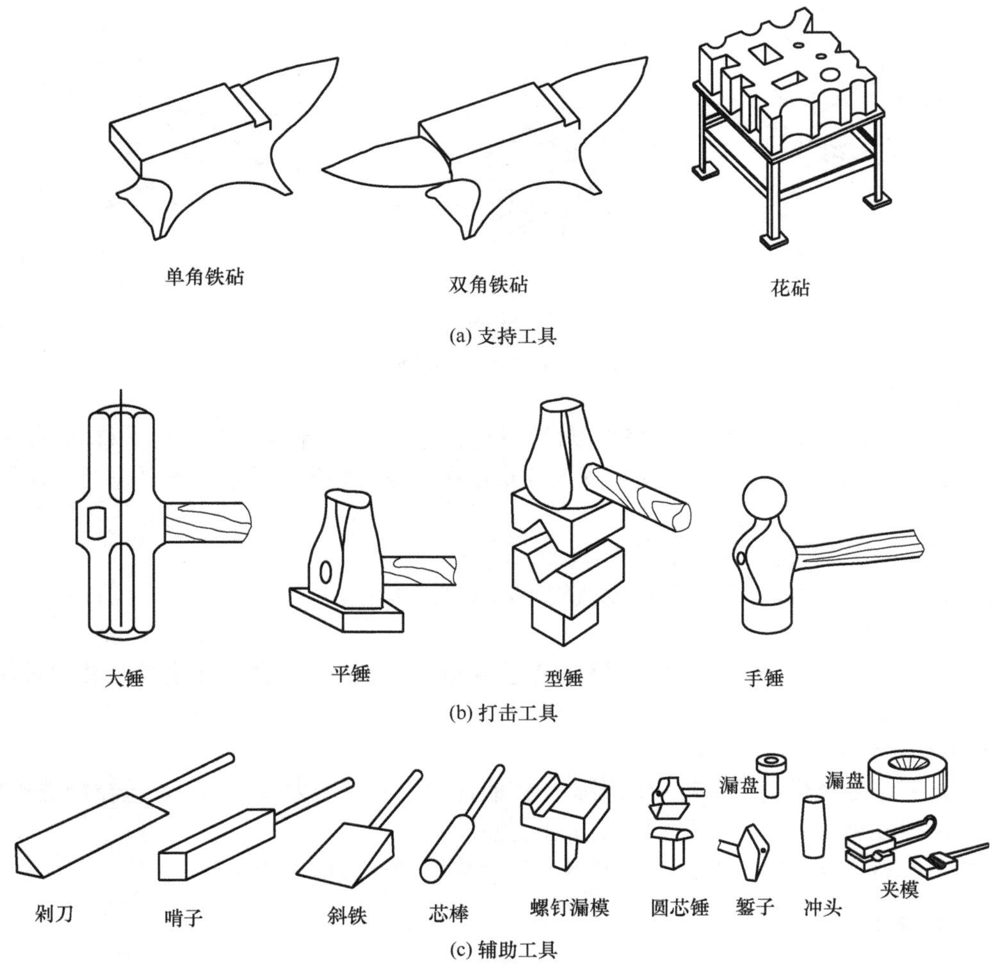

图 5-26　常用自由锻工具

3. 训练内容及步骤

1) 镦粗操作练习

镦粗是降低坯料高度，增加截面面积的操作，训练时应注意以下几点。

(1) 坯料的高径比，即坯料的高度 H_0 和直径 D_0 之比，应不大于 2.5～3。高径比过大的坯料容易镦弯或造成双鼓形，甚至发生折叠现象而使锻件报废。

(2) 为防止镦歪，坯料的端面应平整并与坯料的中心线垂直，端面不平整或不与中心线垂直的坯料，镦粗时要用钳子夹住，使坯料中心与锤杆中心线一致。

(3) 镦粗过程中如发现镦歪、镦弯或出现双鼓形应及时矫正。

(4) 局部镦粗时要采用相应尺寸的漏盘或胎模等工具。

2) 拔长操作练习

拔长是减小坯料截面面积，增加长度的操作，主要进行以下工作。

(1) 送进。

(2) 翻转。

(3) 锻打。

(4) 锻制台阶或凹档。要先在截面分界处压出凹槽，称为压肩。

(5) 修整。拔长后要进行修整，以使截面形状规则。修整时坯料沿砥铁长度方向(纵向)送进，以增加锻件与砥铁间的接触长度和减少表面的锤痕。

3) 冲孔操作练习

冲孔是在坯料上锻制出通孔的操作。

(1) 冲孔前，坯料应先镦粗，以尽量减小冲孔深度。

(2) 为保证孔位正确，应先试冲，即用冲子轻轻压出凹痕，如有偏差，可加以修正。

(3) 冲孔过程中应保证冲子的轴线与锤杆中心线(即锤击方向)平行，以防将孔冲歪。

(4) 一般锻件的通孔采用双面冲孔法冲出，即先从一面将孔冲至坯料厚度 3/4～2/3 的深度再取出冲子，翻转坯料，从反面将孔冲透。

(5) 为防止冲孔过程中坯料开裂，一般冲孔孔径要小于坯料直径的 1/3。大于坯料直径的 1/3 的孔，要先冲出一较小的孔。然后采用扩孔的方法达到所要求的孔径尺寸。常用的扩孔方法有冲头扩孔和芯轴扩孔。冲头扩孔利用扩孔冲子锥面产生的径向分力将孔扩大，芯轴扩孔实际上是将带孔坯料沿切向拔长，内外径同时增大，扩孔量几乎不受什么限制，最适于锻制大直径的薄壁圆环件。

4) 自由锻工艺规程制定

(1) 绘制锻件图。

(2) 确定变形工艺。

(3) 计算坯料质量及尺寸。

(4) 选择锻造设备和工具。

(5) 确定锻造温度范围和加热、冷却及热处理规范。

(6) 提出锻件技术要求及验收要求。

(7) 填写工艺卡等。

5) 典型自由锻件工艺训练

六角螺母毛坯的自由锻造步骤见表 5-4，其主要变形工序为局部镦粗和冲孔。

表 5-4　六角螺母毛坯的自由锻造步骤

锻件名称	六角螺母	锻 件 图		
工艺类别	自由锻造	3×60°；$\phi70\pm2(\phi60)$；$96^{+5}_{+3}(96)$；$\phi40^{+2}_{+5}(\phi38)$；$20^{+2}_{+1}(18)$；$60^{+3}_{+1}(60)$		
锻件材料	45 钢			
锻造设备	65kg 空气锤			
坯料尺寸	$\phi50\times169$			
坯料质量	2.6kg			
火次	工序名称	工 序 简 图	工 具	操 作 方 法
第一次 800～1150℃	1. 局部镦粗	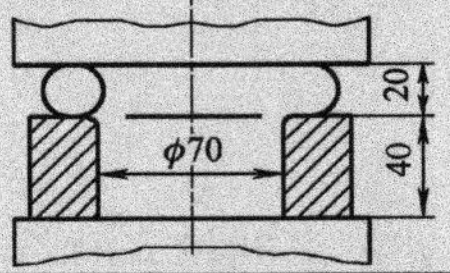 $\phi70$；20；40	镦粗漏盘、抱钳	漏盘高度和内径尺寸要符合要求；局部镦粗高度控制在 20mm
	2. 修整	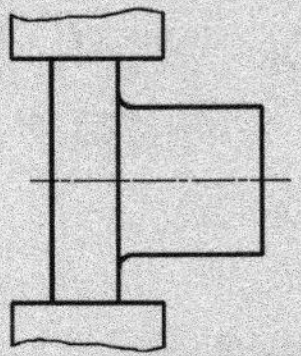	抱钳	将镦粗造成的鼓形修平
第二次 800～1150℃	3. 冲孔	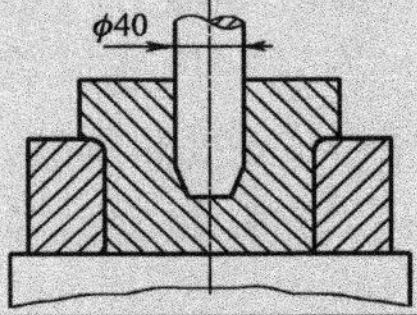 $\phi40$	镦粗漏盘、冲子	冲孔时套上镦粗漏盘，以防径向尺寸涨大；采用双面冲孔，冲孔时孔位要对正
第三次 800～1150℃	4. 锻六边形	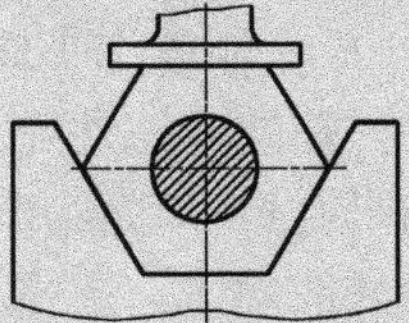	冲子、抱钳、平锤	冲子操作注意轻击，随时用样板测量
	5. 罩圆倒角	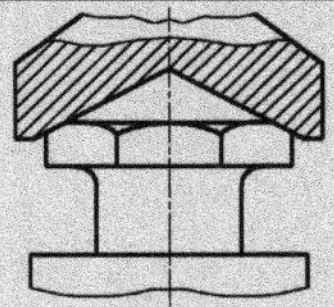	罩圆窝子	罩圆窝子要对正，注意轻击
	6. 精整	略		检查及精整各尺寸

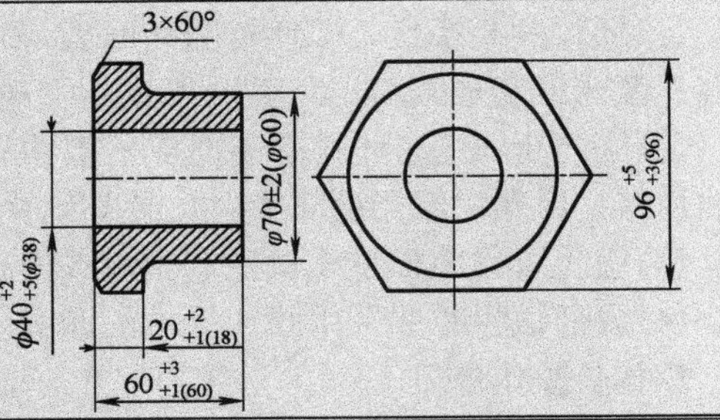

5.5 焊　　接

焊接是指通过适当的物理化学过程如加热、加压等使两个分离的物体产生原子(分子)间的结合力而连接成一体的连接方法。到目前为止，焊接的基本方法分为以下 3 大类：

熔焊——将连接的两构件的接合面加热熔化成液体，通过冷却结晶连成一体的焊接方法。

常见的熔焊方法有气焊、电弧焊、高能焊等。

压焊——在焊接过程中，对焊件施加一定的压力，同时采取加热或不加热的方式，完成零件连接的焊接方法。如摩擦焊、扩散焊、电阻焊等。

钎焊——采用比母材熔点低的金属材料作钎料，加热到高于钎料熔点而低于母材熔点的温度，利用液态钎料润湿母材，填充接头间隙并与母材相互扩散而实现连接的方法。

焊接具有省料、省工、成本低，生产率高，结构重量轻等优点，其工艺简单，能以小拼大。与铆接相比，采用焊接工艺制造的金属结构重量轻、材料省、周期短、成本低。此外，焊接件连接性能好，焊接接头的力学性能(强度、塑性)耐高温、低温、高压性能和导电性、耐腐蚀性、耐磨性、密封性等均可达到与母材性能一致。但焊接结构无可拆性，焊接时局部加热，焊接接头的组织和性能与母材相比会发生变化，易产生焊接残余应力、焊接变形和焊接裂纹等缺陷，焊接缺陷的隐蔽性易导致焊接结构的意外破坏。

焊接是金属加工的一种重要工艺，广泛应用于机械制造、造船业、石油化工、汽车制造、桥梁、锅炉、航空航天、原子能、电子电力、建筑等领域。

5.5.1　电弧焊设备

1. 焊机类型

手工电弧焊又称手弧焊、焊条电弧焊，是用手工操纵焊条进行焊接的一种电弧焊。如图 5-27 所示，焊接前将焊件和焊条分别接到焊接电源的两极，并用焊钳夹持焊条，焊接时，使焊条与焊件瞬时接触(短路)，随即提到一定距离(2～4mm)就引燃了电弧，于是焊条与焊件接头处在电弧热的作用下被熔化成熔池。随着电弧沿着焊缝向前移动不断产生新的熔池，而留在后面的熔池金属开始冷却结晶成焊缝，从而将两焊件牢固地连接在一起。

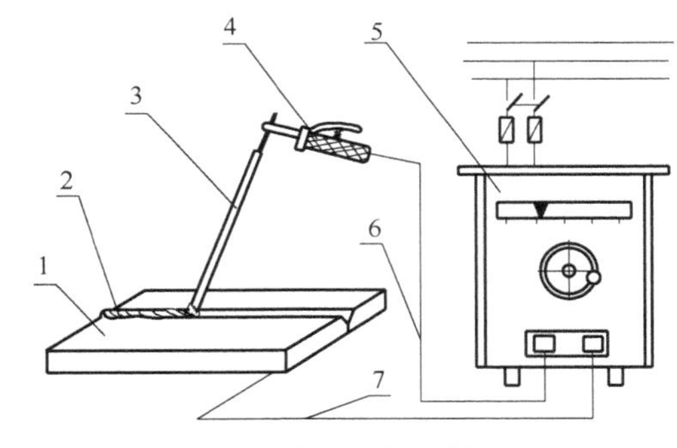

图 5-27　焊接连线

1-零件；2-焊缝；3-焊条；4-焊钳；5-焊接电源；6-手线；7-地线

手工电弧焊的主要设备是手弧焊机，它是产生焊接电弧的电源。电弧焊机按其供给的电流种类不同可分为交流弧焊机和直流弧焊机。

1) 交流弧焊机

交流弧焊机如图 5-28 所示，它是一种特殊的降压变压器，又称弧焊变压器。它将电网输入的交流电变成适宜于电弧焊的交流电。此类焊接电源通过增大主回路电感量来获得下降特性，其中有一种方式是增强变压器本身的漏磁，形成漏磁感抗。弧焊变压器中可调感抗除用以获得下降特性外，还有稳定焊接电弧和调节焊接电流的作用。

2) 直流弧焊机

直流弧焊机如图 5-29 所示，常用的直流弧焊机有两类，一类是直流弧焊发电机，它坚固耐用，工作电流稳定，但由于制造成本高，效率低，消耗电能大，噪声大，故用电动机驱动的弧焊发电机已趋于淘汰。另一类是弧焊整流器，其结构相当于在交流弧焊机上加上整流器(如硅整流器)，它将交流电变成直流电输出，既弥补了交流电焊机稳定性不好的缺点，又比直流弧焊发电机结构简单，消除了噪声。

图 5-28　交流弧焊机

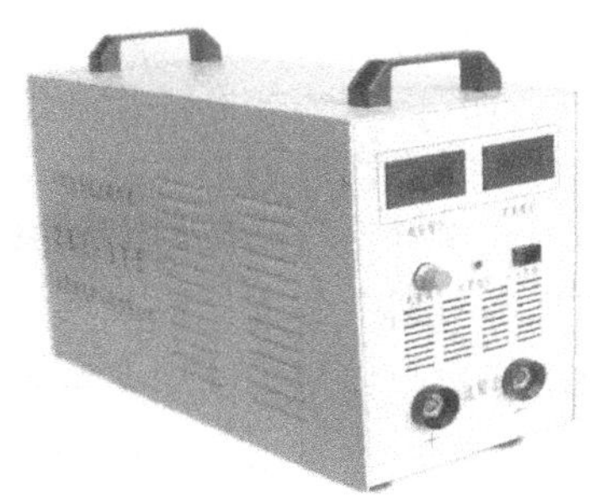

图 5-29　直流弧焊机

2. 电弧焊机的组成及功能

根据焊接方法和生产自动化水平，电弧焊机可以是以下一个或数个部分的组成。①弧焊电源是对焊接电弧提供电能的一种装置，为电弧焊机主要组成部分，能够直接用于焊条电弧焊；②送丝系统；③行走机构；④控制系统。

3. 焊条及选用原则

焊条电弧焊所用的焊接材料是焊条，焊条主要由焊芯和药皮两部分组成，如图 5-30 所示。

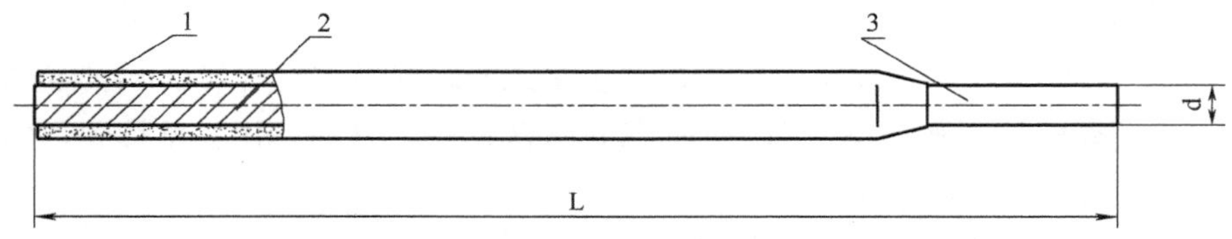

图 5-30　焊条结构

1-药皮；2-焊芯；3-焊条夹持部分

焊芯一般是一个具有一定长度及直径的金属丝。焊接时，焊芯有两个功能：一是传导焊接电流，产生电弧；二是焊芯本身熔化作为填充金属与熔化的母材熔合形成焊缝。药皮的作用是改善焊条工艺性、提高焊缝的力学性能、保护熔池和焊缝金属。焊芯用来导电，并作填充剂。

焊条药皮的组成主要有稳弧剂、造气剂、造渣剂、脱氧剂、合金剂、黏接剂和增塑剂等。其主要成分有矿物类、铁合金、有机物和化工产品。

焊条分结构钢焊条、耐热钢焊条、不锈钢焊条、铸铁焊条等十大类。

焊条选用原则如下。

(1) 遵循等强度原则：焊条与母材必须具有相同的抗拉强度等级。

(2) 同成分原则：焊条与母材应该具有相同或相近的化学成分。

5.5.2　电弧焊工艺

选择合适的焊接工艺参数是获得优良焊缝的前提，并直接影响劳动生产率。焊条电弧焊工艺是根据焊接接头形式、零件材料、板材厚度、焊缝焊接位置等具体情况制定，包括焊条牌号、焊条直径、电源种类和极性、焊接电流、焊接电压、焊接速度、焊接坡口形式和焊接层数等内容。

焊条型号应主要根据零件材质选择，并参考焊接位置情况决定。电源种类和极性又由焊条牌号而定。焊接电压取决于电弧长度，它与焊接速度对焊缝成形有重要影响作用，一般由焊工根据具体情况灵活掌握。

1. 焊缝的空间位置

在实际生产中，焊缝可以在空间的不同位置施焊。对接接头的各种焊接位置如图 5-31 所示，其中以平焊位置最为合适。平焊时操作方便，劳动条件好，生产率高，焊缝质量容易保证；立焊、横焊位置次之；仰焊位置最差。

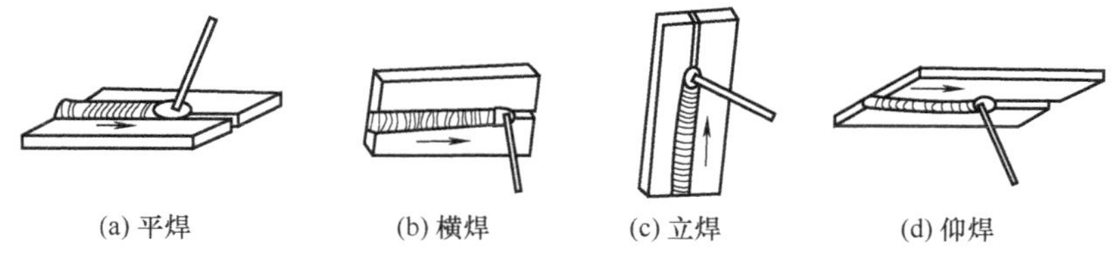

(a) 平焊　(b) 横焊　(c) 立焊　(d) 仰焊

图 5-31　焊缝的空间位置

2. 焊接接头形式

焊接接头是指用焊接的方法连接的接头，它由焊缝、熔合区、热影响区及其邻近的母材组成。根据接头的构造形式不同，可分为对接接头、搭接接头、角接接头、T 形接头等几种类型，如图 5-32 所示。卷边接头用于薄板焊接。

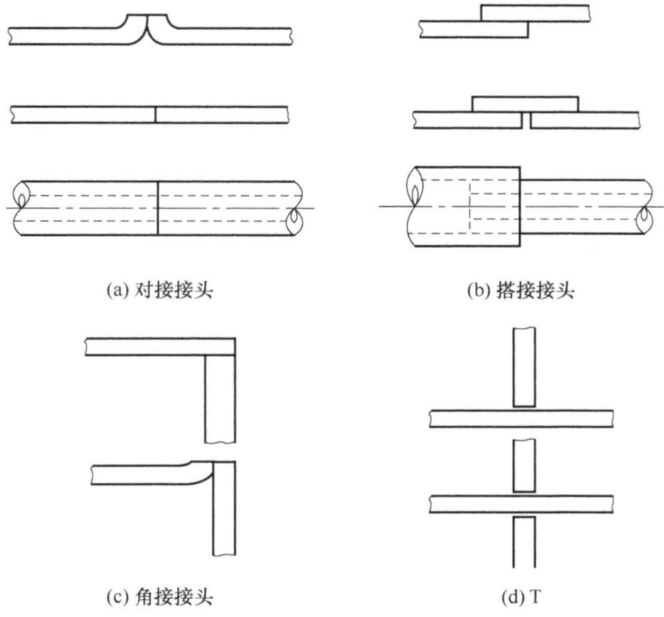

(a) 对接接头　(b) 搭接接头　(c) 角接接头　(d) T

图 5-32　焊条电弧焊接头形式

3. 接坡口形式

熔焊接头焊前加工坡口，其目的在于使焊接容易进行，电弧能沿板厚熔敷一定的深度，保证接头根部焊透，并获得良好的焊缝成形。

坡口形式有 I 形坡口、V 形坡口、U 形坡口、双 V 形坡口、J 形坡口等多种。常见焊条电弧焊接头的坡口形状和尺寸如图 5-33 所示。

对焊件厚度小于 6 mm 的焊缝，可以不开坡口或开 I 形坡口；中厚度和大厚度板对接焊，为保证熔透，必须开坡口。V 形坡口便于加工，但零件焊后易发生变形；X 形坡口可以避免 V 形坡口的一些缺点，同时可减少填充材料；U 形及双 U 形坡口，其焊缝填充金属量更小，焊后变形也小，但坡口加工困难，一般用于重要焊接结构。

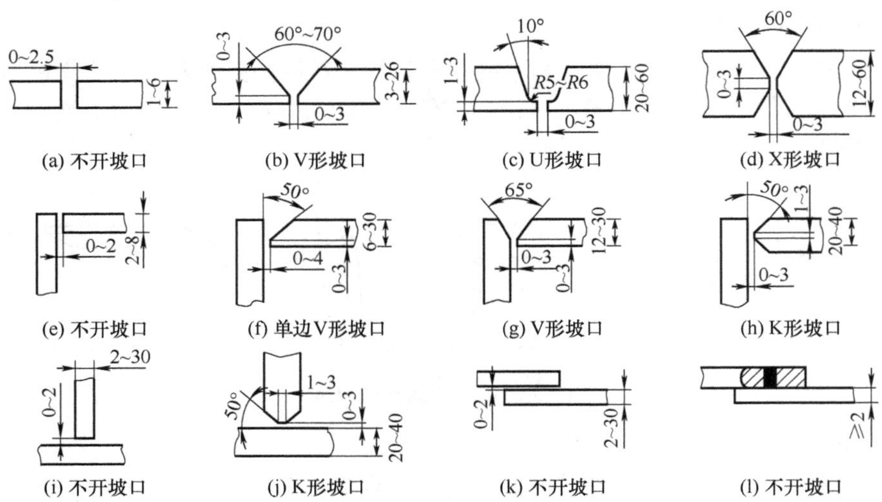

图 5-33　焊接坡口形式

4. 焊条直径、焊接电流

一般焊件的厚度越大，选用的焊条直径 d 应越大，如表 5-5 所示。同时可选择较大的焊接电流，以提高工作效率。

表 5-5　焊条直径与板厚的关系　（单位：mm）

焊件厚度	＜4	4～8	9～12	＞12
焊条直径	≤板厚	3.2～4	4～5	5～6

在中厚板零件的焊接过程中，焊缝往往采用多层焊或多层多道焊完成。焊缝层数视焊件厚度而定。中、厚板一般都采用多层焊。焊缝层数多些，有利于提高焊缝金属的塑性、韧性，但层数增加，焊件变形倾向亦增加，应综合考虑后确定。对质量要求较高的焊缝，每层厚度最好不大于 4～5mm。

低碳钢平焊时，焊条直径 d 和焊接电流 I 的对应关系有经验公式作参考。

平焊时，焊接电流可根据下列经验公式初选：

$$I=(35\sim55)d$$

式中，I 为焊接电流，A；d 为焊条直径，mm。

立焊、仰焊、横焊时的焊接电流应比平焊电流小 10%～20%。碱性焊条使用的焊接电流应比酸性焊条小些，不锈钢焊条使用的焊接电流应比结构钢焊条的小些。

5.5.3　气焊与气割

气焊和气割是利用气体火焰热量进行金属焊接和切割的方法，在金属结构件的生产中被大量应用。

1. 气焊与气割的基本原理

气焊和气割所使用的气体火焰是由可燃性气体和助燃气体混合燃烧而形成的，根据其用途，气体火焰的性质有所不同。

1) 气焊

气焊是利用气体火焰加热并熔化母体材料和焊丝的焊接方法。与电弧焊相比，其优点如下：

(1) 气焊不需要电源，设备简单；

(2) 气体火焰温度比较低，熔池容易控制，易实现单面焊双面成形，并可以焊接很薄的材料。

(3) 在焊接铸铁、铝及铝合金、铜及铜合金时焊缝质量好。

气焊也存在热量分散，接头变形大，不易自动化，生产效率低，焊缝组织粗大，性能较差等缺陷。

气焊常用于薄板的低碳钢、低合金钢、不锈钢的对接、端接，在熔点较低的铜、铝及其合金的焊接中仍有应用，焊接需要预热和缓冷的工具钢、铸铁也比较适合。

2) 气割

气割是利用气体火焰将金属加热到燃点，由高压氧气流使金属燃烧成熔渣且被排开，以实现零件切割的方法。气割工艺是一个金属加热、燃烧和吹除的循环过程。

金属的气割必须满足下列条件。

(1) 金属的燃点低于熔点。

(2) 金属燃烧放出较多的热量，且本身导热性较差。

(3) 金属氧化物的熔点低于金属的熔点。

满足这些条件的有纯铁、低碳钢、低合金钢、中碳钢。

而熔点低于燃点的铸铁、熔点与燃点接近的高碳钢不宜气割，不锈钢、铜、铝及其合金因其氧化物的熔点高于金属的熔点，难以进行气割。

3) 气体火焰

气焊和气割用于加热及燃烧金属的气体火焰是由可燃性气体和助燃气体混合燃烧而形成。助燃气体使用氧气，可燃性气体种类很多，最常用的是乙炔和液化石油气(煤气)。

气焊主要采用氧 O_2—乙炔 C_2H_2 火焰，氧—乙炔火焰如图 5-34 所示，在两者的混合比不同时，可得到以下三种不同性质的火焰。

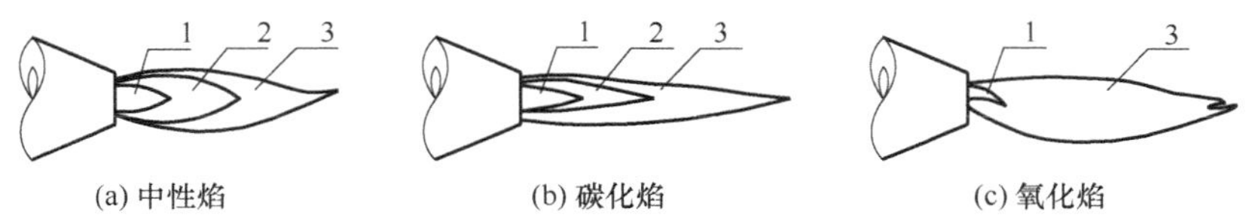

图 5-34　氧—乙炔火焰

1-焰心；2-内焰；3-外焰

(1) 中性焰。氧气与乙炔气的体积之比为 1.0～1.2。中性焰由白亮的焰心以及内焰和外焰组成。焰心端部之外 2～4 mm 处的温度最高，可达 3150℃。焊接时，应使熔池和焊丝处于内焰的此高温点处加热。由于内焰是由 H_2 和 CO 组成的，能保护熔池金属不受空气的氧化和氮化，因此一般都应用中性焰进行焊接。

中性焰应用最广，低碳钢、中碳钢、低合金钢、不锈钢、紫铜、锡青铜、铝及铝合金、镁合金等气焊都适用中性焰。

(2) 碳化焰。氧气与乙炔气的体积之比略低于 1.0。碳化焰长而无力，焰心轮廓不清，温度较中性焰稍低，通常可达 2700～3000℃。碳化焰常用于高碳钢、铸铁及硬质合金的焊接；但不能用于低、中碳钢的焊接，原因是火焰中乙炔气燃烧不完全，会使焊缝增碳而变脆。

碳化焰适用于气焊高碳钢、铸铁、高速钢、硬质合金、铝青铜等。

(3) 氧化焰。氧气与乙炔气的体积之比略高于 1.2。氧化焰短小有劲，焰心呈锥形，温度较中性均稍高，可达 3100～3300℃。氧化焰对熔池金属有较强的氧化作用，由于火焰具有氧化性，焊接碳钢易产生气体，并出现熔池沸腾现象，很少用于焊接，一般不宜采用。

实际应用中，只在焊接黄铜、镀锌铁板时才采用轻微氧化焰。

2. 气焊

气焊工艺包括气焊设备使用、气焊工艺规范制定、气焊操作技术、气焊焊接材料选择等方面的内容。

气焊设备由氧气瓶、氧气减压器、乙炔发生器(或乙炔瓶和乙炔减压器)、回火防止器、焊炬和气管组成，如图 5-35 所示。

(1) 氧气瓶。氧气瓶是运送和贮存高压氧气的容器，其容积为 40L，工作压力为 15MPa。按照规定，氧气瓶外表漆成天蓝色，并用黑漆标明“氧气”字样。保管和使用时应防止沾染油污；放置时必须平稳可靠，不应与其他气瓶混在一起；不许曝晒、火烤及敲打，以防爆炸。使用氧气时，不得将瓶内氧气全部用完，最少应留 100～200kPa，以便在再装氧气时吹除灰尘和避免混进其他气体。

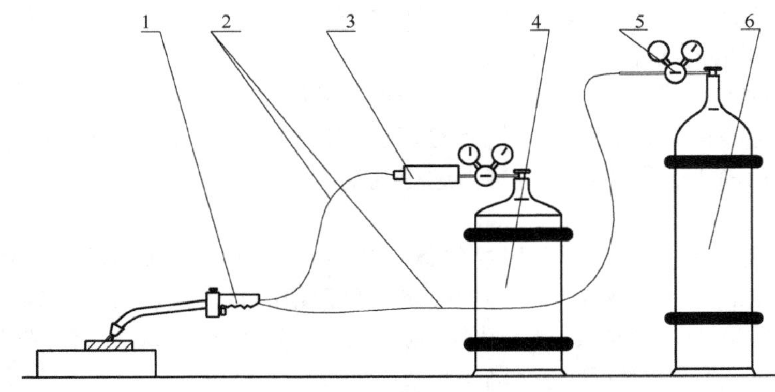

图 5-35　气焊设备组成

1-焊炬；2-气管；3-回火保险器；4-乙炔发生器；5-减压器；6-氧气瓶

(2) 减压器。用于将气瓶中的高压氧气或乙炔气降低到工作所需要的低压，并能保证在气焊过程中气体压力基本稳定。通常，气焊时所需的工作压力一般都比较低，如氧气压力一般为 0.2～0.4MPa，乙炔压力最高不超过 0.15MPa。

(3) 乙炔瓶。乙炔瓶是贮存和运送乙炔的容器，常用的乙炔瓶公称容积为 40L，工作压力为 1.5MPa。其外形与氧气瓶相似，外表漆成白色，并用红漆写上“乙炔”“不可近火”等字样。在瓶体内装有浸满丙酮的多孔性填料，可使乙炔稳定而又安全地贮存在瓶内。使用乙炔瓶时，除应遵守氧气瓶使用要求外，还应该注意：瓶体的温度不能超过 30～40℃；搬运、装卸、存放和使用时都应竖立放稳，严禁在地面上卧放并直接使用，一旦要使用已卧放的乙炔瓶，须先直立后静止 20min，再接乙炔减压器后使用；不能遭受剧烈的震动。

(4) 回火保险器。在气焊或气割过程中，当气体压力不足、焊嘴堵塞、焊嘴太热或焊嘴离焊件太近时，会发生火焰沿着焊嘴回烧到输气管的现象，称为回火。回火防止器是防止火焰向输气管路或气源回烧而引起爆炸的一种保险装置。

(5) 焊炬。其功用是将氧气和乙炔按一定比例混合，以确定的速度由焊嘴喷出，进行燃烧以形成具有一定能率和性质稳定的焊接火焰。按乙炔气进入混合室的方式不同，焊炬可分成射吸式和等压式两种。最常用的是射吸式焊炬，其构造如图 5-36 所示。工作时，氧气从喷嘴以很高速度射入射吸管，将低压乙炔吸入射吸管，使两者在混合管充分混合后，由焊嘴喷出，点燃即成焊接火焰。

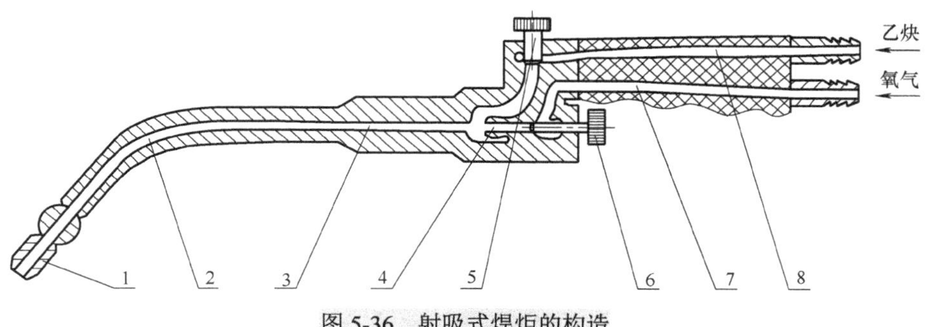

图 5-36　射吸式焊炬的构造

1-焊嘴；2-混合管；3-射吸管；4-喷嘴；5-乙炔阀；6-氧气阀；7-氧气导管；8-乙炔导管

(6) 气管氧气橡皮管为黑色，内径为 8 mm，工作压力是 1.5 MPa；乙炔橡皮管为红色，内径为 10 mm，工作压力是 0.5 MPa 或 1.0 MPa。橡皮管长一般 10～15 m。

3. 气割

气割的设备除了用割炬代替焊炬外，其他与气焊相同。

气割是利用某些金属在纯氧中燃烧的原理来实现金属切割的方法。气割时打开割炬上的预热氧和乙炔阀门，利用氧-乙炔火焰将被切割金属预热到燃点，再打开高压氧气流，使金属在高温纯氧中剧烈燃烧并放热，借助氧气流的压力将切割处形成的氧化物吹走，形成较平整的切口。

气割是低碳钢和低合金钢切割中使用最普遍的方法。高碳钢、铸铁、不锈钢、铝、铜及铜合金不宜进行气割。

割炬也分为射吸式割炬和等压式割炬两种。

(1) 射吸式割炬：其结构如图 5-37 所示，预热火焰的产生原理同射吸式焊炬，另外切割氧气流经切割氧气管，由割嘴的中心通道喷出，进行气割。割嘴形式最常用的是环形和梅花形，其构造如图 5-38 所示。

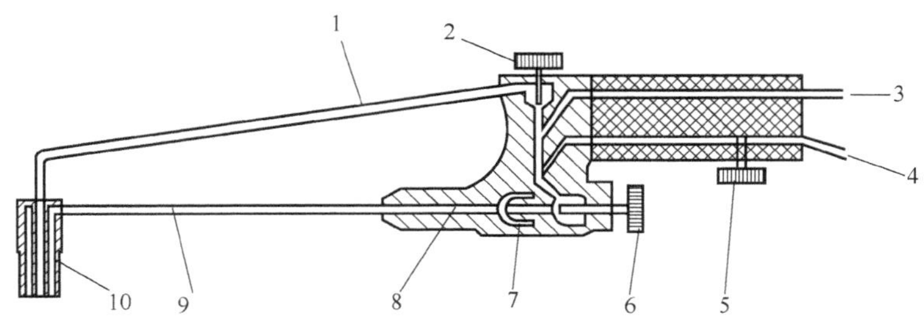

图 5-37　射吸式割炬结构

1-切割氧气管；2-切割氧气阀；3-氧气；4-乙炔；5-乙炔阀；6-预热氧气阀；7-喷嘴；8-射吸管；9-混合气管；10-割嘴

(2) 等压式割炬：其构造如图 5-39 所示，靠调节乙炔的压力实现它与预热氧气的混合，产生预热火焰，要求乙炔源压力在中压以上。切割氧气流也是由单独的管道进入割嘴并喷出。

5.5.4　焊接实训

1. 训练目的

(1) 掌握手工电弧平焊的操作，进行引弧、运条及调节电流大小。

(2) 熟悉气焊点火、灭火、火焰调整和平焊操作。

(3) 掌握气割操作技术。

2. 设备及工具

交流弧焊机、焊钳、焊条、氧气、乙炔、焊炬、割炬等。

3. 训练内容及步骤

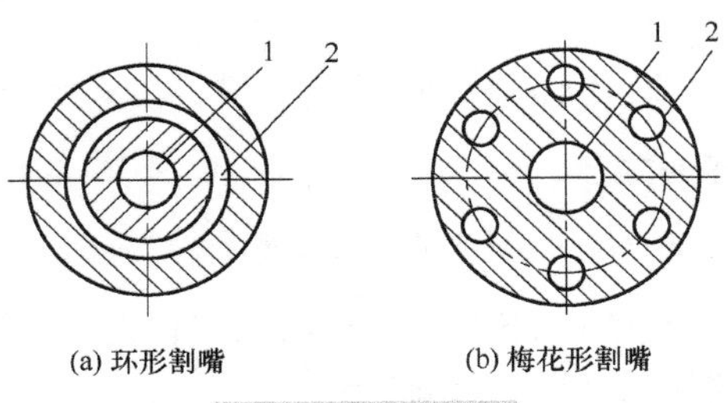

图 5-38　割嘴构造

1-切割氧孔道；2-混合气孔道

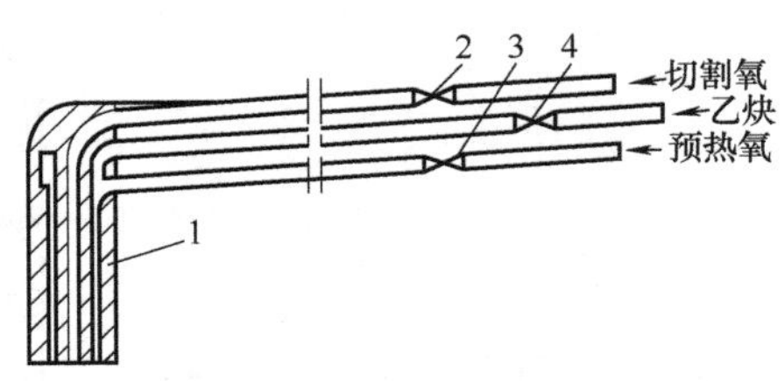

图 5-39　等压式割炬构造

1-割嘴；2-切割氧阀；3-预热氧阀；4-乙炔阀

1) 焊条电弧焊训练

(1) 引弧方法。焊接电弧的建立称引弧，焊条电弧焊有两种引弧方式：划擦法和直击法。

划擦法操作是在焊机电源开启后，将焊条末端对准焊缝，并保持两者的距离在 15 mm 以内，依靠手腕的转动，使焊条在零件表面轻划一下，并立即提起 2～4 mm，电弧引燃，然后开始正常焊接。

直击法是在焊机开启后，先将焊条末端对准焊缝，然后稍点一下手腕，使焊条轻轻撞击零件，随即提起 2～4 mm，就能使电弧引燃，开始焊接。

(2) 运条操作。运条包括控制焊条角度、焊条送进、焊条摆动和焊条前移，如图 5-40 所示。运条技术的具体运用根据零件材质、接头形式、焊接位置、焊件厚度等因素决定。

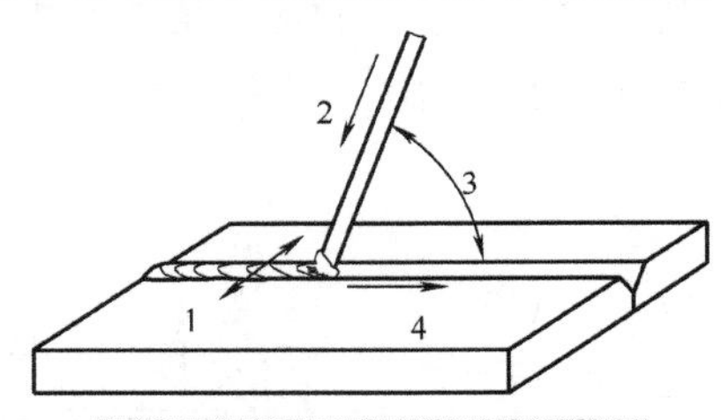

图 5-40　焊条运动和角度控制

1-横向摆动；2-送进运动；3-焊条与零件夹角 70°～80°；4-焊条前移

常见的焊条电弧焊运条方法如图 5-41 所示，直线形运条方法适用于板厚 3～5 mm 的不开坡口对接平焊；锯齿形运条法多用于厚板的焊接；月牙形运条法对熔池加热时间长，容易使熔池中的气体和熔渣浮出，有利于得到高质量焊缝；斜三角形同正三角形运条法类似，正三角形运条法适合于不开坡口的对接接头和 T 字接头的立焊；圆圈形运条法适合于焊接较厚零件的平焊缝。

(3) 焊缝的起头、接头和收尾。焊缝的起头是指焊缝起焊时的操作，在引弧后将电弧稍微拉长，对零件起焊部位进行适当预热，并且多次往复运条，达到所需要的熔深和熔宽后再调到正常的弧长进行焊接。

在完成一条长焊缝焊接时，往往要消耗多根焊条，这里就有前后焊条更换时焊缝接头的问题。为不影响焊缝成形，保证接头处焊接质量，更换焊条的动作越快越好，并在接头弧坑前约 15mm 处起弧，然后移到原来弧坑位置进行焊接。

焊缝的收尾是指焊缝结束时的操作。焊条电弧焊一般熄弧时都会留下弧坑，过深的弧坑会导致焊缝收尾处缩孔、产生弧坑应力裂纹。焊缝的收尾操作时，应保持正常的熔池温度，做无直线运动的横摆点焊动作，逐渐填满熔池后再将电弧拉向一侧熄灭。此外还有三种焊缝收尾的操作方法，即划圈收尾法、反复断弧收尾法和回焊收尾法，在实践中常用。

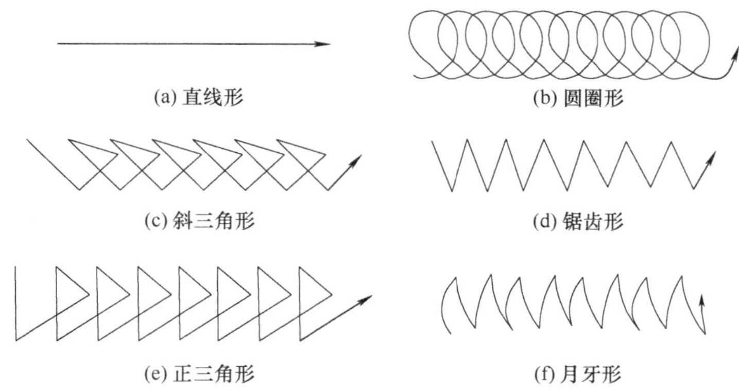

图 5-41　常见焊条电弧焊运条方法

(4) 手工电弧焊操作。在两块 5 mm×200mm 厚的钢板上，在平焊位置焊接一条长度为 200mm 的直焊缝，要求规范正确的选择电焊机电流、焊条等参数工作。

(5) 结果分析。包括电弧稳定性、焊缝外观成形、焊透与咬边、焊缝中的气孔等缺陷分析。

2) 气焊训练

(1) 选择焊丝和焊剂。气焊材料主要有焊丝和焊剂。焊丝有碳钢焊丝、低合金钢焊丝、不锈钢焊丝、铸铁焊丝、铜及铜合金焊丝、铝及铝合金焊丝等种类，焊接时根据零件材料对应选择，达到焊缝金属的性能与母材匹配的效果。在焊接不锈钢、铸铁、铜及铜合金、铝及铝合金时，为防止因氧化物而产生的夹杂物和熔合困难，应加入焊剂。一般将焊剂直接撒在焊件坡口上或蘸在气焊丝上。在高温下，焊剂与金属熔池内的金属氧化物或非金属夹杂物相互作用生成熔渣，覆盖在熔池表面，以隔绝空气，防止熔池金属继续氧化。

(2) 准备。点火时首先打开氧气阀门，再开启乙炔阀门，用打火机在割嘴点火，调节氧气阀门大小，改变氧气和乙炔的混合比，得到不同的火焰。然后按焊接要求调节好火焰的性质即可进行焊接作业了。

当火焰熄灭时，首先关闭可燃气体，即灭火时应先关闭乙炔阀门，后关闭氧气阀门。

注意：若顺序颠倒先关闭氧气调节阀，会冒黑烟或产生回火！

(3) 气焊操作。在 2～5mm 厚的钢板上，气焊一条长度为 100mm 的直焊缝，要求按照规范正确的选择气焊材料、点火、调整火焰等参数工作。

① 左焊法和右焊法。左焊法。焊接方向是自左向右运行，火焰热量较集中，并对熔池起到保护作用，适用于焊接厚度大、熔点较高的零件，但操作难度大，一般采用较少。

右焊法。焊接方向是自右向左运行，由于焊接火焰与零件有一定的倾斜角度，所以熔池较浅，适用于焊接薄板，因右焊法操作简单，应用普遍。

② 焊炬运走。气焊操作一般左手拿焊丝，右手持焊炬。焊接过程中，焊炬除沿焊接方向前进外，还应根据焊缝宽度作一定幅度的横向运动，如在焊薄板卷边接头时做小锯齿形或小斜圆形运动、不开坡口对接接头焊接时做圆圈运动等。

③ 焊丝运走。焊丝运走除随焊炬运动外，还有焊丝的送进。平焊位焊丝与焊炬的夹角可

在 90° 左右，焊丝要送到熔池中，与母材同时熔化。至于焊丝送进速度、摆动形式或点动送进方式须根据焊接接头形式、母材熔化等具体情况决定。

(4) 结果分析。焊缝外观成形、焊透与咬边、焊缝中的气孔等缺陷，并分析填入实习报告。

3) 气割训练

(1) 气割方法。切割开始前，清除零件切割处及附近的油污、铁锈等杂物，零件下面留出一定的空间，以利于氧化渣的排出；切割时，先点燃火焰，调整成中性焰或轻微氧化焰进行预热，将起割处金属加热到接近熔点温度，再打开切割氧进行气割；切割结束后，先关闭切割氧，再关闭乙炔，最后关闭预热氧，将火焰熄灭。

要求学生独立完成以下气割训练：在 2～5mm 厚的钢板上，完成三条长度为 200mm 的切割，要求按照规范正确的选择气割材料、点火、调整火焰等参数工作。

(2) 切割规范。切割规范包括切割氧气压力、切割速度、预热火焰能率、切割倾角、割嘴与零件表面间距等。当零件厚度增加时，应增大切割氧压力和预热火焰能率，适当减小切割速度；而氧气纯度提高时，可适当降低切割氧压力，提高切割速度。切割氧气压力、切割速度、预热火焰能率三者的选择适合保证切口整齐。切割倾角如图 5-42 所示，其选择根据具体情况而定，机械切割和手工曲线切割时，割嘴与零件表面垂直；在手工切割 30 mm 以下零件时，采用 20°～30° 的后倾角；切割 30 mm 以上零件时，先采用 5°～10° 的前倾角，割穿后，割嘴垂直于零件表面，快结束时，采用 5°～10° 的后倾角。控制割嘴与零件的距离，使火焰焰心与零件表面的距离为 3～5 mm。

(3) 气割训练。工作时，先点燃预热火焰，调到中性焰，使工件的切割边缘加热到金属的燃烧点（黄白色，约 13000℃），然后打开切割氧气阀门（压力＞0.4MPa）进行切割。

气割必须从工件的边缘开始。如果要在工件的中部挖割内腔，则应在开始气割处先钻一个大于 $\phi 5$ 的孔，以便气割时排出氧化物，并使氧气流能吹到工件的整个厚度上。在批量生产时，气割工作可在切割机上进行。割炬能沿着一定的导轨自动作直线、圆弧和各种曲线运动，准确地切割出所要求的工件形状。

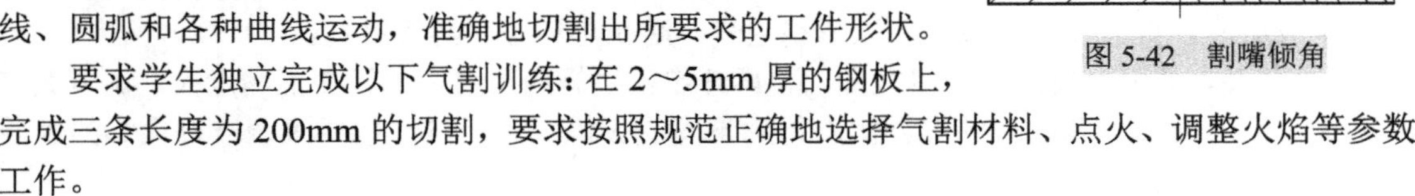

图 5-42　割嘴倾角

要求学生独立完成以下气割训练：在 2～5mm 厚的钢板上，完成三条长度为 200mm 的切割，要求按照规范正确地选择气割材料、点火、调整火焰等参数工作。

(4) 结果分析。割口外观变形等优缺点，填入实习报告。

复习思考题

5-1　铸造中常用的手工造型方法有哪几种？

5-2　常用的锻造设备有哪几种？

5-3　焊接的基本方法分为哪几大类？

5-4　氧—乙炔火焰有哪几种类型？说明它们的特征和应用范围。

5-5　气割金属必须满足的条件是什么？

第 6 章　机械 CAD/CAM 技术

6.1　概　　述

1. CAD/CAM 的基本概念

计算机辅助设计(Computer Aided Design，CAD)和计算机辅助制造(Computer Aided Manufacturing，CAM)，是计算机技术在机械制造领域中应用的两个主要方面。由于 CAD 和 CAM 是紧密联系和互相影响的两个阶段，CAD 的输出结果常常作为 CAM 的输入信息。因此，在发展过程中 CAD 和 CAM 很自然地结合起来，并逐渐趋于集成，构成了一体化的 CAD/CAM 系统，简称为 CAD/CAM。

在机械设计与制造领域，CAD 是一种现代化设计方法。CAD 是使用计算机来辅助一项机械产品设计的建立、修改、分析和优化。即整个机械产品设计工作先由设计人员构思，再利用计算机进行产品的二维、三维数学建模，然后根据产品的功能和性能要求进行产品的相关计算与分析、各种设计方案比较以及优化设计，以获得满意的机械产品设计结果。

机械产品的 CAD 系统应能完成以下工作：零件的几何建模设计、部件的装配设计、零件图及部件装配图设计、零件的有限元分析、各台微机之间的零部件数据(包括图形)交换等。具体来说，其主要功能如下。

(1) 造型功能。

(2) 二维图形与三维图形的相互转换功能。

(3) 参数化设计功能。

(4) 图形处理功能。

(5) 三维运动机构的分析和仿真功能。

(6) 物体质量特征计算功能。

(7) 有限元分析功能。

(8) 数据处理与数据交换功能。

对于 CAM 的定义有狭义的和广义的两个。狭义的 CAM 指利用计算机进行数控加工程序编制，包括刀具路径规划、刀位文件生成、刀具轨迹仿真及数控(Numerical Control，NC)代码生成等。广义的 CAM 指利用计算机辅助完成从生产准备到产品制造整个过程的活动，如零件加工的 NC 编程、计算机辅助工艺设计(Computer Aided Processing Planning，CAPP)、计算机辅助测试(Computer Aided Test，CAT)、计算机辅助生产计划编制(Computer Aided Production Planning Simulation，PPS)，以及计算机辅助生产管理(Computer Aided Production Management，CAPM)。此外，还包括制造活动中与物流有关的所有过程(加工、装配、检验、存储、输送)的监视、控制和管理。本书涉及的 CAM 指狭义的 CAM。

机械产品的 CAM 系统应能提供一种交互式编程并产生加工轨迹的方法，它包括：加工规划、刀具设定、工艺参数设置等内容。具体地说，应具备以下几方面功能。

(1) 系统应可以建立二维和三维刀具路径。

(2) 系统应能实现多种加工方法。

(3) 系统应能实现刀具路径的编辑和修改。

(4) 系统应具备刀具数据库和材料数据库，系统应能自动生成进给速度和主轴转速。

(5) 系统有内置的防碰撞和防过切功能。

(6) 系统应能人工调整任何机加工默认值(如进给速度、主轴转速等)。

(7) 系统应能对加工过程进行模拟，并可以估算加工时间。

2. CAD/CAM 的发展历程

机械产品的生产可以分为产品设计和产品制造两个阶段。设计与制造是密切相关的，应当统一起来考虑。CAD 和 CAM 的发展也是密切相关的。CAD/CAM 技术从产生到现在，经历了形成、发展、提高和集成等阶段。

1) 准备和酝酿时期(20 世纪 50 年代初 ~ 60 年代初)

自 1946 年世界上第一台电子计算机在美国出现后，人们就不断地将计算机技术引入机械设计、制造领域。1948 年，美国帕森斯公司接受美国空军委托，研制飞机螺旋桨叶片轮廓样板的加工设备。由于样板形状复杂多样，精度要求高，一般加工设备难以适应，于是提出由计算机控制机床的设想。1949 年，该公司在美国麻省理工学院伺服机构研究室的协助下，开始数控机床的研究，并于 1952 年试制成功第一台由大型立式仿形铣床改装而成的三坐标数控铣床，不久即开始正式生产。该机床通过改变数控程序即可完成不同零件的加工，奠定了 CAM 的硬件基础。

NC 加工发展初期，控制程序都是由手工编制的，效率很低。1955 年，美国麻省理工学院的 D. T. Ross 研制了在通用计算机上运行的自动编程工具(Automatically Programmed Tools, APT)，应用这种语言通过对刀具轨迹的描述，就可以自动实现计算机辅助编制 NC 加工程序。在发展这一程序系统的同时，人们就提出了一种设想：能否不描述刀具轨迹，而是直接描述被加工工件的轮廓形状和尺寸？由此产生了人机协同设计零件的设想，开始了计算机图形学的研究。

1958 年，人们成功研制了自动换刀镗铣加工中心(Machining Center，MC)，使得在一次装夹中能完成多任务序的集中加工，提高了 NC 机床的加工效率和加工质量。

1962 年，第一台工业机器人诞生，实现了物流搬运柔性自动化；第一台通用计算机集中控制多台数控机床的实现，降低了数控装置的制造成本，提高了工作可靠性。

1963 年，年仅 24 岁的麻省理工学院研究生 I. E. Sutherland 在其博士论文中首次提出了计算机图形学、交互技术及图形符号的存储采用分层的数据结构等思想，第一次证实了人机对话式工作的可能性，对 CAD 技术的应用起到了重要的推动作用。

CAD 技术的发展引起了工业界的重视。也是在 1963 年，第一个正式的 CAD 系统-1 (DACDesign Augmented by Computers，DAC) 在美国通用汽车公司问世，IBM 公司也发展了 2250 系统图形显示终端。这些产品在今天看来尽管是粗糙和不完善的，但在当时却大大推动了人们对 CAD 的关注和兴趣。首先作出响应的是美国的汽车工业，接着日本、意大利等国的汽车公司也开始了实际应用，并逐渐扩展到其他部门。

2) 蓬勃发展及进入应用时期(20 世纪 60 年代 ~ 70 年代)

从 20 世纪 60 年代中期开始，CAD 技术得到了蓬勃发展，并出现了主要以自动绘图为目标的成套 CAD 系统。它们由小型计算机、图形工作站、数字化仪、图形显示终端和绘图机等硬件组成，并和软件配套出售。这样一些系统大都是针对具有某一特点的产品作为对象，有些系统也可以进行分析计算，能获得有限元网格，或者能制成 NC 纸带。20 世纪 60 年代末期到 70 年代中期是 CAD 技术趋于成熟的阶段。这一时期计算机硬件的性能价格比不断提高，数据库管理系统等软件陆续开发，以小型和超级小型计算机为主机的 CAD 系统进入市场并形成主流。20 世纪 60 年代末期，显示技术的突破使 CAD 系统的性能价格比大幅度提高，用户以每年 30%的速度增加，形成 CAD 产业。当时的 CAD 技术还是以二维绘图和三维线框图形系统为主。1967 年，英国莫林公司建造了第一条计算机集中控制的自动化制造系统，包括 6 台加工中心和一条自动运输线，用计算机编制程序、作业计划和报表。美国辛辛那提公司研制出了类似系统，于 20 世纪 70 年代初期定名为柔性制造系统(Flexible Manufacturing System，FMS)。

从 20 世纪 70 年代初期开始，随着计算技术、数据库技术和软件系统发展，特别是小型机功能的提高和微型机的采用，计算机的性能价格比大大提高，彩色图像终端的功能日臻完善，计算机图形处理技术更加成熟，再加上设计理论(设计方法学、数学模型的建立等)本身的发展，以及几何造型技术、图形处理技术和数控编程后置处理技术的发展和应用，出现了交互式图形编程系统，为 CAD/CAM 集成奠定了基础。

20 世纪 70 年代中期，由于微处理机(大规模集成电路)的出现，计算机的性能成倍提高，体积及成本大大下降，从而促进了柔性制造技术迅猛发展，各种微机数控(Computerized Numerical Control，CNC)技术获得了广泛的应用。

3)突飞猛进及集成化、智能化发展时期(20 世纪 80 年代～90 年代)

20 世纪 80 年代是 CAD 技术迅速发展的时期，超大规模集成电路的出现，使计算机硬件成本大幅度下降，计算机外围设备(例如，彩色高分辨率图形显示器、大型数字化仪、自动绘图机等品种齐全的输入输出装置)已成系列产品，为推进 CAD 技术向高水平发展提供了必要的条件。同时，相应的软件技术，如数据管理、有限元分析、优化设计等技术也迅速提高。商品化软件的出现，促进了 CAD/CAM 技术的推广和应用，使其从大中型企业向小企业发展，从发达国家向发展中国家发展，从用于产品设计发展到用于工程设计。这一时期，实体造型技术成为主流并走向成熟，大大拓展了 CAD 应用技术领域。20 世纪 90 年代，CAD/CAM 技术已不只是停留在过去单一模式、单一功能、单一领域的水平，而是向着标准化、集成化、智能化的方向发展。为了实现系统的集成，实现资源共享和产品生产与组织管理的高度自动化，提高产品的竞争能力，就需要在企业、集团内的 CAD/CAM 系统之间或各个子系统之间进行统一的数据交换，为此，一些工业先进国家和国际标准化组织都在从事标准接口的开发工作。CAD、CAM 在各自领域所产生的巨大推动作用被认同，加之设计和制造自动化的需求，出现了集成化的 CAD/CAM 系统。

3. CAD/CAM 的工程应用

目前，CAD/CAM 技术已经渗透到工程技术和人类生活的几乎所有领域，成为一个令人瞩目的高技术产业。尤其是在机械、电子、航空、航天、兵器、汽车、船舶、电力、化工、建筑和服装等行业中的应用已较为普遍。CAD/CAM 技术的发展把计算机的高速度、准确性和大储存量与技术人员的思维能力、综合分析能力结合起来，从而大幅度地提高了生产效率，缩短了产品的研制周期，提高了设计和制造的质量，节约了原材料和能源，加速了产品的更新换代，提高了企业的竞争能力。

据统计，机械制造领域的设计工作有 56%属于适应性设计，20%属于参数化设计，只有 24%属于创新设计。某些标准化程度高的领域，参数化设计达到 50%左右。上述数据说明，工程技术人员的大部分时间和精力消耗在了重复性工作或局部小修小改之中，不可能有充沛的精力去从事创造性劳动，也不会有足够的时间去学习掌握新知识和新技能，久而久之，人的创造性思维能力也会随着日复一日、年复一年的重复、烦琐的劳动而萎缩。尤其在市场竞争激烈的条件下，很难适应发展的需要。因此，要使设计方法及设计手段科学化、系统化、现代化，实现 CAD 是非常必要的。

从机械制造行业来看，50 件以下的小批量生产约占 75%。据统计，一个零件在车间的平均停留时间中，只有 5%的时间是在机床上，而在这 5%的时间中，又只有 30%的时间用于切削加工。由此可见，零件在机床上的切削时间只占零件在车间停留时间的 1.5%。要提高零件的加工效率，改善经济性，就要减少零件在车间的流通时间和在机床上装卸、调整、测量、等待切削的时间。而做到这一点必须综合考虑生产的管理、调度、零件的传送和装卸方法等多方面因素。这需要通过计算机辅助人们作全面安排，控制加工过程。

CAD/CAM 系统已成为新一代生产及技术发展的核心技术。随着计算机硬件和软件的不断发展，CAD/CAM 系统的性能价格比不断提高，CAD/CAM 技术的应用领域也不断扩大。航空航天、造船、机床制造都是国内外应用 CAD/CAM 技术较早的工业部门。首先是用于飞机、船体、机床零部件的外形设计；其次是用于进行一系列的分析计算，如结构分析、优化设计、仿真模拟；同时还用于根据 CAD 的几何数据与加工要求生成数控加工程序。机床行业 CAD/CAM 系统进行模块化设计，实现了对用户特殊要求的快速响应制造，缩短了设计制造周期，提高了整体质量。

目前，CAD/CAM 技术的应用水平已成为衡量一个国家工业现代化水平的重要标志。我国近些年来 CAD/CAM 技术的研究与应用虽然已取得了可喜成绩，但与工业发达国家相比差距依然很大，特别是在应用 CAD/CAM 技术进行新产品的研发方面，差距更大，需要我们的共同努力。

4. CAD/CAM 的常用软件

(1) CAXA 制造工程师。CAXA 制造工程师是我国背景北航海尔软件公司研制开发的全中文、面向数控铣床和加工中心的三维 CAD/CAM 软件。它既具有线框造型、曲面造型和实体造型的设计功能，又具有生成二至五轴的加工代码的数控加工功能，可用于加工具有复杂三维曲面的零件。其特点是易学易用、价格较低，已在国内众多高校、企业和研究院所得到应用。

(2) UGII 系统。UGII 是由美国 UGS (Unigraphics Solutions) 公司研制开发的软件。该不仅具有复杂造型与数控加工功能，还具有管理复杂产品装配，进行多种设计方案的对比分析和优化等功能。该软件具有较好的二次开发环境和数据交换能力，其庞大的模块群为企业提供了从产品设计、产品分析、加工装配、检验，到过程管理、虚拟运作等全系列的技术支持。目前该软件在国际 CAD/CAM/CAE 市场上占有较大的份额。

(3) Pro/Engineer。Pro/Engineer 是美国 PTC 公司研制开发的软件。该软件开创了三维 CAD/CAM 参数化的先河，具有基于特征、全参数、全相关和单一数据库等特点，可用于设计和加工复杂的零件。此外，该软件还具有零件装配、机构仿真、有限元分析、逆向工程、并行工程等功能。该软件还具有较好的二次开发环境和数据交换能力。Pro/Engineer 已广泛应用于模具、工业设计、汽车、航天、玩具等行业，在国际 CAD/CAM/CAE 市场上占有较大的份额。

(4) CATIA。CATIA 是最早实现曲面造型的软件，它开创了三维设计的新时代，它的出现首次实现了计算机完整描述产品零件的主要信息，使得 CAM 技术的开发有了现实的基础。目前，CATIA 系统已发展成为从产品开发、产品分析、加工、装配和检验，到过程管理、虚拟运作等众多功能的大型 CAD/CAM/CAE 软件。

(5) Mastercam。Mastercam 是由美国 CNC Software 公司推出的而基于 PC 平台的 CAD/CAM 软件，具有很强的加工功能，尤其对复杂曲面自动生成加工代码方面，具有独特的优势。由于 Mastercam 主要针对数控加工，零件的设计造型功能不强，但对硬件要求不高，且操作灵活，易学易用，且价格较低，受到中小企业的欢迎，在我国应用较为普遍。因此，该软件被认为是一个图形交互式 CAD/CAM 数控编程系统。

(6) CIMATRON。CIMATRON 是以色列 Cimatron 公司提供的 CAD/CAM/CAE 软件，是较早在微机平台上实现三维 CAD/CAM 的全功能系统。它具有三维造型、生成工程图、数控加工等功能，具有各种通用和专用的数据接口及产品数据管理(PDM)等功能。该软件较早在我国得到全面汉化，已积累了一定的应用经验。

6.2　三维造型技术

6.2.1　几何造型方法

造型就是以计算机能够理解的方式，对实体进行确切的定义，赋予一定的数学描述，再以一定的数据结构形式对所定义的几何实体加以描述，从而在计算机内部构造一个实体的模型。几何造型通过对点、线、面、体等几何元素，经过平移、旋转等几何变换和交、并、差等布尔运算，产生实体模型。几何造型技术作为 CAD/CAM 技术的基础，在机械工程领域应用极为广泛。各种机械设计均可采用几何造型技术建立计算机模型，在汽车车身、轮船船体及飞机机身等设计中不仅可以代替实物模型的制作，而且可以大大缩短设计周期，节省人力、物力。

按照对零件几何信息和拓扑信息的描述及存储方法可将几何造型划分为线框造型、曲面造型和实体造型。

1. 线框造型

线框造型是利用基本线素来定义设计目标的棱线部分而构成的立体框架图。线框造型生成的实体模型是由一系列的直线、圆弧、点及自由曲线组成的，描述的是零件的轮廓外形。

线框造型分为二维线框造型和三维线框造型。二维线框造型以二维平面的基本图形元素(如点、直线、圆弧等)为基础表达二维图形。二维线框造型虽然比较简单，但各视图及剖面图是独立产生的，因此不可能将描述同一个零件的不同信息构成一个整体模型。所以当一个视图改变时，其他视图不可能自动改变，这是二维线框的一个很大弱点。三维线框模型用三维的基本图形元素来描述和表达物体，同时仅限于点、线和曲线的组成。

线框造型所需信息最少，数据运算简单，所占存储空间较小，对计算机硬件的要求不高，计算机处理时间短。但线框造型所构造的实体模型只有离散的边，而没有边与边的关系，由于信息表达不完整，会对物体形状的判断产生多义性。

2. 曲面造型

曲面造型是将物体分解成组成物体的表面(平面或二次曲面)、边线和顶点，用顶点、边线和表面的有限集合来表示和建立物体的计算机内部模型。

曲面造型过程是将很多基本元素(平面或二次曲面)连接成若干个组成面，再将这些面拼接成三维模型的外表面。曲面造型方法通常用于构造复杂的曲面物体，一般可以用多种不同的曲面表达方式造型。

曲面造型表达了零件表面和边界定义的数据信息，有助于对零件进行渲染等处理，有助于系统直接提取有关表面的信息，生成数控加工指令，因此，大多数 CAD/CAM 系统中都具备曲面造型的功能。在物体性能计算方面，曲面造型中表面信息的存在有助于对物性方面进行与面积有关的特征计算，同时对于封闭的零件来说，采用扫描等方法也可实现对零件进行与体积等物理性能有关的特征计算。曲面造型事实上是以蒙面的方式构造零件形体的，因此容易在零件造型中漏掉某个甚至某些面的处理，这就是常说的“丢面”。同时，依靠蒙面的方法把零件的各个面贴上去，往往会在两个表面相交处出现缺陷，如重叠或间隙，不能保证零件的造型精度。

3. 实体造型

现实世界的物体具有三维形状和质量，因而三维实体造型可以更加真实地、完整地、清楚地描述物体。

实体造型是利用一些基本体素，如长方体、圆柱体、球体、锥体、圆环体以及扫描体等通过布尔运算生成复杂形体的一种造型技术。实体造型主要包括两部分内容，即体素的定义与描述以及体素之间的布尔运算(交、并、差)。

实体造型的特点在于三维实体的表面与其实体同时生成。由于实体造型能够定义三维物体的内部结构形状，因此能完整地描述物体的所有几何信息和拓扑信息，包括物体的体、面、边和顶点的信息。实体造型还可以实现对可见边的判断，具有消隐的功能。由于三维实体造型能唯一、准确、完整地表达物体的形状且容易理解和实现，因而被广泛应用于机械设计和制造中。三维实体造型对在某一方向具有固定剖面的产品造型是一种实用而有效的方法。三维实体模型可用于产品的特性分析、运动分析、干涉检验以及加工过程的仿真等。

6.2.2 实体造型方法

基于特征的实体造型过程可以形象地比喻为一个由粗到精的泥塑过程，即在一个初始泥坯(基本特征)的基础上，通过不断增加胶泥材料(增加附加特征)或去除胶泥(减去附加特征)，逐步获得一个精美的雕塑(三维实体模型)。

通常，基于特征的实体造型大致遵循下列步骤。

(1)造型方案规划：主要包括分析零件的特征组成，分析零件特征之间的相互关系，分析特征的构造顺序以及特征的构造方法。

(2)创建基本特征：构造零件上的基本特征。

(3)创建其他附加特征：根据造型方案规划逐一添加上其他附加特征。

(4)编辑修改特征：在特征造型过程中任意时刻均可修改特征，包括修改特征的形状、尺寸、位置，或特征的从属关系，甚至可以删除已经构造好的特征。

(5)衍生成工程图：采用三维到二维技术交互生成二维工程图。

1. 草图特征

零件的基本特征是零件的基本结构要素，代表着零件最基本的形状。在创建零件时，基本特征为构造该零件的其他附加特征提供了一个基础。

在建立零件的三维模型时，首先要分析或考虑零件的整体结构，确定出若干个简单的形状；然后寻找最简单的形状作为零件的基本特征，其余则作为零件的附加特征；最后确定增加附加特征的顺序。草图特征是根据二维轮廓生成三维特征的方法。草图特征主要有以下 3 种。

(1) 拉伸特征。生成拉伸特征(图 6-1)需具备两个基本要素，即封闭的二维轮廓草图和拉伸厚度，还可以在拉伸的过程中加入一个拉伸角度，以形成一个带拔模斜度的拉伸特征。拉伸的方式多种多样，例如，单向拉伸、双向拉伸、从一个面拉伸到另一个面等。拉伸特征是一种最常用的草图特征。

(2) 旋转特征。生成旋转特征(图 6-2)必须具备两个基本要素，即封闭的二维轮廓草图和旋转轴。最常见的旋转方式是 360 度旋转，但是也可以采取其他旋转方式：小于 360 度旋转、旋转到某一个指定的平面或曲面、沿双向对称旋转、从一个面旋转到另一个面。旋转特征也是一种最常见的草图特征。

图 6-1　拉伸特征

图 6-2　旋转特征

(3) 扫描特征。根据截面轮廓线(线框)和扫描轨迹线可以生成复杂的扫描特征。截面轮廓线的形状各异。扫描方式有垂直扫描和平行扫描。所谓垂直扫描，是指截面与扫描轨迹线始终垂直；所谓平行扫描，是指截面在扫描过程中始终互相平行。扫描轨迹线可以是复杂的二维曲线或三维螺旋线。这种方法可以生成形状复杂的实体模型，如图 6-3 所示。

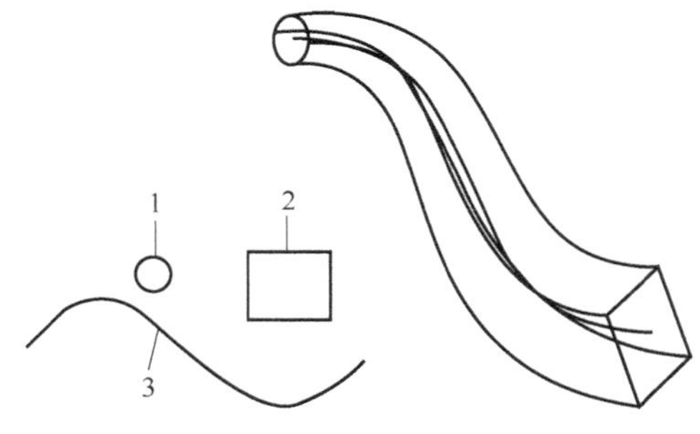

图 6-3　扫描特征

2. 放置特征

放置特征是参数化特征，改变特征的位置尺寸和形状参数，就可以改变特征形状。放置特征一般是在零件造型的后期才逐渐加入的，因为这些特征是对零件设计的补充和细化，如过早加入，将给造型带来不便。

(1) 孔特征。孔的截面是圆，因此只需给出孔的相关尺寸(如孔的直径和深度)并指定孔所在的位置即可构造孔特征。孔特征有多种类型，如通孔、直孔、阶梯孔等。

(2) 倒圆和倒角特征。倒圆和倒角是边过渡特征。倒圆和倒角是将相邻的表面、复杂凸面形状或顶角进行连接。当需要在零件的两个表面之间增加倒困和倒角时，无须绘制特征的截面轮廓，只需要指定倒圆和倒角的边和几何数据。

(3) 阵列特征。阵列是将已有的同类型特征按照一定的规律在空间的不同位置上排布而成的形状，即阵列是一系列相同特征的空间有序排列。阵列分圆形阵列和矩形阵列两种。

圆形阵列是将已有的同类型特征周向排列在一个指定的圆周上；矩形阵列是将已有的同类型特征在二维坐标平面的两个坐标轴方向(如 X 向和 Y 向)构成有序的排列。

3. 辅助特征

为了造型方便，CAD/CAM 系统还设计了一类辅助特征:基准点、基准轴、基准面、基准坐标系和基准曲线(有的系统称为参考点、参考轴和参考面等，有的系统称为工作面、工作轴和工作点等)。这些特征不具备体积，不能直接构成零件的几何结构，它们仅仅是为了构造其他特征方便而专门设计的。例如，在建立特征时，有时需要知道轴的轴线信息或轴端面的圆心信息，可以依次把它们定义为基准轴和基准点;有时需要在一个过轴线的平面上绘制特征草图，这时可以事先建立一个通过轴线的基准面。

实体的几何图形对于定义尺寸关系或拓扑关系通常不充分。可以用辅助特征补充零件的几何图形，使得既容易做各种特征造型又保持相关性。辅助特征中包含了一系列几何约束或尺寸约束，所以这类特征也是参数化的。如果对基准面的有关数据作了修改，则基准面也会随着变化。

4. 高级特征

(1) 曲面切割特征。曲面是面模型，不是实体模型，但是可以利用事先生成的曲面去切割一个实体，得到曲面切割特征，以便实现复杂形状零件的造型。

(2) 加料特征。加料特征是给曲面模型加上一层均匀的壁厚或完全填充成实心件，使其成为实体模型。也可使用加料特征增加零件任何所选面的厚度。

(3) 除料特征。除料特征(或抽壳特征)用于创建薄壁类零件。除料即在已创建的实心零件基础上，自动挖去中心部位的材料，并保证规定的壁厚。给零件添加抽壳特征时，系统会自动使零件的各个表面向内(或向外、或同时向内外)同时偏移一定距离，生成新的表面，并在两层表面之间加入材料，同时去除中心部位的材料。使用除料特征可以创建单个、薄壁的三维实体零件并从零件上偏移指定面。

(4) 布尔运算特征。可以在两个独立的零件之间用布尔运算生成一个新的零件，即把一个零件通过布尔运算加到另一个零件上，这个加上去的零件便成为被加入零件的一个组成部分，而不再是单独的一个零件了。这样生成的特征称为布尔运算特征。使用布尔运算特征可以借助现有零件快速生成一个新的零件，这样就可以把一个已经存在的零件(如标准件)作为另一个零件的特征。当一个零件很复杂时，可以由几个人同时设计不同的部分(并行工程)，最后再利用布尔运算把各个部分结合起来。

6.3　自动编程技术

6.3.1　基本概念

自动编程是采用计算机辅助数控编程技术实现的，现代数控编程软件主要分为以批处理命令方式为主的各种类型的语言编程系统和交互式 CAI/CAM 编程系统。

API 是一种自动编程工具(Automatically Programmed Tool)的简称，是对工件、刀具的几何形状及刀具相对于工件的运动等进行定义时所用的一种接近于英语的符号语言。在编程时，编程人员依据零件图样以 APT 语言的形式表达出加工的全部内容，再把用 APT 语言书写的零件加工程序输入计算机，经 APT 语言编程系统编译产生刀位文件，通过后置处理后，生成数控系统能接受的零件数控加工程序的过程，称为 APT 语言自动编程。

在语言自动编程系统中，计算机对信息的处理采用的是批处理方式，编程人员必须一次性将编程的全部信息向计算机交代清楚，计算机一次就把这些信息处理完毕，如果信息输入正确就可马上得到结果。编程人员要依据所用编程语言的编程手册以及零件图样，用规定的编程语言编写好零件源程序，将源程序输入计算机处理，如果源程序编写正确，就可以通过语言自动编程系统直接获得所需的机床 NC 加工程序。但语言自动编程方法的缺点是：当零件复杂时，一旦出错，查找错误语句并加以改正则是非常费时且需要丰富经验的工作。

交互式 CAD/CAM 系统自动编程是现代 CAD/CAM 系统中常用的方法，在编程时编程人员首先利用软件本身(CAD 部分)的零件造型功能，构建出零件几何形状，然后对零件进行工艺分析，确定加工方案，其后还需利用软件的计算机辅助制造功能(CAM 部分)，完成工艺方案的制订、切削用量的选择、刀具及其参数的设定，自动计算并生成刀位轨迹文件，利用后置处理功能生成指定数控系统用的加工程序。这种自动编程方法被为图形交互式自动编程。

交互式自动编程采用人机对话的编程方法，编程人员根据屏幕菜单提示的内容反复与计算机对话，选择菜单指令或回答计算机提问，直到把该答的问题全部答完，最后得到所需的 NC 加工程序。这种编程方法对刀具的选择、起刀点的确定、走刀路线的安排以及加工参数的选择等过程都是在对话方式下完成的，不存在编程语言的问题。图形交互式自动编程系统是一种 CAD 与 CAM 高度结合的自动编程系统。

图形交互式自动编程是一种全新的编程方法，与语言自动编程比较，主要有以下几个特点。

(1) 图形交互式自动编程既不像手工编程那样需要用复杂的数学手工计算算出各节点的坐标数据，也不需要像 APT 语言编程那样用数控编程语言去编写描绘零件几何形状加工走刀过程及后置处理的源程序，而是在计算机上直接面向零件的几何图形以光标指点、菜单选择及交互对话的方式进行编程，其编程结果也以图形的方式显示在计算机上。因此，该方法具有简便、直观、便于检查修改的优点。

(2) 图形交互式自动编程将加工零件的几何造型、刀位计算、图形显示和后置处理等结合在一起，有效地解决了编程数据来源、几何显示、走刀模拟、交互修改等问题，弥补了单一利用数控语言进行编程的不足。

(3) 图形交互式自动编程过程中，图形数据的提取、节点数据的计算、程序的编制及输出都是由计算机自动进行的。因此，编程的速度快、效率高、准确性好。

(4) 图形交互式自动编程有利于实现与 CAD/CAM 其他功能的结合。既可以把产品设计与零件编程结合起来，也可以与工艺过程设计、刀具设计等过程结合起来。

图形交互自动编程用户不需要编写任何源程序，当然也就省去了调试源程序的烦琐工作。如果零件图形设计是用 CAD 方式完成的，这种编程方法就更有利于计算机辅助设计和制造的集成。由于刀具轨迹可立即显示，直观、形象地模拟了刀具轨迹与被加工零件之间的关系，易发现错误并改正，因而可靠性大为提高，试切次数减少，对于不太复杂的零件，往往可以一次加工合格。

6.3.2　基本步骤

由于各种 CAD/CAM 系统的图形交互自动编程部分的功能、面向用户的接口方式会有所不同，因此，编程的具体过程及编程过程中所使用的指令也不尽相同。但从总体上讲，编程的基本原理及基本步骤大体上是一致的，可分为 5 个步骤：零件造型、加工工艺决策、刀具轨迹计算及生成、后置处理和程序输出。

1. 零件造型

零件造型就是利用 CAD/CAM 系统的三维造型功能把要加工的工件的三维几何模型构造出来，并将零件被加工部位的几何图形准确地绘制在计算机屏幕上。与此同时，在计算机内自动形成零件三维几何模型数据库。这些三维几何模型数据是下一步刀具轨迹计算的依据。自动编程过程中，图形交互式自动编程软件将根据加工要求提取这些数据，进行分析判断和必要的数学处理，形成加工的刀具位置数据。

2. 加工工艺决策

选择合理的加工方案以及工艺参数是准确、高效加工工件的前提条件。加工工艺决策内容包括设定毛坯尺寸、边界、刀具尺寸、刀具基准点、进给率、快进路径以及切削加工方式。首先按模型形状及尺寸大小设置毛坯的尺寸形状，然后定义边界和加工区域，选择合适的刀具类型及其参数，并设置刀具基准点。CAD/CAM 系统中有不同的切削加工方式供编程中选择，可为粗加工、半精加工、精加工各个阶段选择相应的切削加工方式。

3. 刀具轨迹计算及生成

图形交互式自动编程系统刀位轨迹的生成是面向屏幕上的零件模型交互进行的。首先在刀位轨迹生成菜单中选择所需的菜单项:然后根据屏幕提示，用光标选择相应的图形目标，指定相应的坐标点，输入所需的各种参数:图形交互式自动编程系统将自动从图形文件中提取编程所需的信息，进行分析判断，计算出节点数据，并将其转换成刀位数据，存入指定的刀位文件中或直接进行后置处理生成数控加工程序，同时，在屏幕上显示出刀位轨迹图形。

4. 后置处理

由于各种机床使用的控制系统不同，所用的数控指令文件的代码及格式也有所不同。为解决这个问题，图形交互式自动编程系统通常设置一个后置处理文件。在进行后置处理前，编程人员需对该文件进行编辑，按文件规定的格式定义数控指令文件所使用的代码、程序格式、圆整化方式等内容，在执行后置处理命令时将自行按设计文件定义的内容生成所需要的数控指令文件。另外，由于某些 CAD/CAM 软件采用固定的模块化结构，其功能模块和数控系统是一一对应的，后置处理过程已固化在模块中，因此，在生成刀位轨迹的同时便自动进行后置处理，生成数控指令文件，而无须再进行单独后置处理。

5. 程序输出

图形交互式自动编程系统在计算机内自动生成刀位轨迹图形文件和数控程序文件，可采用打印机打印数控加工程序单，也可在绘图机上绘制出刀位轨迹图，使机床操作者更加直观地了解加工的走刀过程。对于有标准通信接口的机床数控系统可以和计算机直接联机，由计算机将加工程序直接送给机床控制系统。

6.4 CAD/CAM 实训

1. 三维造型方法训练

1) 训练目的

(1) 掌握 CAXA 制造工程师软件的基本使用方法。

(2) 初步理解零件的线框造型、曲面造型和实体造型方法。

2) 训练内容及步骤

(1) 线框造型

在“CAXA 制造工程师”软件中，线框造型实际就是先绘制曲线(包括直线、圆弧、圆、椭圆、样条线、点、文字、公式曲线、二次曲线等)，再对曲线进行编辑和修改，以及进行空间几何变换，从而完成加工造型。

① 选择平面 XY，利用曲线工具中的“圆”(圆心→半径 100)、“多边形”(中心→边数 5→内接) 和“直线”(两点线→连续→非正交) 等命令，以及线面编辑工具中的“裁剪”(快速裁剪) 和“删除”等命令绘制出五角星的平面图形，如图 6-4 所示。

图 6-4　平面五角星

② 应用显示工具中的“旋转”命令将平面五角星轴侧显示，并利用“直线”命令(两点线→单个→非正交→输入坐标[0，0，20]) 绘制一条通过坐标原点垂直于平面五角星的线段，长度 20，如图 6-5 所示。

③ 利用“直线”命令，将垂线顶点与平面五角星各个端点相连，形成五角星框架模型，如图 6-6 所示。

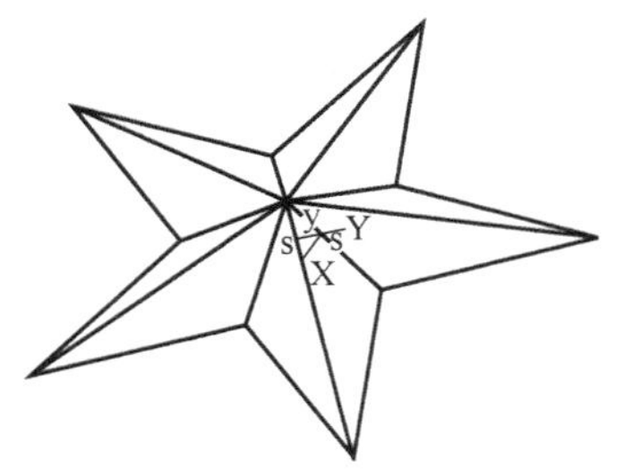

图 6-5　五角星垂线

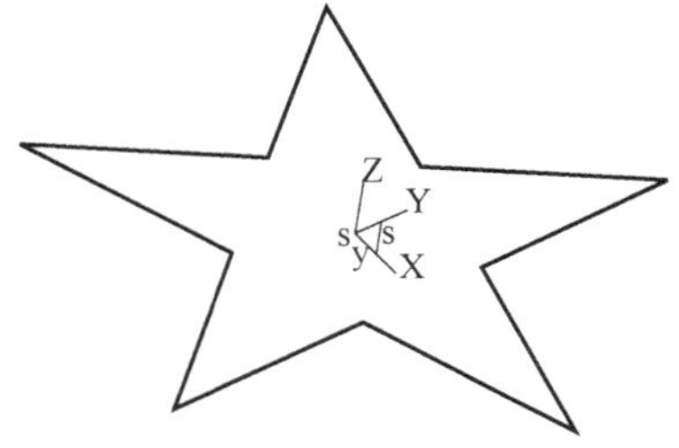

图 6-6　五角星框架模型

(2) 曲面造型

在“CAXA 制造工程师”软件中，根据曲面特征线的不同组合方式，可以组织不同的曲面生成方法，如直纹面、旋转面、扫描面、边界面、平面、放样面、网格面、导动面、等距面和实体面等十种。

① 利用曲面工具中的“直纹面”命令(曲线+曲线)，选择五角星框架模型上任一三角形的两条边，生成三角平面，如图 6-7 所示。

需要注意的是，当应用此命令生成的不是三角平面时，需要先“回退”，然后重新选择三角形的两条边，直到生成的是三角形平面，否则，后续工作无法完成。

② 应用同样方法，按一定顺序(顺时针或逆时针)生成五角星曲面模型，如图 6-8 所示。

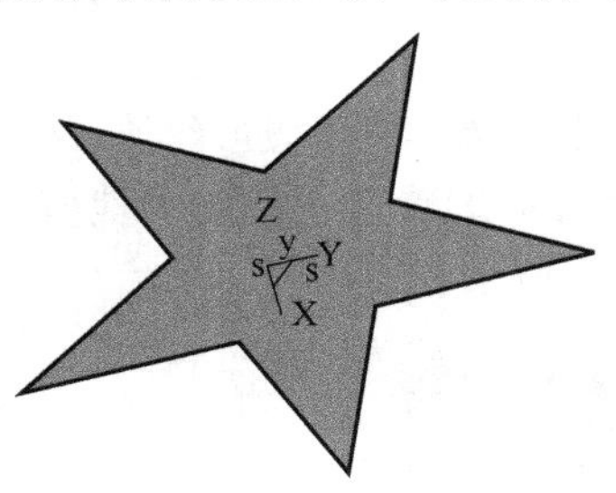

图 6-7　生成三角板平面

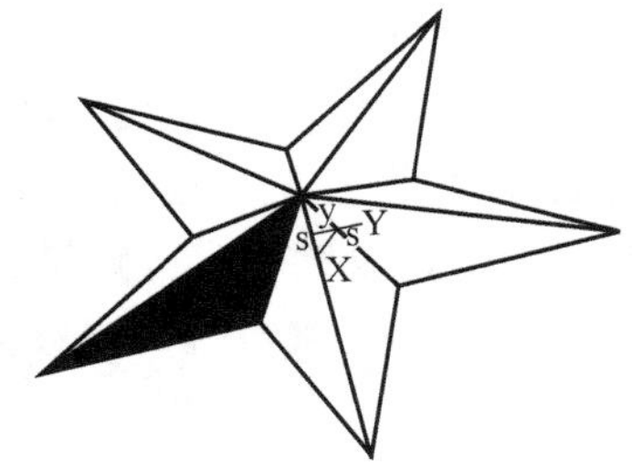

图 6-8　五角星曲面模型

③ 在平面 XY 上，以坐标原点为圆心，绘制一个半径为 110 的圆，利用曲面工具中的“平面”命令(裁剪平面)，根据软件左下角提示进行选择，生成一个圆平面被平面五角星裁剪后得到的“裁剪平面”，并编辑曲面模型颜色为灰色，结果如图 6-9 所示。

(3) 实体造型

在“CAXA 制造工程师”软件中，实体造型一般先要在一个平面上绘制二维图形，然后再运用各种方式生成三维实体。这里的二维图形指的是草图。草图是为实体造型准备的一个平面封闭图形，常以粗实线绘制，不同于线架图形。

① 选择“平面 XY”，右击选择“新建草图”，利用曲线工具中的“投影”命令，将圆平面的轮廓投影在平面 XY 上，得到拉伸草图，如图 6-10 所示。

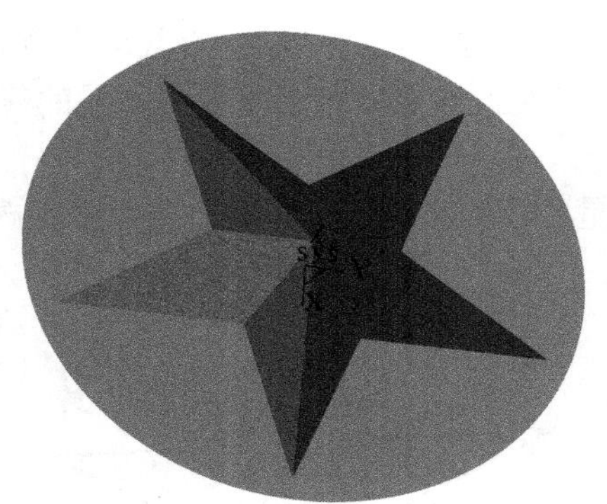
图 6-9　五角星曲面裁剪模型

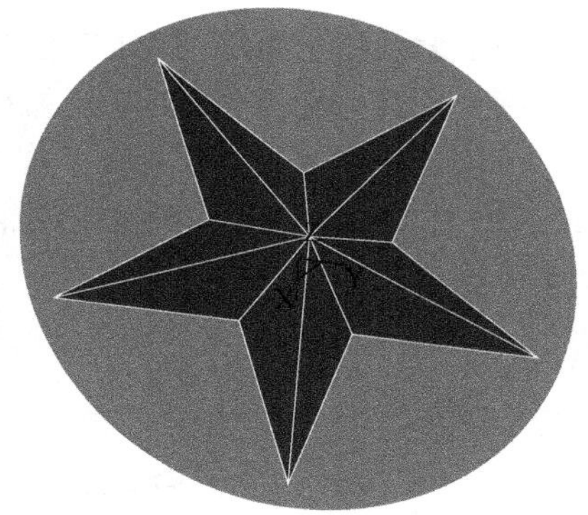
图 6-10　拉伸草图

② 选择特征工具中的“拉伸增料”命令(双向对称拉伸→长度 50)，如图 6-11 所示。随即得到一个半径为 110，长度为 50 的圆柱体(覆盖五角星曲面裁剪模型)，如图 6-12 所示。

③ 选择特征工具中的“曲面裁剪除料”命令(裁剪曲面 11 个面→去除材料方向向上)，用五角星曲面裁剪模型的 11 个面将圆柱体上半部分去除，并将多余的线、面隐藏，得到五角星实体模型(含底座)，如图 6-13 所示。

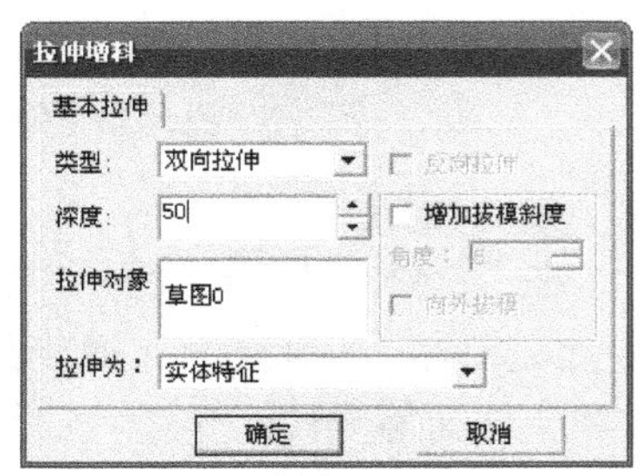

图 6-11　参数设置

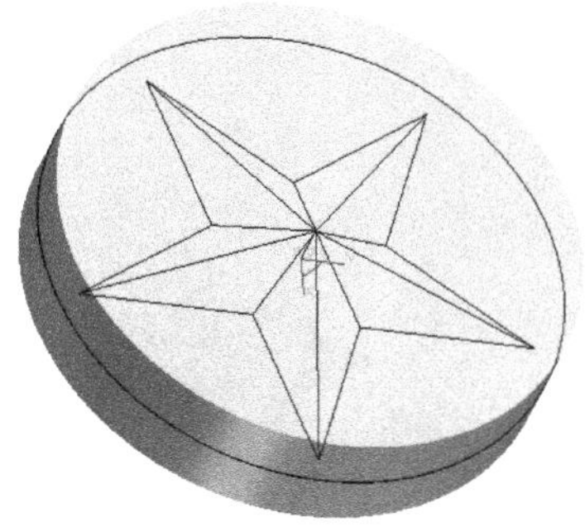

图 6-12　圆柱体

图 6-13　五角星实体模型

2. 自动编程方法训练

1) 训练目的

(1) 了解零件的加工方法。

(2) 理解图形交互自动编程的方法和步骤。

2) 训练内容及步骤

(1) 设定加工毛坯。

① 单击“轨迹管理”，单击“毛坯”选择右键功能中的“定义毛坯”，在弹出的对话框中选择毛坯类型“柱面”，切换到显示“真实感”，拾取平面轮廓即“五角星圆柱体的边界”，输入毛坯高度尺寸“25”，如图 6-14 所示。

② 这样便可得到五角星的毛坯，如图 6-15 所示。

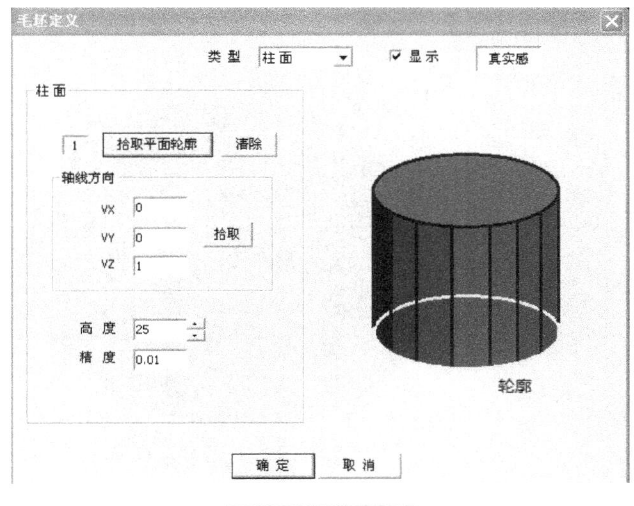

图 6-14　设定毛坯

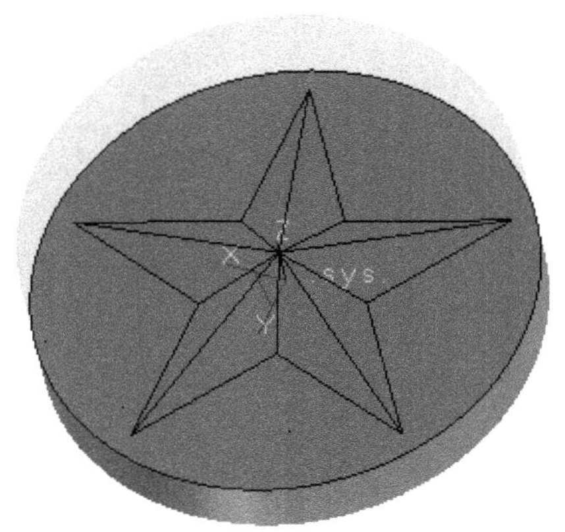

图 6-15　五角星毛坯

(2) 编辑加工轨迹。

① 选择加工→多轴加工→五轴曲面区域加工，系统弹出“五轴曲面区域加工”对话框，填写加工参数，如图 6-16 所示。

② 修改切削用量参数表，如图 6-17 所示。

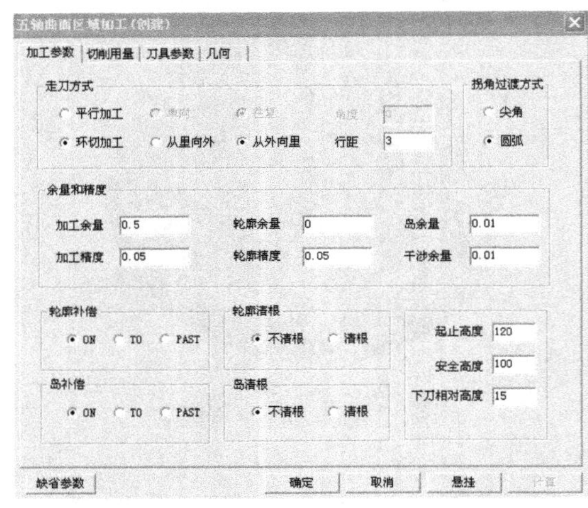

图 6-16　“加工参数”对话框

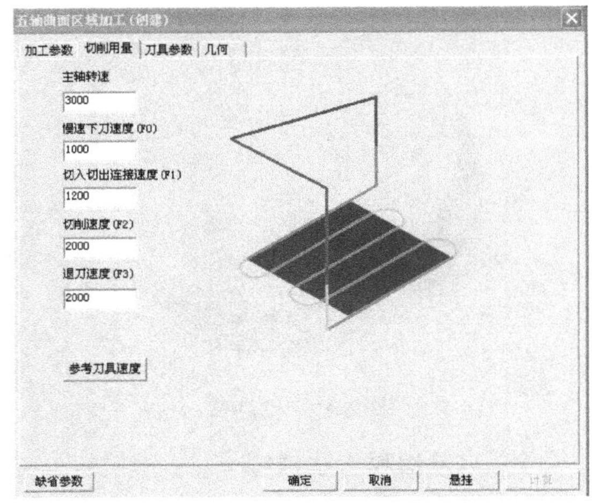

图 6-17　“切削用量”对话框

③ 根据零件的曲面过渡半径等特征，选用合适的刀具，如图 6-18 所示。

④ 生成刀具轨迹。根据软件左下角提示，首先选择加工面，然后拾取轮廓曲线，若无“岛屿与干涉面”，则直接单击右键确认，最终生成刀具轨迹如图 6-19 所示。图中，直线 1 代表进刀路线，直线 2 代表退刀路线，而环线 3 代表加工路线。

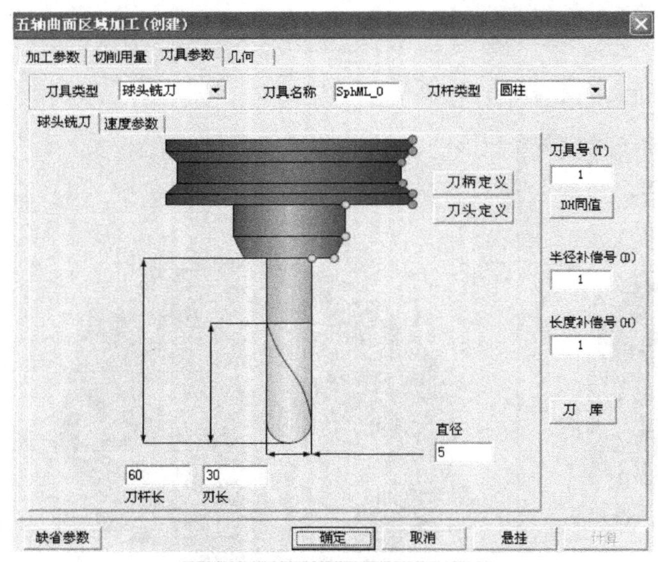

图 6-18　“刀具设置”对话框

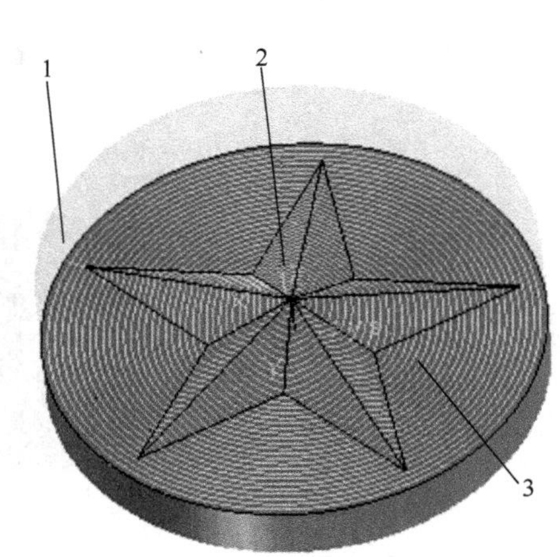

图 6-19　生成刀具轨迹

1-进刀路线；2-退刀路线；3-加工路线

(3) 仿真加工。

① 选择加工→实体仿真，然后根据软件左下角提示，拾取刀具轨迹，单击右键确认，进入轨迹仿真界面，如图 6-20 所示。

② 选择控制→运行，即进入仿真加工。在仿真过程中，可根据需要，设置运行的速度和运行进度控制。

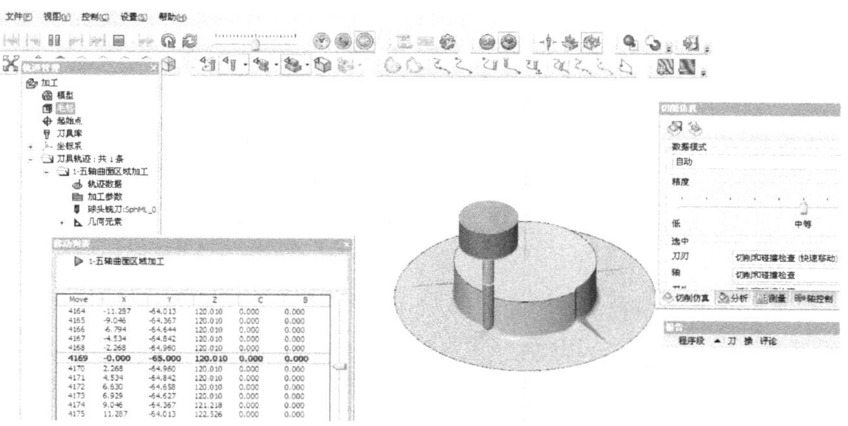

图 6-20　仿真加工界面

(4)程序生成。

① 选择加工→后置处理→生成 G 代码命令，根据软件左下角提示，拾取刀具轨迹，在弹出的对话框中定义文件名，选择数控系统，如图 6-21 所示。

② 单击图 6-21 中“确定“按钮，根据软件左下角提示，拾取刀具轨迹，再单击右键，随即弹出笔记本格式文件，亦即加工程序，如图 6-22 所示。

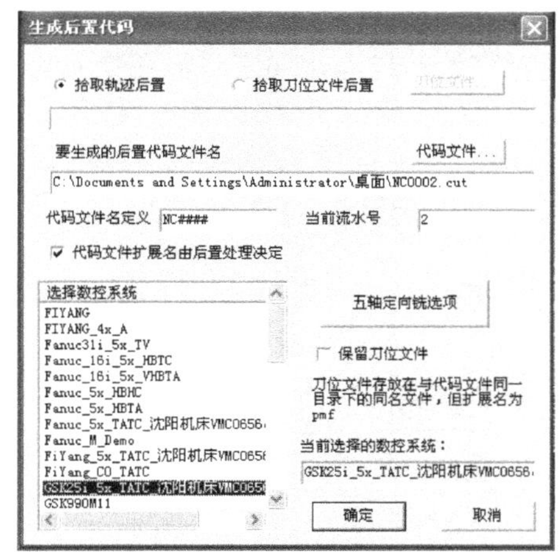

图 6-21　后置代码设置

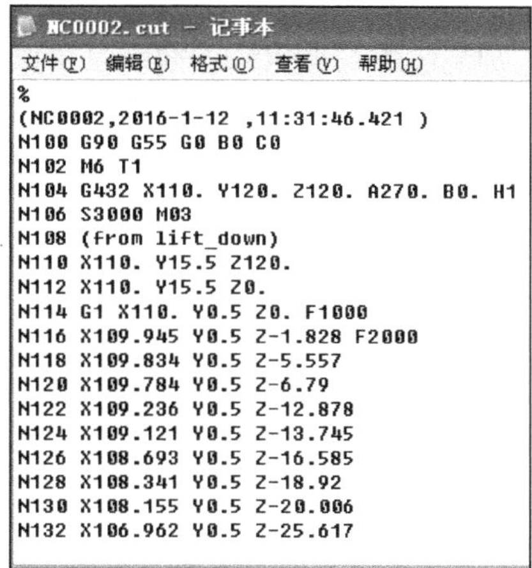

图 6-22　五角星加工程序

复习思考题

6-1　简述机械 CAD/CAM 技术的基本概念及其在机械行业中的作用。

6-2　机械 CAD/CAM 技术的主要造型方法有哪些？各有何特点？

6-3　常用的 CAD/CAM 系统有哪些？

6-4　自动编程有哪些方法？它们各有何特点？

6-5　交互式图形自动编程的主要步骤是什么？

第 7 章　数控加工技术

7.1　概　　述

1. 数控加工基本概念

1) 数控及数控加工

数控即数字控制，是用数字化信号对机床的运动及其加工过程进行控制的一种方法，简称数控。

数控加工即根据零件图样及工艺要求等原始资料来编制零件数控加工程序，再将程序输入到数控系统，从而控制数控机床中刀具与工件的相对运动，来实现对零件的加工。

2) 数控加工过程及原理

在数控机床上，传统加工过程中的人工操作控制被自动控制所取代。其工作过程为：首先将被加工零件的几何信息(加工图样)、工艺信息(包括对刀具与工件的相对运动轨迹、主轴转速、背吃刀量、冷却液的开关和换刀动作等)数字化，然后按规定的格式和代码(参照编程手册)编制数控加工程序，再将编好的程序通过输入装置输入数控系统，数控系统对加工程序作一系列的处理后发出指令驱动机床运动，从而实现对零件的自动化加工。如图 7-1 所示。

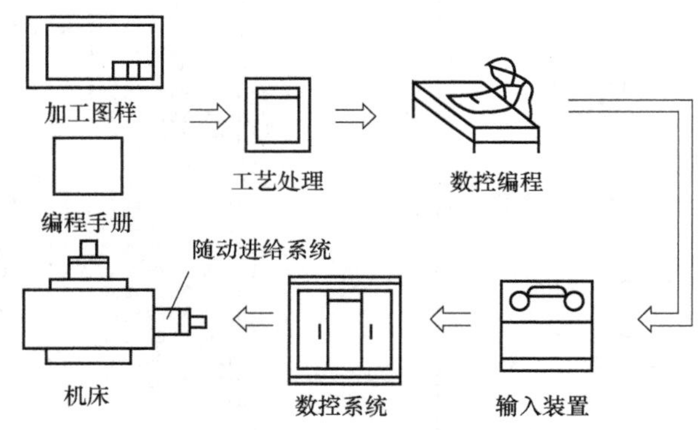

图 7-1　数据加工过程及原理

2. 数控加工的特点

(1) 加工精度高。数控机床是按数字指令进行加工的。目前数控机床的脉冲当量普遍达到了 0.001 mm，且进给传动的反向间隙以及丝杆螺距误差等可由 CNC 进行补偿，数控机床的加工精度由过去的±0.01mm 提高到±0.001mm；此外，数控机床的传动系统与机床结构都具有较高的刚性和热稳定性，制造精度高；数控机床的加工方式避免了人为干扰因素，同一批零件的尺寸一致性好，合格率高，加工质量稳定。

(2) 加工对象适应性强。在数控机床上更换加工零件时，只需要重新编写或更换程序就能实现对新零件的加工，从而对结构复杂的单件、小批量生产和新产品试制提供了极大的方便。

(3) 自动化程度高。数控机床对零件的加工是按事先编制好的程序自动完成的，操作者除了操作键盘、装卸工件、关键工序的中间检测及观察，不需要进行其他手工劳动，劳动强度大大减轻。另外，数控机床一般都具有较好的安全防护、自动排屑、自动冷却、自动润滑等装置，劳动条件大为改善。

(4)生产效率高。数控机床主轴转速和进给量的变化范围较大，因此在每道工序上都可选用最有利的切削用量。由于数控机床的结构刚性好，因此允许采用大切削用量的强力切削，这就提高了数控机床的切削效率，节省了加工时间。另外，数控机床的空行程速度快，工件装夹时间短，刀具自动更换，从而节省了辅助时间；数控机床加工质量稳定，一般只作首件检查或中间抽检，节省了停车检验时间。并且，一台机床可实现多道工序的连续加工，生产效率明显提高。

(5)经济效益显著。数控机床加工一般不需要制造专用工夹具，节省了工艺装备费用。数控机床加工精度稳定，废品率下降，生产成本降低。此外，数控机床可实现一人多机、一机多用，节省了厂房面积和建厂投资。

(6)有利于现代化管理。在数控机床上，零件的加工时间可由 CNC 精确计数，相同工件加工时间一致，因而工时和工时费用可精确估计，有利于精确控制生产进度，均衡生产。此外，数控机床使用数字信息及标准接口、标准代码输入，可实现计算机联网，成为现代集成制造系统的重要基础。

3. 数控加工的应用范围

数控机床是综合应用计算机、自动控制、自动检测及精密机械等高新技术的产物，是技术密集度及自动化程度很高的典型机电一体化加工设备。具有加工零件精度高、产品质量稳定、自动化程度高、减轻工人的体力劳动强度、大大提高生产效率、能完成普通机床难以完成或根本不能加工的复杂曲面的加工等特点。

根据数控机床加工的特点，可以看出适合于数控加工的零件类型如下。

(1)批量小又需要多次生产的零件。

(2)几何形状复杂的零件。

(3)加工过程中必须进行多种加工的零件。

(4)切削余量大的零件。

(5)必须严格控制公差的零件。

(6)工艺设计发生变化的零件。

(7)加工过程中如果发生错误将会造成浪费严重的、贵重的、珍稀的零件。

(8)需全部检验的零件。

7.2　数控加工基础

7.2.1　数控机床组成

数控机床是一种将加工过程所需要的各种操作和步骤用数字化的代码表示并通过控制介质将数字信息传入数控装置，通过数控装置对输入的信息进行处理与运算，然后发出各种控制机床的伺服系统或其他驱动组件的控制信号，从而使机床自动加工出所需工件的机床。常见的数控机床有数控车床和数控铣床。

数控机床主要由程序载体、输入装置、数控系统、伺服系统、机床本体构成，如图 7-2 所示。

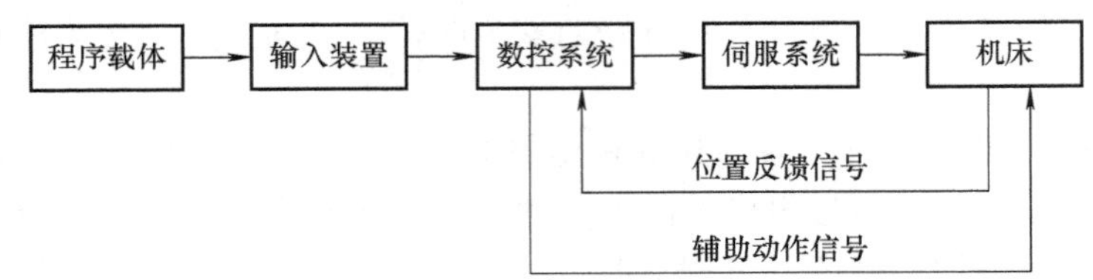

图 7-2　数控机床组成结构

(1) 程序载体。数控机床是按照所输入的零件加工程序运行的，零件加工程序中包括机床上刀具和工件的相对运动轨迹、工艺参数(走刀量、主轴转数等)和辅助运动等。将零件加工程序以一定的格式和代码存储在一种载体上，如穿孔纸带、录音磁带、软磁盘或 U 盘等，然后再通过数控机床的输入装置将程序信息输入到数控装置内。

(2) 输入装置。输入装置的作用是将程序载体内有关加工的信息读入数控装置，根据程序载体的不同，输入装置可以是光电阅读机、录音机、软盘驱动器或 USB 接口等。现代数控机床还可以不用任何程序载体，通过数控装置上的键盘，将零件加工程序用手工方式(MDI 方式)输入；也可用通信方式将加工程序由编程计算机传送到数控装置。

(3) 数控系统。数控系统是数控机床的核心，可根据输入的程序和数据完成数值计算、逻辑判断、输入输出控制等功能。数控装置一般由专用(或通用)计算机、输入输出接口板及机床控制器(可编过程控制器 PLC)等部分组成。机床控制器主要用于数控机床辅助功能、主轴转速功能和换刀功能的控制。常用的数控系统有日本的 FANUC 系统，德国的 Heidenhain、SIEMENS(西门子)系统，美国的 MH(马豪)系统等。国产系统有航天数控系统、华中数控系统等。

(4) 伺服系统。伺服系统包括伺服控制线路、功率放大线路、伺服电动机等执行装置，可接收数控装置发来的各种动作命令并驱动数控机床进给机构的运动。伺服系统的伺服精度和动态响应是影响数控机床的加工精度、表面质量和生产效率的重要因素之一。

(5) 位置反馈系统。位置反馈系统的作用是检测实际位移量(包括伺服电动机的角位移和数控机床执行机构的直线位移等)并将实际位移量反馈给伺服系统，由伺服系统中的位置比较环节对控制位移量与实际位移量进行比较，然后根据比较的差值调整控制信号，从而提高控制精度。

(6) 机械系统。数控机床的机械系统包括主运动系统、进给系统、辅助装置以及存放刀具的刀库、自动换刀装置(ATC)和自动托盘交换装置等部件。与传统机床相比，数控机床的结构强度、刚度和抗振性、传动系统与刀具系统的部件结构、操作机构等方面都发生了很大的变化，其目的是满足数控技术的要求和充分发挥数控机床的功能。

7.2.2　典型数控系统

数控系统是数控机床的核心。目前用最为广泛的典型数控系统有 FANUC(日本)、SIEMENS(德国)等公司生产的数控系统。我国主要有华中数控、华兴数控、广州数控等数控系统。

1. FANUC 数控系统

(1) 高可靠性的 PowerMate O 系列：用于控制 2 轴的小型车床，取代步进电动机的伺服系统。可配画面清晰、操作方便、中文显示的 CRT/MDA，也可配性能/价格比好的 DPUMDA。

(2) 普及型 CNC O-D 系列：O-TD 用于车床；O-MD 用于铣床及小型加工中心；O-GCD 用于圆柱磨床；O-GSD 用于平面磨床；O-PD 用于冲床。

(3) 全功能型的 O-C 系列：O-TC 用于通用车床、自动车床；O-MC 用于铣床、钻床、加工中心；O-GGC 用于内、外圆磨床；O-GSC 用于平面磨床。

2. SIEMENS 数控系统

(1) SINUMERIK802S/C：用于车床、铣床等，可控制 3 个进给轴和 1 个主轴。SINUMERIK 802S 适于步进电动机驱动，SINUMERIK 802C 适于伺服电动机驱动，具有数字 I/O 接口。

(2) SINUMERIK 802：用于数字闭环驱动控制，最多可控制 6 个坐标轴(包括 1 个主轴和 1 个辅助主轴)，具有紧凑型可编程 I/O 系统。

(3) SINUMERIK 840：全数字模块化数控设计，用于复杂机床、模块化旋转加工机床和传送机，可控制 31 个坐标轴。

7.3　数控编程基础

目前数控编程是 CAD/CAPP/CAM 系统中最能明显发挥效益的环节之一，在实现设计加工自动化、提高加工精度和加工质量、缩短产品研制周期等方面发挥着重要作用。

数控编程是从零件图纸设计到获得数控加工程序的全过程，是数控加工的重要步骤。数控编程的核心工作是生成刀具轨迹，然后将其离散成刀位点，再经过后置处理产生数控加工程序。刀位点一般取刀具轴线与刀具表面的交点，多轴加工中还要给出刀轴矢量。

7.3.1　数控编程方法

数控编程一般分为手工编程和自动编程两种。

1. 手工编程

从分析零件图纸、制订工艺规程、计算刀具运动轨迹、编写零件加工程序清单、制作控制介质直到程序校验，整个过程主要由人来完成，这种人工制备零件加工程序的方法称为手工编程。

手工编程适用于加工程序简单、几何形状不太复杂、加工程序不长、编程过程中所需计算比较简单的零件。

2. 自动编程

对于形状比较复杂的零件，特别是非圆曲线、列表曲线及曲面组成的零件，手工计算时工作量大且编写程序单、校对等工作量也很大，极易出现错误。这时，可采用自动编程。

自动编程又叫计算机辅助编程，它用计算机代替人，自动完成零件程序编制过程中的大部分工作。首先，编程人员利用专用软件的绘图功能(CAD 功能)将零件图形输入到计算机中，然后利用专用软件的后处理功能(CAM 功能)由计算机自动生成零件加工程序，最后通过计算机与数控系统的串行通信接口将加工程序输入数控机床。

与手工编程相比，自动编程无须记忆编程语言规则，易于学习、掌握，可提高工作效率、减少错误，尤其对图形复杂、计算烦琐、手工编程困难的程序，编制更加准确、方便。

3. 人机对话式自动编程系统

又称图形交互式自动编程系统，它是一种直接将零件的几何图形信息自动转化为数控加工程序的计算机辅助编程技术，通常借助计算机辅助设计(CAD)软件为基础的专用软件来实现的。图形交互式自动编程系统的编程步骤如下。

(1) 零件图纸及加工工艺分析。

(2) 几何造型(CAD 模块)。

(3) 刀位点轨迹计算及生成(CAM 模块)。

(4) 模拟仿真。

(5) 后置处理。

(6) 程序输出。

目前，自动编程软件很多且功能强大，选择合适的 CAD/CAM 软件可大大提高设计效率和质量，减少编程时间，充分发挥数控机床的优越性。

7.3.2 数控编程指令

数控程序中的指令可按其功能的不同分为若干种类型。

1. 准备功能 G 指令

准备功能 G 指令(简称准备功能)即用来规定刀具和工件的相对运动轨迹、机床坐标系、坐标平面、刀具补偿、坐标偏置等多种加工操作的准备工作。在 JB/T 3208—1999 标准中规定：G 指令由字母 G 及其后面的两位数字组成，从 G00 到 G99 共有 100 种代码，如表 7-1 所示。

表 7-1　准备功能 G 指令

代码	功能	代码	功能
G00	点定位	G45	刀具偏置+/-
G01	直线插补	G46	刀具偏置+/-
G02	顺时针方向圆弧插补	G47	刀具偏置+/-
G03	逆时针方向圆弧插补	G48	刀具偏置+/-
G04	暂停	G49	刀具偏置+/-
G05	不指定	G50	刀具偏置
G06	抛物线插补	G51	刀具偏置
G07	不指定	G52	刀具偏置
G08	加速	G53	直线偏移，注销
G09	减速	G54	直线偏移 X
GLO～G16	不指定	G55	直线偏移 Y
G17	XY 平面选择	G56	直线偏移 Z
G18	ZX 平面选择	G57	直线偏移 X、Y
G19	YZ 平面选择	G58	直线偏移 X、Z
G20～G32	不指定	G59	直线偏移 Y、Z
G33	螺纹切削，等螺距	G60	准确定位 1(精)
G34	螺纹切削，增螺距	G61	准确定位 2(粗)
G35	螺纹切削，减螺距	G62	快速定位(粗)
G36～G39	永不指定	G63	攻丝
G40	刀具补偿/刀具偏置注销	G64～G67	不指定
G41	刀具补偿-左	G68	刀具偏置，内角
G42	刀具补偿-右	G69	刀具偏置，外角
G43	刀具偏置-正	G70～G79	不指定
G44	刀具偏置-负	G80	固定循环注销

续表

代码	功能	代码	功能
G81～G89	固定循环	G94	每分钟进给
G90	绝对尺寸	G95	主轴每转进给
G91	增量尺寸	G96	恒线速度
G92	预置寄存	G97	每分钟转数(主轴)
G93	时间倒数，进给率	G98～G99	不指定

模态指令(又称续效指令)是表示这种指令已经在一个程序段中指定，便保持有效，直到在以后的程序段中出现同组的另一指令时才失效。同组的任意两个指令不能同时出现在同一个程序段中。

“不指定”代码用作将来修订标准时指定新功能之用。“永不指定”代码，说明即使将来修订标准时，也不指定新的功能。但这两类代码均可由数控系统设计者根据需要自行定义。

2. 辅助功能 M 指令

辅助功能指令，简称辅助功能，也叫 M 功能。JB/T 3208—1999 标准中规定：M 指令由字母 M 及其后面的两位数字组成，从 MOO 到 M99 共有 100 种代码，如表 7-2 所示。M 指令也有续效指令与非续效指令之分。这类指令与 CNC 系统的插补运算无关，而是根据加工时机床操作的需要予以规定。例如，主轴的正反转与停止、切削液的开关等。

表 7-2　辅助功能 M 指令

代码	功能	代码	功能
M00	程序停止	M20～M29	永不指定
M01	计划停止	M30	纸带结束
M02	程序结束	M31	互锁旁路
M03	主轴顺时针方向	M32～M35	不指定
M04	主轴逆时针方向	M36	进给范围 1
M05	主轴停止	M37	进给范围 2
M06	换刀	M38	主轴速度范围 1
M07	2 号切削液开	M39	主轴速度范围 2
M08	1 号切削液开	M40～M45	如有需要作为齿轮换挡，此外不指定
M09	切削液关	M46～M47	不指定
M1O	夹紧	M48	注销 M49
M11	松开	M49	进给率修正旁路
M12	不指定	M50	3 号切削液开
M13	主轴顺时针方向，切削液开	M51	4 号切削液开
M14	主轴逆时针方向，切削液开	M52～M54	不指定
M15	正运动	M55	刀具直线位移，位置 1
M16	负运动	M56	刀具直线位移，位置 2
M17～M18	不指定	M57～M59	不指定
M19	主轴定向停止	M60	更换工件

续表

代码	功能	代码	功能
M61	工件直线位移，位置 1	M72	工件角度位移，位置 2
M62	工件直线位移，位置 2	M73～M89	不指定
M63～M70	不指定	M90～M99	永不指定
M71	工件角度位移，位置 1		

注：M90～M99 可指定为特殊用途。

3. F、S、T 指令

(1) F 功能：该指令是进给速度指令，为续效指令。通常指定进给速度有两种方法。

① 代码法：即 F 后跟二位数字，这些数字不直接表示进给速度的大小，而是进给速度数列的序号。指定序号在具体机床的数控系统中有对应的实际进给速度，可查表确定。

② 直接指定法：F 后跟的数字就是进给速度的大小，单位由数控系统设定，一般单位为 mm/min，现在大多数数控系统采用这一指定方法。

(2) S 功能：该指令是主轴转速指令，为续效指令。其指定方法与 F 指令的指定方法基本相同，只是单位不同，常用的主轴转速单位为 mm/r。

(3) T 功能：该指令是刀具序号指令。在可以自动换刀的数控系统中，用来选择所需的刀具。指令以 T 为首，后跟两位数字，以表示刀具的编号。有时 T 后跟有四位数字，后两位数字表示刀具补偿的序号。

7.3.3 编程坐标系

在数控加工及数控编程过程中，数控机床坐标系的规定是一个非常重要的问题，其中机床坐标系和工件坐标系是经常使用的。机床坐标系和工件坐标系之间存在着某种关系，正确理解机床坐标系与工件坐标系对数控加工与数控编程是非常必要的。

1. 机床坐标系

机床坐标系是机床上固有的坐标系，如图 7-3 所示。机床坐标系是制造、调整机床的基础，是考察刀具在机床上实际运动位置的基准坐标系，也是建立工件坐标系的基础。机床坐标系在出厂前已经调整好，一般情况下不允许用户进行变动。机床坐标系的原点(一般用 M 表示)也叫机床零点，机床零点 M 是建立其他坐标系的基准。机床不同，其零点位置也不同。

机床坐标轴命名时，不管是刀具移动还是工件移动，机床坐标系永远假定刀具相对于静止的工件而运动。同时，运动的正方向是工件和刀具之间距离增大的方向，如图 7-3 所示。

(1) Z 坐标的确定：Z 轴与机床的主轴轴线平行，如果机床没有主轴，那么 Z 轴垂直于工件装卡面。Z 坐标的正方向为工件与刀具之间距离增大的方向。

(2) X 坐标的确定：X 坐标总是水平的。对于工件旋转的数控车床，X 轴的方向在工件的径向上且平行于横滑座。X 坐标的正方向是刀具离开工件旋转中心时的方向。对于刀具旋转的数控铣床，若 Z 轴是垂直的，那么当从主轴向立柱看时，X 轴的正方向指向右。

(3) Y 坐标的确定：Y 轴垂直于 X、Z 轴。按照右手直角笛卡儿坐标系来判定 Y 坐标及其正方向。

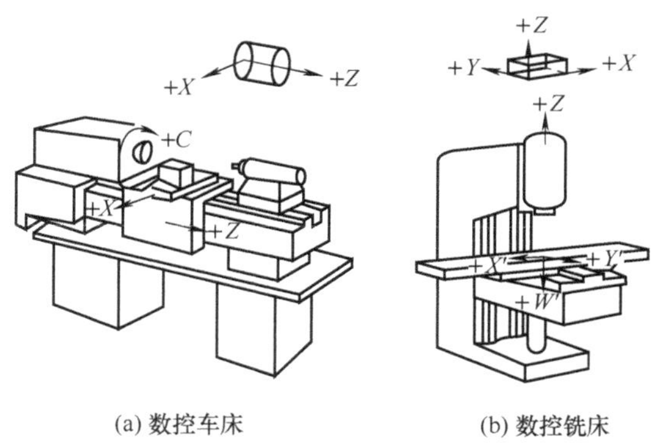

图 7-3　数控机床坐标系

2. 机床参考点

数控机床坐标系是通过操作机床各坐标轴返回机床零点的方法建立起来的。但是当机床安装好工件以后，机床零点已经不能返回也不能测量，所以在设计机床时需要设定一个与机床零点有固定位置关系的点，这个点叫机床参考点(一般用 R 表示)。参考点 R 的位置参数存放在数控系统中，这样只要让机床返回到 R 点就能确定 M 点，从而建立起机床坐标系。

参考点 R 的位置是在每个坐标轴上用挡块和限位开关精确地预先确定好的，参考点 R 多位于加工区域的边缘。

在绝对行程测量的控制系统中，不需要设定参考点；但在增量行程测量的控制系统中，必须设置参考点。

在 FANUC 系统中用 G28 指令使机床返回参考点(即回零操作)，一般情况下指令格式为 G91G28X0Y0Z0。

3. 工件坐标系

工件坐标系也称局部坐标系或编程坐标系，即以工件上的某一点(工件原点)为坐标系原点进行编程。

数控机床坐标系是进行设计和加工的基础，但是利用机床坐标系进行数控编程却不方便，因此应该在工件上设置一个工件坐标系来进行编程，在进行加工时，通过一些特定的方法测量出工件坐标系零点(一般用 W 来表示)在机床坐标系中的坐标值并把这个值输入到数控系统中，这样就可以建立起工件坐标系与机床坐标系之间的关系，如图 7-4 所示。

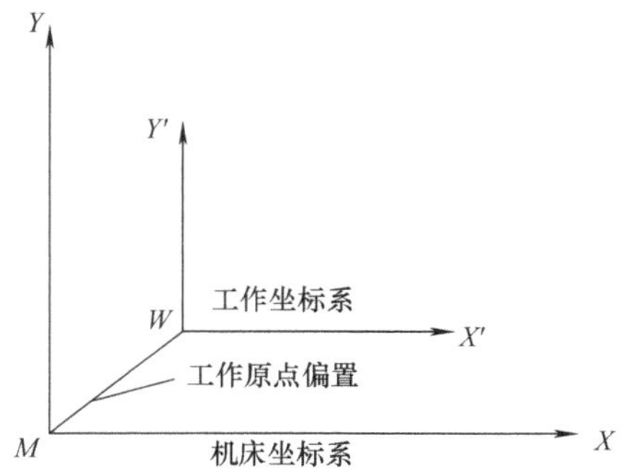

图 7-4　机床坐标系和工件坐标系

数控程序中的加工刀位点坐标均以工件坐标系为参照进行计算。

工件坐标系的确定：通过设置工件坐标系的原点相对于机床原点的位置坐标(称为原点偏置)来确定。该坐标系一般设置在工件上，即认为工件静止而刀具移动。

确定工件坐标系的指令有：

G50X_Z_ （数控车），G92X_Y_Z_ （数控铣），G54～G59（绝对零点偏置）。

工件坐标系零点 W 选择的原则。

(1) 尽量与工件的尺寸基准重合。

(2) 使工件图中的尺寸容易换算成坐标值。

(3) 零点应选在容易找正并且在加工过程中便于测量的位置。

7.4 数控车削

7.4.1 数控车床

数控车床主要用于轴类或盘类零件的内外圆柱面、任意角度的内外圆锥面、复杂回转内外曲面和圆柱、圆锥螺纹等的切削加工，还可进行切槽、钻孔、扩孔、铰孔及镗孔等加工。数控车床的主运动和进给运动是由不同的电机进行驱动的，这些电机都可以在机床控制系统的控制下实现无级调速。普通车床的传动是由一台电机驱动的，在一次调整完毕后，它只能以固定的速度和方向进行加工；而数控车床是由多台电机驱动的，它可以随时由数控系统对各台电机进行控制，随时改变加工的速度和方向，可以加工出各种复杂的零件。图 7-5 为全功能数控车床，一般由以下几部分组成。

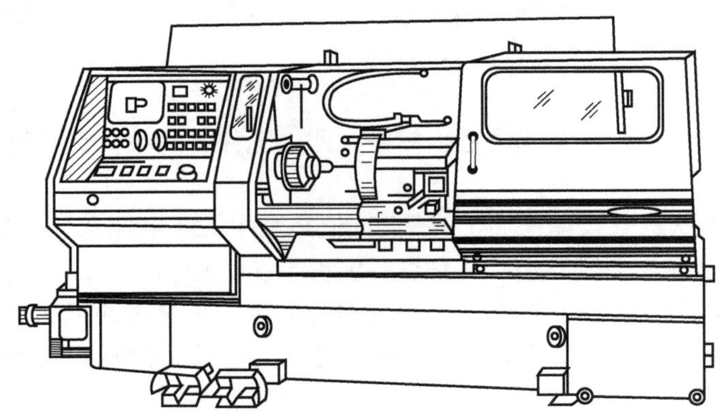

图 7-5 全功能数控车床

(1) 机床本体。它是数控车床的机械部分，包括床身、主轴箱、刀架、尾座、进给机构等。

(2) 数控装置。它是数控车床的控制核心，其主体是数控系统运行的一台计算机(包括 CNC、存储器、CRT 等)。

(3) 伺服驱动系统。它是数控车床切削工作的动力部分，主要实现主运动和进给运动，由伺服驱动电路和伺服驱动装置组成。伺服驱动装置主要有主轴电动机和进给驱动装置（步进电动机或交、直流伺服电动机等)。

(4) 辅助装置。辅助装置是指数控车床的一些配套部件，包括液压、气动装置及冷却系统、润滑系统和排屑装置等。

7.4.2 数控车削实训

1. 训练目的

(1) 了解数控加工的原理及应用。

(2) 熟悉数控车床的基本操作。

(3) 初步掌握数控加工工艺及编程技巧。

2. 训练设备

(1) 机床与型号：华兴 21S 数控车床，型号 CK6132。

(2) 工件毛坯：ϕ22mm 的铝合金棒料。

(3) 刀具材料及类型：高速钢尖刀、高速钢切断刀。

(4) 夹具：三爪卡盘。

(5) 量具：钢板尺、游标卡尺。

3. 训练内容

零件设计图如图 7-6 所示。

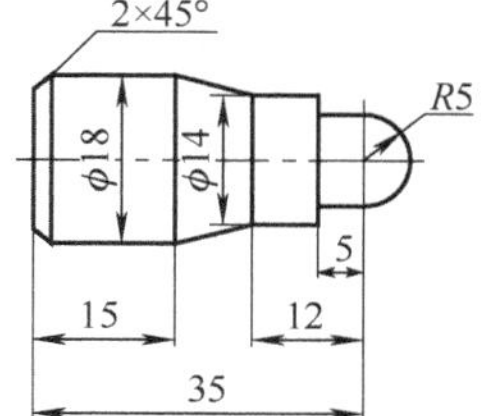

图 7-6 简单回转零件

1) 确定加工工艺

(1) 车右端面。

(2) 采用固定循环指令分别车ϕ18、ϕ14 和ϕ10 的外圆。

(3) 采用固定循环指令车锥面。

(4) 车圆弧。

(5) 倒角。

(6) 切断。

2) 选择刀具及切削用量

选择 90° 车刀加工端面、外圆、锥面和圆弧，刀号 T01；选择切断刀倒角和切断，刀宽 3mm，刀号 T02。刀具材料均为高速钢。

车端面时，主轴转速为 800r/min，进给量为 80mm/min；车外圆、锥面时，主轴转速为 800r/min，进给量为 60mm/min；车圆弧时，主轴转速为 800r/min，进给量为 50mm/min；倒角时，主轴转速为 500r/min，进给量为 30mm/min；切断时，主轴转速为 500r/min，进给量为 20mm/min。

3) 选择夹具及工件安装

由于零件较短，且为圆棒料，故可选择三爪卡盘进行夹紧。夹紧时，注意棒料与卡盘的同轴度要求。

4) 设置编程原点及换刀点

选择零件右端面圆弧与中心线交点为工件坐标系原点，换刀点可设为(60，60)。

5) 数值计算

该零件刀具轨迹所用节点均可从图中直观得出，不需专门计算。

6) 编制加工程序

如表 7-3 所示。

表 7-3　加工程序

程序	注释
P15	主程序名
N010 M03 S800 T01；	主轴正转，转速 800r/min，换 T01 刀
N020 GOO X24 Z0；	刀具快速定位
N030 G01 XO F80；	车端面，进给率为 80mm/min
N040 G00 X22 Z2 ；	退刀
N050 G81 X18 Z-43 R18 I-2 K-0.6 F60；	循环加工，车 φ 18 圆柱面，进给率为 60mm/min
N060 G00 X20 Z2；	退刀
N070　　X18；	退刀
N080 G81 X14 Z-17 R14 I-2 K-0.6 F60；	循环加工，车 φ 14 圆柱面
N090 G00 X16 Z2；	退刀
N100　　X14；	退刀
N110 G81 X10 Z-10 R10 I-2 K-0.6 F60；	循环加工，车 φ 10 圆柱面
N120 G00 X16 Z2；	退刀
N130　　　Z-15；	退刀
N140 G81 X18 Z-28 R14 I-2 K-0.6 F60；	循环加工，车圆锥面
N150 GOO X18 Z2；	退刀
N160　　X0；	退刀
N170 G03 X12 Z-5 R6 F50；	加工 R6 圆弧面，进给率为 50mm/min
N180 G00 X14 Z2；	退刀
N190　　X0；	退刀
N200 GO3 X10 Z-5 R5 F50；	加工 R5 圆弧面，进给率为 50mm/min
N210 G00 X60 Z60；	退刀
N220 M03 S500 T02；	换 T02 刀，转速 500r/min
N230 G00 X20 Z-43；	刀具快速定位
N240 G01 X13 F20；	切槽，进给率为 20mm/min
N250 G00 X16；	退刀
N260 G01 X18 Z-42 F30；	倒角，进给率为 30mm/min
N270 G00 Z-43；	退刀
N280 X14；	退刀
N290 G01 X18 Z-41 F30；	倒角，进给率为 30mm/min
N300 G00 Z-43；	退刀
N310　　X14；	退刀
N320 G01 X0 F20；	切断，进给率为 20mm/min
N330 M02；	程序结束
N340 M30；	返回程序开头

7)加工实作步骤

(1)在 PRGRM 主功能下，输入程序 P15，并保存。

(2)在 OPERA 主功能的模拟画面上，输入毛坯外圆直径 22、长度 55 进行图形模拟加工。

(3)在 PARAM 主功能下，T01、T02 分别对刀，并在补偿页 OFFSET 中输入刀具偏量。

(4)在 PRGRM 主功能下，选择自动加工，然后启动循环开始键，即实现自动加工。

(5)零件加工完毕后，用游标卡尺等进行检测，根据检测结果修正加工程序。

7.5　数 控 铣 削

7.5.1　数控铣床

数控铣床是出现和使用最早的数控机床。数控车床主要用于平面类、加工面与水平面的夹角呈连续变化的变斜角类零件，以及加工复杂曲面类零件，如模具、叶片、螺旋桨等。加工中心是在数控铣床的基础上产生的，它把铣削、镗削、钻削等功能集中在一台设备上，使其具有多种工艺功能。目前，加工中心已成为现代机床发展的主流方向，广泛应用于汽车、航空航天、军工、模具等行业。数控铣床与铣削加工中心的结构大致相同，区别在于数控铣床无自动换刀系统。如未特别说明，加工中心即指铣削加工中心。下面就以立式加工中心对机床结构布局进行说明，见图 7-7 所示，它主要由以下几个部分组成。

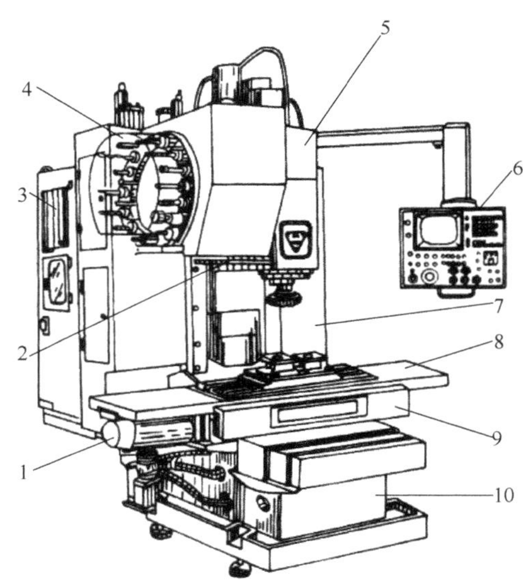

图 7-7　立式加工中心结构布局

1-直流伺服电机；2-换刀机械手；3-数控柜；4-盘式刀库；5-主轴箱；
6-机床操作面板；7-驱动电源柜；8-工作台；9-滑座；10-床身

(1)基础部件。它是加工中心的基础结构，由床身、立柱和工作台等组成，它们主要承受加工中心的静载荷以及在加工时产生的切削负载，因此必须要有足够的刚度。这些大件可以是铸铁件，也可以是焊接而成的钢结构件，它们是加工中心中体积和重量最大的部件。

(2)主轴部件。主轴部件由主轴箱、主轴电机、主轴和主轴轴承等零件组成。主轴的启、停和变速等动作均由数控系统控制，是切削加工中的功率输出部件。

(3) 数控系统。加工中心的数控部分由 CNC 装置、可编程控制器、伺服驱动装置以及操作面板等组成。它是执行顺序控制动作和完成加工过程的控制中心。

(4) 自动换刀系统。由刀库、机械手等部件组成。当需要换刀时，数控系统发出指令，由机械手(或通过其他方式)将刀具从刀库内取出装入主轴孔中。

(5) 辅助装置。包括润滑、冷却、排屑、防护、液压、气动和检测系统等部分。这些装置虽然不直接参与切削运动，但对加工中心的加工效率、加工精度和可靠性起着保障作用，是加工中心不可缺少的部分。

7.5.2 数控铣削实训

1. 训练目的

(1) 了解数控铣削加工的加工工艺。

(2) 熟悉数控铣床的基本操作。

(3) 掌握平面类零件数控编程的技能技巧。

2. 设备及工具

(1) 机床：数控铣床 XH714，FANUC 系统。

(2) 刀具：ϕ16 的高速钢立铣刀。

(3) 夹具：平口虎钳。

(4) 量具：游标卡尺等。

(5) 工件材料：铝。

3. 训练内容与步骤

1) 零件图分析

图 7-8 所示零件内槽已粗加工完，尚留余量 3mm，编写半精铣、精铣加工程序。要求刀具每次切深不大于 4mm，工件厚度为 10mm。

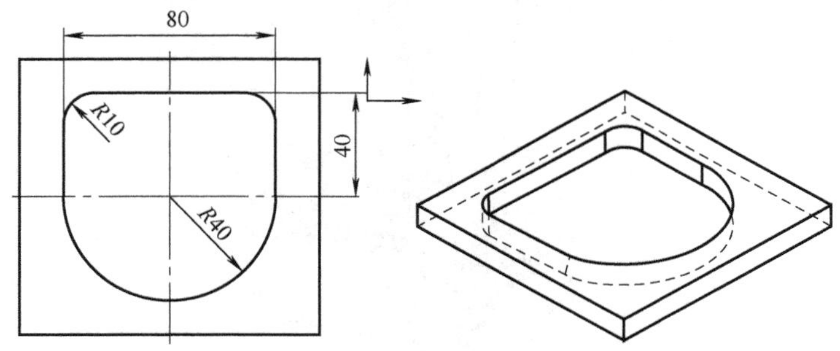

图 7-8 平面类零件

2) 工艺分析

(1) 装夹定位的确定：装夹采用平口钳。

(2) 加工刀具的确定：采用ϕ16mm 的立铣刀，根据要求设定 Z 向行程三次，分别取背吃刀量α_p为 3mm、4mm、3mm。

(3) 切削用量的确定：主轴转速 1200r/min，进给速度 60mm/min，利用刀具半径补偿进行粗、精加工，同一刀具采用不同的半径补偿值，两次切除余量，其中半精铣侧吃刀量α_e=2.7mm、精铣侧吃刀量α_e=0.3mm。刀具补偿参数见表 7-4。

表 7-4　刀具补偿值　　　　　　　　　　　　　　　　　　　(单位：mm)

刀具号	名称	刀长测量值	刀长补偿值	刀长补偿号	刀具直径测量值	刀具半径补偿值	刀具半径补偿号
T01	ϕ16 立铣刀	85.6	85.6	D01	16.006	10.7 8.003	D11 D12

3) 确定加工坐标原点

工件坐标原点定在 R40 圆弧的圆心，Z 向为工件上表面。

4) 编写加工程序

程序如表 7-5 所示。

表 7-5　加工程序清单及注释

程　序	注　释
O0001；	第 7 号主程序
G54 G90 G80 G9 G0；	建立工件坐标系，绝对坐标编程，取消补偿
G28 Z10O；	刀具返回参考点
T01 M06；	换 1 号刀
GOO XO YO S1200 M03；	到原点上方，主轴正转
G43 Z50 D01 M08；	刀具长度补偿，到安全平面，开冷却液
Zl.0 D11；	快速到 R 面，调补偿号 D11
M98 P0008 L3；	调 08 号子程序，执行三次，沿 Z 向切削三层，半精加工
G90 GOO Zl.0 D12；	快速到 R 面，调补偿号 D12
M98 P0008 L3；	调 08 号子程序，执行三次，沿 Z 向切削三层，精加工
G90 GOO Z100；	
G49 XO YO Z100；	取消刀具补偿
M30；	程序结束
子程序	解释
O0008；	08 号子程序
G91 GOO Z-4；	Z 向进刀一次(-4mm)
M98 P0018；	调 18 号子程序
M99；	返回主程序
O0018；	18 号子程序（切削一层内轮廓）
G90 G01 G41 X-20 Y-20 F60；	建立刀具补偿
G03 XO Y-40 R20；	圆弧轨迹，切向进刀切入
GO1 X30；	以下为切削内轮廓一次
G03 X40 Y-30 R10；	
GO1 YO；	
G03 X-40 I-40 JO；	
GO1 Y-30；	
G03 X-30 Y-40 R1O；	

续表

程　序	注　释
GO1 XO;	内轮廓切完
G03 X20 Y-20 R20;	圆弧轨迹，切向切出
GO1 G40 XO YO;	返回原点，取消刀具半径补偿
M99;	返回主程序

5)加工实作步骤

(1)输入程序 O0001，并保存。

(2)进行图形模拟加工。

(3)安装工件。

(4)对刀，并作刀具补偿。

(5)自动加工。

(6)零件加工完毕后，根据检测结果修正加工程序。

复习思考题

7-1　数控加工的工作过程是怎样的？为什么要设置不同的坐标系？

7-2　数控加工与传统加工相比，有哪些优点？

7-3　什么是数控车床？它与普通车床的主要区别是什么？

7-4　数控车床编程的特点是什么？如何编制数控加工程序？

7-5　数控铣床主要由哪几部分组成？数控铣床上可加工哪些类型的零件？

第 8 章　特种加工技术

8.1 概　　述

特种加工是利用电能、声能、光能、热能、化学能以及特殊机械能等多种能量或复合应用以实现材料切除的方法。与传统切削加工比较，特种加工具有许多独到之处。

(1) 能量密度高，能加工常规切削方法难以加工的材料。

(2) 非机械接触加工，作用时间短，热影响小，工件不易变形。

(3) 加工能量易于控制，可进行细小精密零件加工。

(4) 无切屑或粉末状切屑，加工过程易于实现自动化。

特种加工主要用于加工难切削材料，如高硬度、高强度、高脆性、磁性等金属和非金属材料以及精密细小和形状复杂的零件。目前，国内外开发应用的特种加工方法有数十种，已成为现代机械制造中不可或缺的重要组成部分。

特种加工根据能量的来源及形式，作用原理等有不同的分类方式，常见特种加工分类如表 8-1 所示，本书将重点介绍电火花加工、快速成型加工、激光加工三种常用特种加工方法。

表 8-1　常用特种加工方法分类表

特种加工方法		能量来源及形式	作用原理	英文缩写
电火花加工	电火花成形加工	电能、热能	熔化、气化	EDM
	电火花线切割加工	电能、热能	熔化、气化	WEDM
电化学加工	电解加工	电化学能	金属离子阳极溶解	ECM
	电解磨削	电化学、机械能	阳极溶解、磨削	EGM(ECG)
	电解研磨	电化学、机械能	阳极溶解、研磨	ECH
	电铸	电化学能	金属离子阴极沉积	EFM
	涂镀	电化学能	金属离子阴极沉积	EPM
激光加工	激光切割、打孔	光能、热能	熔化、气化	LBM
	激光打标记	光能、热能	熔化、气化	LBM
	激光处理、表面改性	光能、热能	熔化、相变	LBT
高能束加工	电子束加工	电能、热能	熔化、气化	EBM
	离子束加工	电能、动能	原子撞击	IBM
	等离子弧加工	电能、热能	熔化、气化(涂覆)	PAM
	超声加工	声能、机械能	磨料高频撞击	USM
化学加工	化学铣削	化学能	腐蚀	CHM
	化学抛光	化学能	腐蚀	CHP
	光刻	光、化学能	光化学腐蚀	PCM
3D 打印	液相固化法	光、化学能	增材法加工	SLA
	粉末烧结法	光、热能		SLS
	纸片叠层法	光、机械能		LOM
	熔丝堆积法	机械能、热能		FDM

特种加工扩大了机械加工的领域，各种特种加工方法都有其特定的适用场合，如超越其使用范围，就不会取得好的效果。选用特种加工方法，可遵循以下几条原则。

1) 根据被加工零件的材料特性来选择

如果是金属材料，几乎所有的特种加工方法都能加工；如果是非金属材料，除电火花加工、电解加工、化学加工要求材料导电外，其他特种加工方法都能加工。其次，还应根据加工材料的难易程度，选用相应的特种加工方法。

2) 根据被加工零件的工艺特点来选择

(1) 型腔加工选择电火花加工、电解加工。

(2) 微孔加工选择激光束、电子束加工、离子束加工等。

(3) 小深孔加工选择电解液冲刷加工、成型管电解加工、电火花小孔磨削加工等。

(4) 去毛刺、抛光等选择磨料流动加工、电化学加工和化学加工等。

3) 根据被加工零件的尺寸精度和表面粗糙度来选择

常见特种加工方法的性能如表 8-2 所示。

表 8-2　常用特种加工方法的性能

加工方法	尺寸精度/mm 平均/最高	表面粗糙度 *Ra* um 平均/最高
电火花成型加工	0.05/0.005	6.3/0.10
电火花线切割加工	0.1/0.005	3.2/0.16
电解加工	0.1/0.01	0.8/0.1
电解磨削	0.02/0.001	0.8/0.02
超声波加工	0.03/0.005	0.4/0.1
激光加工	0.1/0.001	0.3/0.1
电子束加工	0.1/0.001	0.3/0.1
离子束加工	0.1/0.01um	/0.006

4) 从经济效益角度应考虑的因素

(1) 加工效率。普通机械切削加工在刀具能承受的切削力和能达到可用的刀具寿命时，比特种加工效率高。反之，由于刀具寿命短和加工部位形状复杂难以加工时，则采用特种加工的效率更高。

(2) 功率消耗。除电化学加工能耗比较大外，其余特种加工方法能耗都比较低。

(3) 设备投资。特种加工的设备投入一般比传统加工设备的投资要大，尤其是电化学加工、激光束加工、电子束加工等设备投资更大。

8.2　电火花加工

8.2.1　特点及应用

电火花加工(Electrical Discharge Machining，EDM)是通过工件和工具电极间放电时产生的电蚀作用而有控制地蚀除工件材料，以使材料变形、改变性能的特种加工方法。又称放电加工或电蚀加工。由于放电过程中可见到火花，故称为电火花加工。

1943 年，苏联学者拉扎连科夫妇研究发明电火花加工，之后随着脉冲电源和控制系统的改进，而迅速发展起来。最初使用的脉冲电源是简单的电阻-电容回路。20 世纪 50 年代初，改进为 RLC(电阻-电感-电容)等回路。同时，还采用脉冲发电机之类的所谓长脉冲电源，使蚀除效率提高，工具电极相对损耗降低。随后又出现了大功率电子管、闸流管等高频脉冲电源，使在同样表面粗糙度条件下的生产率得以提高。60 年代中期，研制成晶体管和可控硅脉冲电源，提高了能源利用效率和降低了工具电极具电极损耗，并扩大了粗精加工的可调范围。到 70 年代，出现了高低压复合脉冲、多回路脉冲、等幅脉冲和可调波形脉冲等电源，在加工表面粗糙度、加工精度和降低损耗等方面又有了新的进展。在控制系统方面，从最初简单地保持放电间隙而控制工具电极的进退，逐步发展到利用微型计算机对电参数和非电参数等各种因素进行适时控制。

(1) 便于普通切削加工难以加工或无法加工的材料。如淬火钢、硬质合金钢、耐热合金钢等难加工材料。

(2) 电极与工件在加工过程中不直接接触，两者的宏观作用力很小。因此便于加深细孔、深槽、窄缝和切割薄片零件，而不受电极的刚度限制；对于各种型孔、立体曲面、复杂形状的工件均可使用电火花加工一次完成。

(3) 电极材料不必像切削加工的工具一样，比工件材料硬，原则上只要是导电材料都可以作为电火花加工时的工具电极。可加工各种成形刀具、样板和螺纹环规等工具和量具。

(4) 电火花加工直接利用电能、热能进行加工，便于实现加工工程的自动化。

(5) 不产生毛刺和刀痕沟纹等缺陷。

(6) 加工后表面产生变质层，在某些应用中须进一步去除。

(7) 工作液的净化和加工中产生的烟雾污染处理比较麻烦。

由于电火花加工具有以上独特的特点，电火花加工主要用于模具生产中的型孔、型腔加工，已成为模具制造业的主导加工方法，推动了模具行业的技术进步。电火花加工零件的数量在 3000 件以下时，比模具冲压零件在经济上更加合理。而随着电火花加工的工艺不断提高，以及数控电火花机床的不断应用，其应用领域不断扩大，现在已经广泛应用于模具制造、机械制造、航天、航空、电子、仪器仪表制造等方面，来解决各种难加工材料和具有复制形状零件的加工问题。

8.2.2　技术基础

1. 电火花加工原理

电火花加工的原理如图 8-1 所示。工件 1 与工具电极 4 分别与脉冲电源 2 的两输出端相连接，并将其浸入工作液中，或将工作液充入放电间隙。通过自动控制系统 3 控制工具电极向工件进给，当两电极间的间隙达到一定距离时，两电极上施加的脉冲电压将工作液击穿，产生火花放电。在放电的微细通道中瞬时集中大量的热能，温度可高达 10000℃以上，压力也有急剧变化，从而使这一点工作表面局部微量的金属材料立刻熔化、气化，并爆炸式地飞溅到工作液中，迅速冷凝，形成固体的金属微粒，被工作液带走。这时在工件表面上便留下一个微小的凹坑痕迹，如图 8-2 所示。放电短暂停歇，两电极间工作液恢复绝缘状态。紧接着，下一个脉冲电压又在两电极相对接近的另一点处击穿，产生火花放电，重复上述过程。这样，虽然每个脉冲放电蚀除的金属量极少，但因每秒有成千上万次脉冲放电作用，就能蚀除较多的金属，具有一定的生产率。在保持工具电极与工件之间恒定放电间隙的条件下，一边蚀除工件金属，一边使工具电极不断地向工件进给，最后便加工出与工具电极形状相对应的形状。因此，只要改变工具电极的形状和工具电极与工件之间的相对运动方式，就能加工出各种复杂的型面。

在加工过程中，工具电极也有损耗，但可使其小于工件金属的蚀除量，甚至接近于无损耗。工作液作为放电介质，在加工过程中还起着冷却、排屑等作用。常用的工作液是黏度较低、闪点较高、性能稳定的介质，如煤油、去离子水和乳化液等。

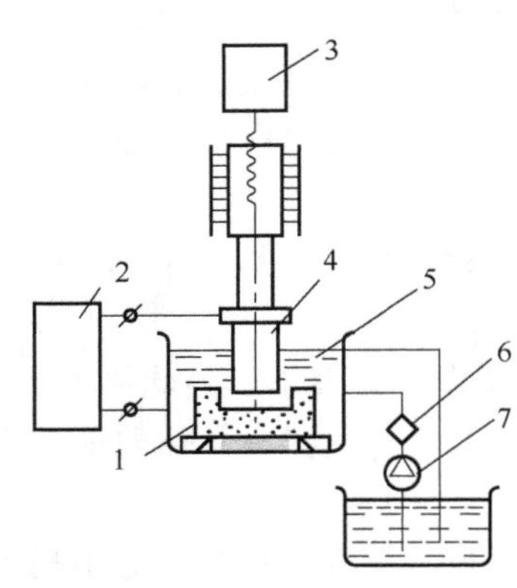

图 8-1　电火花加工原理示意图

1-工件；2-脉冲电源；3-自动进给调节装置；
4-工具电极；5-工作液；6-过滤器；7-工作液泵

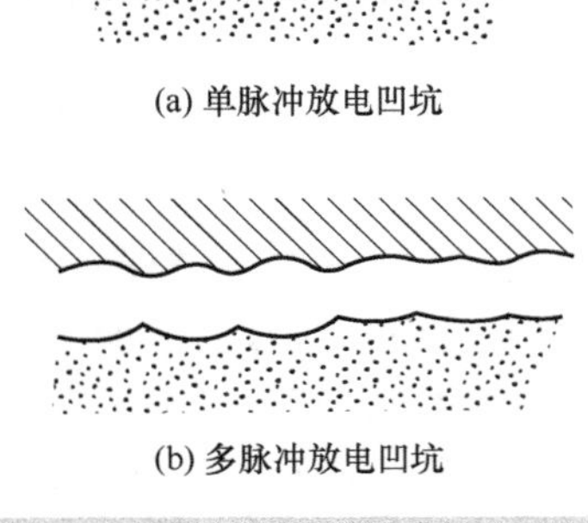

(a) 单脉冲放电凹坑

(b) 多脉冲放电凹坑

图 8-2　脉冲放电后形成的电蚀坑

2. 电火花加工的必要条件

(1) 必须是工具和工件被加工的表面经常保持一定的间隙。间隙的大小取决于施加在两极间的电压、加工量以及切削液的绝缘效果，一般为 0.01～0.2mm，以便形成电火花放电的条件。如果间隙过大，工作电压将击穿不了介质，电流接近于零；如果间隙过小，将形成短路接触，电极间电压接近于零，两种情况下都不能形成火花放电。为此在电火花加工过程中，必须具有工具电极的自动进给和间隙调节装置。

(2) 火花放电必须是脉冲性、间歇性的。电流延续一段时间(脉冲宽度)之后，一般需要停歇一段时间(脉冲间歇或脉冲间隔)。一般脉冲宽度小于 0.001 秒，才能使热量及高温来不及过多地传导扩散到其余部分。如果持续电弧放电，必然会使整个工件发热，表面“烧糊”，这只能是做切割或焊接用，无法用于尺寸加工。为此火花放点必须采用脉冲电源。

(3) 火花放电必须在一定绝缘性能的液体介质中进行。如煤油、皂化液或去离子水等。没有一定的绝缘性，就不能击穿放电形成火花通道或不能实现可控的脉冲放电。同时介质还起着把火花加工后的电蚀物从放电间隙中排除的去污作用和对电极表面的冷却作用。

3. 电火花加工的分类

按照工具电极的形式及其与工件之间相对运动的特征，可将电火花加工方式分为五类：利用成型工具电极，相对工件作简单进给运动的电火花成形加工；利用轴向移动的金属丝作工具电极，工件按所需形状和尺寸作轨迹运动，以切割导电材料的电火花线切割加工；利用金属丝或成形导电磨轮作工具电极，进行小孔磨削或成形磨削的电火花磨削；用于加工螺纹环规、螺纹塞规、齿轮等的电火花共轭回转加工；小孔加工、刻印、表面合金化、表面强化等其他种类的加工。表 8-3 为电火花加工工艺方法的分类。

表 8-3　电火花加工的分类

类别	工艺方法	特点	用途
1	电火花成型及穿孔加工	(1) 电极与工件之间只有一个相对的进给运动 (2) 工具为与被加工表面截面形状相同的成型电极	(1) 用于加工各种冲压、挤压、粉末冶金模具的型孔和微孔 (2) 用于各种形状复杂的型腔加工
2	电火花线切割加工	(1) 电极为电极丝，顺其轴线方向移动 (2) 工件在工作台的带动下做 X，Y 连个方向伺服运动	(1) 切割各种冲模有直面的零件 (2) 用于下斜、切割和窄缝加工
3	电火花内孔、外圆成型磨削	(1) 电极与工件具有相对旋转运动 (2) 电极与工件具有径向和轴向相对运动	(1) 加工高精密、小粗糙度的小孔零件 (2) 加工外圆和小模数滚刀等零件
4	电火花同步共轭回转加工	(1) 成型电极与工件做等角速度或成倍角速度的相对旋转运动 (2) 二者同时做横向或纵向进给运动	用于加工各种复杂的曲面，如高精度的异型齿轮、精密螺纹环规、高对称度的内外回转表面等
5	电火花高速穿孔	(1) 钢管电极回转并做轴向进给运动 (2) 同时通入高压工作液	(1) 线切割的穿丝孔加工 (2) 深度很大的小孔加工
6	电火花表面强化及饰纹加工技术	电极在工件表面振动和做相对运动，同时放电产生火花强化工件表面	(1) 模具刃口、刀、量具刃口表面强化 (2) 电火花刻字、打印记

8.2.3　电火花成形

电火花成形加工方法是通过工具电极相对于工件作进给运动，将工件电极的形状和尺寸复制在工件上，从而加工出所需要的零件。它包括电火花型腔加工和穿孔加工两种。电火花型腔加工主要用于加工各类热锻模、压铸模、挤压模、塑料模和胶木膜的型腔。电火花穿孔加工主要用于型孔(圆孔、方孔、多边形孔、异形孔)、曲线孔(弯孔、螺旋孔)、小孔和微孔的加工。近年来，为了解决小孔加工中电极截面小、易变形、孔的深径比大、排屑困难等问题，在电火花穿孔加工中发展了高速小孔加工，取得良好的社会经济效益。

1. 电火花成型加工机床

电火花加工机床主要由机床本体、脉冲电源、自动进给调节系统、工作液净化和循环系统、数控系统等部分组成，如图 8-3 所示。

(1) 机床本体。机床本体主要由床身、立柱、主轴头及附件、工作台等部分组成，是用以实现工件和工具电极的装夹固定及运动的机械系统。床身、支柱、坐标工作台是电火花机床的骨架，起着支承、定位和便于操作的作用。因为电火花加工宏观作用力极小，所以对机械系统的强度无严格要求，但为了避免变形和保证精度，要求具有必要的刚度。主轴头下面装夹的电极是自动调节系统的执行机构，其质量的好坏将影响进给系统的灵敏度及加工过程的稳定性，进而影响工件的加工精度。

(2) 脉冲电源。在电火花加工过程中，脉冲电源的作用是把工频正弦交流电流转变成频率较高的单向脉冲电流，向工件和工具电极间的加工间隙提供所需要的放电能量以蚀除金属。脉冲电源的性能直接关系到电火花加工的加工速度、表面质量、加工精度、工具电极损耗等工艺指标。

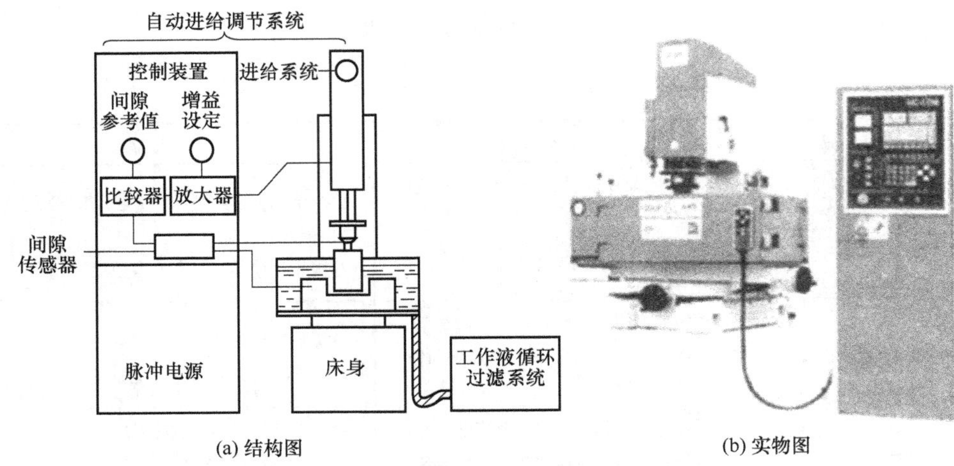

(a) 结构图　　(b) 实物图

图 8-3　立柱式电火花加工机床

脉冲电源输入为 380V、50Hz 的交流电，其输出应满足如下要求：要有一定的脉冲放电能量，否则不能使工件金属气化；火花放电必须是短时间的脉冲性放电，这样才能使放电产生的热量来不及扩散到其他部分，从而有效地蚀除金属，提高成型性和加工精度；脉冲波形是单向的，以便充分利用极性效应，提高加工速度和降低工具电极损耗；脉冲波形的主要参数(峰值电流、脉冲宽度、脉冲间歇等)有较宽的调节范围，以满足粗、中、精加工的要求；有适当的脉冲间隔时间，使放电介质有足够时间消除电离并冲去金属颗粒，以免引起电弧而烧伤工件。

(3) 自动进给调节系统。自动进给调节系统由自动调节器和自适应控制装置组成。主要的作用是在电火花加工过程中维持一定的火花放电间隙，保证加工正常、稳定地进行。主要体现在两个方面，一是在放电过程中，工具电极和工件电极不断被蚀除，造成两极间的间隙不断增大，当间隙过大时，则不会产生放电，此时自动进给调节装置将自动调节工具进行补偿进给，以维持所需的放电间隙；另一方面是当工具电极和工件电极距离太近或发生短路时，自动进给调节装置自动调节工具反向离开工件，再重新进给调节放电间隙。

(4) 工作液净化和循环系统。电火花加工用的工作液净化及循环系统由储液箱、过滤器、泵和控制阀等部件组成。工作液循环的方式很多，主要有非强迫循环、强迫冲油、强迫抽油。

2. 电火花成形加工工艺

电火花成形加工包括穿孔和型腔加工两大类。

1) 冲模加工

(1) 工艺方法。

冲头与凹模的配合间隙 $\delta(0.02\sim0.04\text{mm})$，刃口斜度 $\beta(5'\sim10')$，表面粗糙度（$Ra<1.25\mu\text{m}$）和落料角 α 是衡量一副冲模质量的主要技术指标。达到所需配合间隙的方法主要有以下三种。

① 直接配合法：即用冲头本身做工具电极直接加工凹模，通过调整加工参数来保证放电间隙与所要求的配合间隙一致。这种方法简化了工具电极的制造，并可得到均匀的配合间隙，模具质量高，在生产中应用广泛。

② 修配冲头法：即先用工具电极加工凹模，然后配作冲头，以达到需要的配合间隙。这种方法可以合理地选择工具电极材料及调节电规准，提高电火花的工艺指标，从而达到各种

不同大小的配合间隙。缺点是增加了制造工具电极的制造难度，且配合间隙由钳工保证，不仅费时，均匀性也较差。

③ 修配电极法：是工具电极先按冲头尺寸制造，然后根据配合间隙的要求，对照选定电规准的放电间隙修配工具电极尺寸，使电火花加工后的凹模能与冲头配合。

无论采用何种方法，凹模精度取决于工具电极的精度和放电间隙，而放电间隙的大小和均匀性又取决于电规准和其他工艺参数。

(2) 工具电极。

采用直接配合法加工时，工具电极大材料即冲头材料。采用其他方法加工时，可选用纯铜；精度要求高的冲模则可选用铜钨或银钨合金作工具电极材料。

工具电极的尺寸精度应比凹模精度高一级，一般不低于 IT7，表面粗糙度也应比凹模表面粗糙度低，一般不高于 $Ra0.63\sim1.25\,\mu m$，直线度和平行度在 100mm 内不超过 0.01mm。设计工具电极时，需要考虑它与主轴连接后，其重心应位于主轴轴心线上，否则附加的偏心力矩易使电极轴线偏斜，影响凹模的加工精度。

(3) 电规准的选择。

由于冲模的尺寸精度要求高，表面粗糙度值低，配合间隙小，故在加工中常选择粗、中、精三种规准，每一种又分为几档。

对粗规准的要求是：生产率高，工具电极损耗小。转换中规准前表面粗糙度应小于 $Ra10\mu m$。故粗规准主要采用较大的电流 $I_e=8\sim16A$，较长的脉冲宽度（$t_i=20\sim200\mu s$）。

中规准用于过渡性加工，以减少精加工余量，提高加工速度。中规准常选用脉冲宽度 $t_i=6\sim20\mu s$，加工电流 $I_e=4\sim8A$。

精规准用来保证模具所要求的配合间隙、表面粗糙度和刃口斜度等质量指标，并在此前提下尽可能提高生产率。故宜采用小的电流、高的频率、短的脉冲宽度。一般选用 $t_i=2\sim6\mu s$，加工电流 $I_e=1\sim4A$。

2) 型腔模加工

(1) 工艺方法。

由于型腔模加工属于盲孔加工，工作液循环困难，电蚀产物排除条件差，电规准的调节范围大，电极损耗不均等工艺特点，型腔模加工常用以下三种方法。

① 单电极平动加工法：这种方法在我国应用最广，它是用一个成形电极加工出所需的型腔模。优点是只需一个成形电极，一次装夹定位，但对于棱角要求高的型腔，加工精度难以保证。

② 多电极更换法：用两个以上的电极先后加工同一个型腔。优点是仿形精度高，尤其适用于尖角、窄缝多的型腔模加工。但这种工艺方法对电极重复制造精度要求高，电极更换时的装夹及重复定位精度也难保证。

③ 分解电极加工法：以单电极平动加工为基础，根据型腔的几何形状把电极分解成主型腔电极和副型腔电极分别制造。优点是可以在加工过程中使用不同的加工规准，有助于提高加工速度和加工质量，但必须注意主型腔和副型腔间的定位精度。

(2) 工具电极。

型腔模加工中电极材料多采用紫铜和石墨，它们的共同特点是损耗小、生产率高、加工稳定性好。

电极的结构形式有整体式、镶拼式、组合式等几种，可根据型腔模的尺寸、复杂程度和精度要求选定。在型腔模加工中，排屑、排气均比较困难，因此在工具电极上需要安排冲油孔和排气孔。冲油孔应设在难以排屑的位置，如拐角、窄缝处。排气孔应设在面积大和电极端部有凹陷的位置。

3) 电规准的选择

粗加工时，要求高生产率和低电极损耗，应选择宽脉冲，一般应大于400μs，然后选择合适的脉冲峰值电流。通常用石墨加工钢时，最高电流密度为 3～5A/cm^2，用纯铜加工钢时还可取大些。中规准与粗规准之间没有明显的界限。一般选用的脉冲宽度 t_i =20～400μs，峰值电流 $\hat{I}_e$ =10～25A。精加工时加工余量为 0.1～0.2mm，加工后表面粗糙度要低于 *Ra*2.5um，故一般选用窄脉宽 t_i =2～20μs，峰值电流 $\hat{I}_e$ ＜10A 进行加工。

4) 平动量的分配

平动量的分配主要取决于被加工表面右粗变细的修光量。一般中规准加工平动量为总平动量的 75%～80%，中规准加工后，型腔基本成形，精加工只作修光工作。

8.2.4　线切割

电火花线切割加工是在电火花加工基础上发展起来的一种加工工艺(简称 WEDM)。其工具电极为电极丝(钼丝或铜丝)，在电极丝与工件间施加脉冲电压，利用脉冲放电对工件进行切割加工，因而也称线切割。按金属丝电极移动的速度大小线切割可分为高速走丝(又称快走丝)和低速走丝线切割(又称慢走丝)。目前电火花线切割广泛用于加工各种冲裁模(冲孔和落料用)、样板以及各种形状复杂型孔、型面和窄缝等，如形状复杂、带有尖角窄缝的小型凹模的型孔可采用整体结构在淬火后加工，既能保证模具精度，又可简化模具设计和制造。此外，还可用于加工电火花成形加工用的电极，以及在试制新产品时制作样件等方面。

1. 线切割机床

线切割加工机床的分类方式很多，以按走丝速度分为快走丝线切割机床和慢走丝线切割机床，快走丝线切割机床走丝速度为 8～10m/s，国产线切割机床绝大部分是快走丝线切割机床，它的价格和运行费用大大低于慢走丝线切割机床，但切割速度及加工精度较低。慢走丝线切割机床走丝速度为 10～1 5m/min，国外生产的线切割机床属于慢走丝线切割机床，它的价格和运行费用较高，但切割速度和加工精度也较高。按控制轴的数量分 X、Y 两轴控制机床和 X、Y、U、V 四轴控制机床，两轴机床只能切割垂直的二维工件，四轴机床能切割带锥度的工件。按丝架结构形式分分固定丝架机床和可调丝架机床。固定丝架机床切割工件的厚度一般不大，而且最大切割厚度不能调整，可调丝架机床切割工件的厚度可以在最大允许范围内进行调整。

快走丝电火花数控线切割机床主要由机床本体、脉冲电源、数控装置三大部分组成。

1) 机床本体

机床本体是数控线切割加工设备的主要部分，主要由床身、工作台、丝架、运丝机构、工作液循环系统等几部分组成，如图 8-4 所示。

(1) 床身。通常为铸铁件，是机床的支撑体，上面装有工作台、丝架、运丝机构，其结构为箱式结构，内部安装电源和工作液箱。

(2) 工作台。工作台用来装夹工件，其工作原理是驱动电机通过变速机构将动力传给丝杠螺母副，并将其变成坐标轴的直线运动，从而获得各种平面图形的曲线轨迹。工作台主要由上、下拖板，丝杠螺母副、齿轮传动机构和导轨等组成。上、下拖板采用步进电机带滚珠丝杠副驱动。

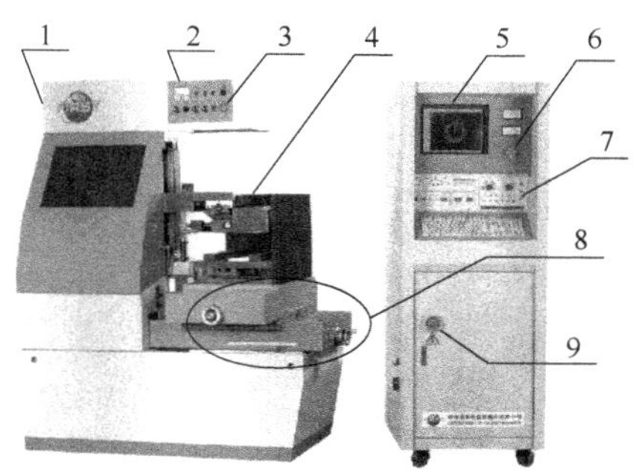

图 8-4　快走丝数控线切割机床

1-电源总开关；2-机床操作面板；3-机床急停按钮；4-运丝架；5-显示器；6-控制器急停按钮；7-控制器操作面板；8-手轮 9-控制器电源开关

(3) 丝架。丝架是用来支撑电极丝的构件，通过导轮将电极丝引到工作台上，并通过导电块将高频脉冲电源连接到电极丝上。对于具有锥度切割的机床，丝架上还装有锥度切割装置。丝架的主要功用是在电极丝按给定的线速度运动时，对电极丝起支撑作用，并使电极丝与工作台平面保持一定的几何角度。丝架按功能可分为固定式、升降式和偏移式三种类型。按结构可分为悬臂式和龙门式两种类型。固定式丝架的上下丝臂固定连接，不可调节，刚性好，加工稳定性高。活动丝架可适用不同厚度的工件加工，加工范围大。

(4) 走丝机构。走丝机构可分为高速走丝机构和低速走丝机构。目前国内生产的数控线切割机床基本都是高速走丝机构。高速走丝机构主要作用是带动电极丝按一定线速度运动，并将电极丝整齐地卷绕在贮丝筒上。

(5) 工作液循环系统。在加工中不断向电极丝与工件之间冲入工作液，迅速恢复绝缘状态，以防止连续的弧光放电，并及时把蚀除下来的金属微粒排除去。

2) 脉冲电源

脉冲电源是电火花线切割机床加工的能量提供者，是数控电火花线切割机床的主要组成部分。它在两极之间产生高频高压的电脉冲，使电极丝与工件形成脉冲放电，通常又叫高频电源。其功能是把工频的正弦交流电流转变成适应电火花加工需要的脉冲电流，以提供电火花加工所需的放电能量。脉冲电流的性能好坏将直接影响加工的切割速度、工件的表面粗糙度、加工精度以及电极丝的损耗等。

3) 数控装置

数控电火花线切割机床控制系统的主要功能如下。

(1) 轨迹控制：精确地控制电极丝相对于工件的运动轨迹。

(2) 加工控制：控制伺服进给速度、电源装置、走丝机构、工作液系统等。

现在的电火花线切割机床基本上都直接采用微型机算机控制。除了完成通常数控机床对工作台或上线架的运动控制，线切割的数控装置还需要根据放电状态，控制电极丝与工件的相对运动速度，以保证正确的放电间隙(0.01mm)。

2. 线切割加工工艺

1) 工件材料的选择与处理

工件材料选型是由图样设计时确定的。如模具加工，在加工前需要锻打和热处理。锻打后的材料在锻打方向与其垂直方向会有不同的残余应力；淬火后也同样会出现残余应力。对于这种加工，在加工中残余应力的释放，会使工件变形，而达不到加工尺寸精度，淬火不当的材料还会在加工中出现裂纹，因此，工件应在回火后才能使用，而且回火要两次以上或者采用高温回火。另外，加工前要进行消磁处理及去除表面氧化皮和锈斑等。

2) 工件的工艺基准

线切割时，除要求工件具有工艺基准面或工艺基准线外，同时还必须具有线切割加工基准。由于线切割加工多为模具或零件加工的最后一道工序，因此，工件大多具有规则、精确的外形。若外形具有与工作台 X、Y 平行并垂直于工作台水平面的两个面并符合六点定位原则，则可以选取一面作为加工基准面。

若工件侧面的外形不是平面，在工件技术要求允许的条件下可以加工出工艺平面作为基准。工件上不允许加工工艺平面时，可以采用划线法在工件上划出基准线，但划线仅适用于加工精度不高的零件。若工件一侧面只有一个基准平面或只能加工出一个基准面时，则可用预先已加工的工件内孔作为加工基准。这时不论工件上的内孔原设计要求如何，必须在机械加工时使其位置和尺寸精度适应其作为加工基准的要求。若工件以划线为基准，则要求工件必须具有可作为加工基准的内孔。工件本身无内孔时，可用位置和尺寸都准确的穿丝孔作为加工基准。

3) 电极丝的选择

应根据工件加工的切缝宽窄、工件厚度和拐角尺寸大小的要求选择电极丝的直径。表 8-4 是电火花线切割使用的电极丝。

表 8-4　各种电极丝的特点

材质	线径/mm	特　点
纯铜	0.1～0.25	适合于切割速度要求不高的精加工。丝不易卷曲，抗拉强度低，容易断丝
黄铜	0.1～0.30	适合于高速加工，加工面的蚀屑附着少，表面粗糙度和加工面的平直度也较好
专用黄铜	0.05～0.35	适合于高速、高精度和理想的表面粗糙度加工以及自动穿丝，但价格高
钼	0.06～0.25	由于它的抗拉强度高，一般用于高速走丝，在进行细微、窄缝加工时，也可用于低速走丝
钨	0.03～0.1	由于抗拉强度高，可用于各种窄缝的细微加工，但价格昂贵

为了满足切缝和拐角的要求，需要选用线径细的电极丝，但是线径一细，能够加工的工件厚度也会受到限制。表 8-5 列出线径、拐角 *R* 极限和能加工的工件厚度的极限。

表 8-5　线径、拐角 *R* 极限和能加工的工件厚度的极限

材料	直径 ϕ / mm	拐角 R 极限 /mm	切割工件厚度 /mm	材料	直径 ϕ / mm	拐角 R 极限 /mm	切割工件厚度 /mm
钨	0.05	0.04~0.07	0~10	黄铜	0.15	0.10~0.16	0~50
	0.07	0.05~0.10	0~20		0.20	0.12~0.20	0~100
	0.10	0.07~0.12	0~30		0.25	0.15~0.22	0~100

加工槽宽，一般随电极丝张力的增加而减少，随电参数的增大而增加，因此拐角的大小是随加工条件而变化的。

通过对加工条件的选择，能加工的工件厚度可大于表中的值，但容易使加工表面产生纹路，使拐角部位的塌角形状恶化。

4) 穿丝孔的加工

凹形类封闭形工件在切割前必须具有穿丝孔，以保证工件的完整性。凸形类工件的切割也有必要加工穿丝孔。由于坯件材料在切断时，会破坏材料内部应力的平衡状态而造成材料的变形，影响加工精度，严重时甚至造成夹丝、断丝。当采用穿丝孔时，可以使工件坯料保持完整，从而减少变形所造成的误差，如图 8-5 所示。

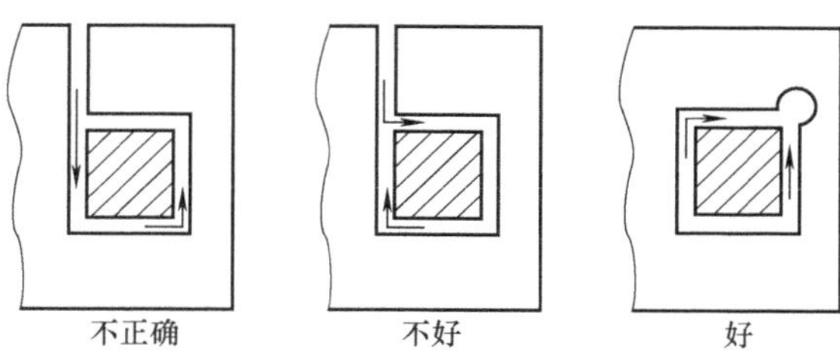

图 8-5　加工穿丝孔与否、切割凸模的比较

在切割中、小孔形凹形类工件时，穿丝孔位于凹形的中心位置操作最为方便。因为这既便于穿丝孔加工位置准确，又便于控制坐标轨迹的计算。

在切割凸形工件或大孔形凹形类工件时，穿丝孔应设置在加工起始点附近，这样可以大大缩短无用切割行程。穿丝孔的位置，最好选在已知坐标点或便于计算的坐标点上，以简化有关轨迹控制的运算。

穿丝孔的直径不宜太小或太大，以钻或镗孔工艺简便为宜，一般选在 3～10mm 范围内。孔径最好选取整数值或较完整数值，以简化用其作为加工基准的运算。

由于多个穿丝孔都要作为加工基准，因此，在加工时必须确保其位置精度和尺寸精度。这就要求穿丝孔应在具有较精密坐标工作台的机床上进行加工。为了保证孔径尺寸精度，穿丝孔可采用钻铰、钻镗或钻车等较精密的机械加工方法。穿丝孔的位置精度和尺寸精度，一般要等于或高于工件要求的精度。

5) 加工路线的选择

在加工中，工件内部应力的释放要引起工件的变形，所以在选择加工路线时，必须注意以下几点。

(1) 避免从工件端面开始加工，应从穿丝孔开始加工，参见图 8-6。

(2) 加工的路线距离端面(侧面)应大于 5mm。

(3) 加工路线开始应从离开工件夹具的方向进行加工(即不要一开始加工就趋近夹具)，最后再转向工件夹具的方向。如图 8-6 所示由 1 段至 2、3、4 段。

(4) 在一块毛坯上要切出两个以上零件时，不应连续一次切割出来，而应从不同预孔开始加工，参见图 8-7。

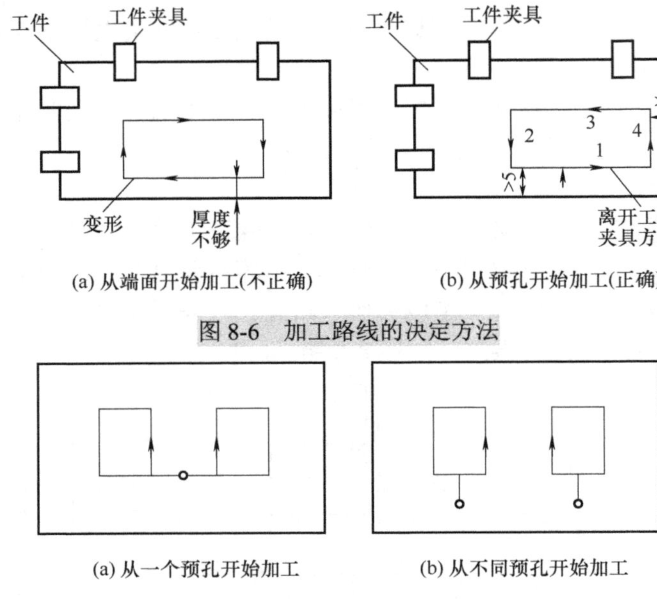

(a) 从端面开始加工(不正确)　(b) 从预孔开始加工(正确)

图 8-6　加工路线的决定方法

(a) 从一个预孔开始加工　(b) 从不同预孔开始加工

图 8-7　从一块工件上加工两个以上零件的加工路线

6) 工件的装夹

线切割加工机床的工作台比较简单，一般在通用夹具上采用压板固定工件。为了适应各种形状的工件加工，机床还可以使用旋转夹具和专用夹具。工件装夹的形式与精度对机床的加工质量及加工范围有着明显的影响。工件装夹一般有如下要求。

(1) 待装夹的工件其基准部位应清洁无毛刺，符合图样要求。对经淬火的模件在穿丝孔或凹模类工件扩孔的台阶处，要清除淬火时的渣物及工件淬火时产生的氧化膜表面，否则会影响其与电极丝间的正常放电，甚至卡断电极丝。

(2) 所有夹具精度要高，装夹前先将夹具与工作台面固定好。

(3) 保证装夹位置在加工中能满足加工行程需要，工作台移动时不得和丝架臂相碰，否则无法进行加工。

(4) 装夹位置应有利于工件的找正。

(5) 夹具对固定工件的作用力应均力，不得使工件变形或翘起，以免影响加工精度。

(6) 成批零件加工时，最好采用专用夹具，以提高工作效率。

(7) 细小、精密、壁薄的工件应先固定在不易变形的辅助小夹具上才能进行装夹，否则无法加工。

7) 工件位置的校正

在工件安装到机床工作台上后，在进行夹紧前，应先进行工件的平行度校正，即将工件的水平方向调整到指定角度，一般为工件的侧面与机床运动的坐标轴平行。工件位置校正的方法有以下几种。

(1) 拉表法。拉表法是利用磁力表座，将百分表固定在丝架或者其他固定位置上，百分表头与工件基面进行接触，往复移动 XY 坐标工作台，按百分表指示数值调整工件。必要时校正可在三个方向进行。

(2) 划线法。工件等切割图形与定位的相互位置要求不高时，可采用划线法。固定在丝架上的一个带有顶丝的零件将划针固定，划针尖指向工件图形的基准线或基准面，往复移动 XY

坐标工作台，根据目测调整工件进行找正。

(3) 固定基面靠定。利用通用或专用夹具纵横方向的基准面，经过一次校正后，保证基准面与相应坐标方向一致。于是具有相同加工基准面的工件可以直接靠定，尤其适用于多件加工。

8) 电极丝与工件的相对位置的确定

电极丝与工件的相对位置，常采用的是目视法、火花法和自动找中心法。其中火花比较常用。该方法是利用电极丝与工件在一定间隙下发生放电的火花来确定电极丝位置坐标。具体方式是摇动托板的丝杆手柄，使电极丝逼近工件的基准面，带开始产生火花时，记下托板的相应坐标。

8.2.5　电火花加工实训

1. 电火花成型操作训练

1) 训练目的

(1) 了解电火花成形工工艺。

(2) 熟悉电火花成形机床的基本操作。

2) 训练设备

(1) 机床：电火花成形机床，型号为 SP1。

(2) 工件材料：Cr12。

3) 训练内容与步骤

加工如图 8-8 所示为中夹板落料凹模，配合间隙为 0.08～0.10 mm，热处理淬火硬度为 HRC62～HRC64。

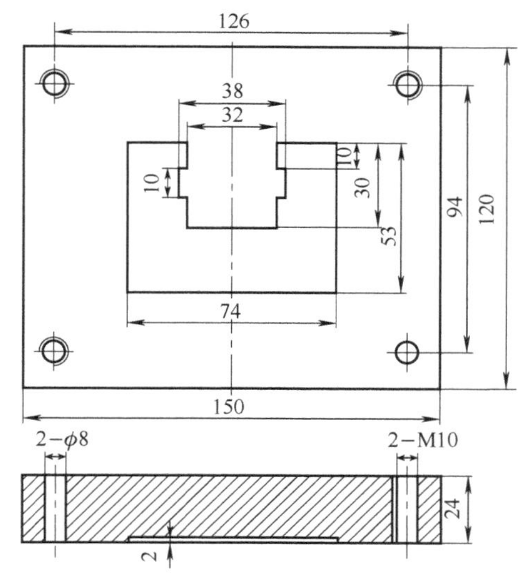

图 8-8　中夹板落料凹模

(1) 电加工前的工艺路线：在电火花加工前，应利用铣床、磨床等机械加工机床先把除凹模型孔以外的尺寸加工出来，并应用铣床对凹模型孔进行预加工，单面留电加工余量为 0.3～0.5mm。然后进行热处理淬火，使硬度达到 HRC62～HRC64。最后平磨上、下两平面。

(2) 工具电极准备：针对此模具特点，可以利用凸模做工具电极，采用“钢打钢”的方法进行加工。所以在进行电火花加工前，应先利用机械加工方法或电火花线切割方法加工出凸模。

(3) 电火花加工工艺方法：利用凸模加工凹模时，要将凹模底面朝上进行加工，这样可以利用“二次放电”产生的加工斜度，作为凹模的漏料口，即通常所说的“反打正用”。

(4) 工件的装夹、校正及安装固定：首先将工具电极(即凸模)用电极夹柄紧固，校正后固定在主轴头上；然后将工件(凹模)放置在电火花加工机床的工作台上，调整工具电极与工件的位置，使两电极中心重合，保证加工孔口的位置精度，最后用压板将工件凹模压紧固定。

(5) 加工工艺参数：采用低压脉宽 2μs，间隔 20μs；低压 80V，加工电流 3.5A；高压脉宽 5μs，高压 173V，加工电流 0.6A；加工极性为负；下冲油方式；加工深度＞30mm。

(6) 加工效果：加工时间约 10h；加工斜度为 0.03 mm(双边)；凸凹模配合间隙 0.008mm(双边)；表面粗糙度＜2.25μm。

2. 线切割操作训练

1) 训练目的

(1) 了解线切割加工工艺。

(2) 熟悉线切割机床的基本操作。

2) 训练设备

(1) 机床：快走丝数控线切割机床，型号为 DK7745。

(2) 工件材料：2mm 厚的 Q235 钢板。

3) 训练内容与步骤

按照技术要求，完成图 8-9(a) 所示平面样板的加工。

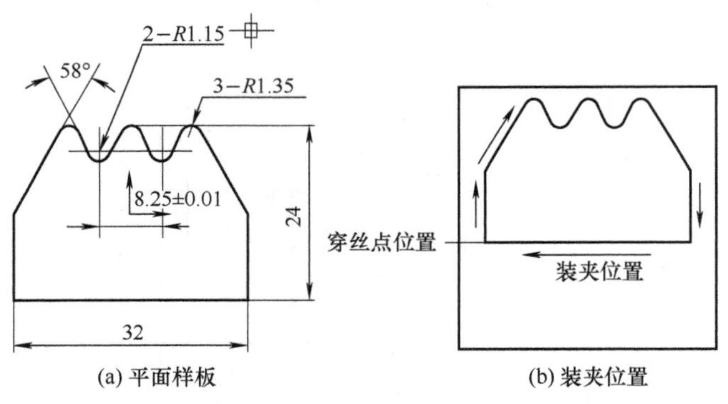

(a) 平面样板　　(b) 装夹位置

图 8-9　平面样板

(1) 零件图工艺分析：经过分析图纸，该零件尺寸要求比较严格，但是由于原材料是 2mm 厚的不锈钢板，因此装夹比较方便。编程时要注意偏移补偿的给定，并留够装夹位置。

(2) 确定装夹位置及走刀路线：为了减小材料内部组织及内应力对加工精度影响，要选择合适的走刀路线，如图 8-9(b) 所示。

① 利用 CAXA 线切割 V2 版绘图软件绘制零件图。

② 生成加工轨迹并进行轨迹仿真。生成加工轨迹时，注意穿丝点的位置应选在图形的角点处，减小累积误差对工件的影响。

③ 生成 G 代码程序并进行代码传输。

G 代码程序如表 8-6 所示。

表 8-6　G 代码程序

%	G02 X1268 Y11353　I1268　J–703
G92　X16000　Y–18000	G01　X3207　Y7856
G01　X16100　Y–12100	G03 X5043 Y7856　I918 J509
C01　X–16100　Y–12100	G01 X6982 Y11353
G01　X–16100　Y–521	G02　X9518　Y11353　I1268　J–703
G01　X–9518　Y–11353	G01　X16100　Y–521
G02　X–6982　Y11353　I1268　J–703	G01　X16100　Y–12100
G01　X–5043　Y7856	G01　X16000　Y–18000
G03　X–3207　Y7856　I918　J509	M02
G01　X–1268　Y11353	%

(3) 调试机床：调试机床应校正钼丝的垂直度(用垂直校正仪或校正模块)，检查工作液循环系统及运丝机构是否正常。

(4) 装夹及加工：

① 将坯料放在工作台上，保证有足够的装夹余量，然后固定夹紧，工件左侧悬置。

② 将电极丝移至穿丝点位置，注意别碰断电极丝，准备切割。

(5) 选择合适的电参数进行切割：此零件作为样板要求切割表面质量，而且板比较薄，属于粗糙度型加工，故选择切割参数为最大电流 3、脉宽 3、间隔比 4、进给速度 6。

加工时应注意电流表、电压表数值应稳定，进给速度应均匀。

8.3　3D 打印

8.3.1　特点及应用

3D 打印是基于离散—堆积成形原理，由三维 CAD 模型数据直接驱动，组装(堆积)材料单元而完成任意复杂形状的具有使用功能的零件的技术的先进制造技术的总称。首先，设计出所需产品或零件的计算机三维模型(如 CAD 模型)；然后，根据工艺要求，按照一定的规律将该模型离散为一系列有序的二维元，通常在 Z 向将其按一定厚度进行离散(也称为分层)，把原来的三维 CAD 模型变成一系列的二维层片；再根据每个层片的轮廓信息，输入加工参数，自动生数控代码；最后由成型系统将一系列层片自动成型并将它们连接起来，得到一个维物理实体。其原理及过程如图 8-10 所示。

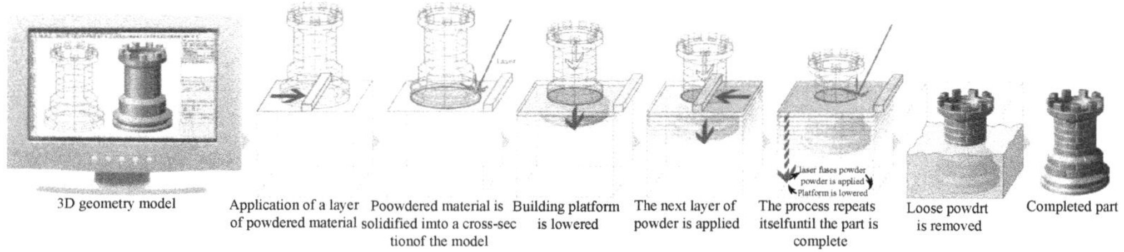

图 8-10　3D 打印的基本原理示意图

3D 打印是集计算机、数控技术、材料科学、激光技术及机械工程技术等为一体的高新技术。与传统加工制造方法不同，3D 打印是从零件的三维几何 CAD 模型出发，通过堆积，最终形成实体模型或产品，所以也称为增材制造(MIM)或分层制造技术(LMT)。由于 3D 打印是把复杂的三维制造转化为一系列二维制造的叠加，因此它在不借助任何模具和工具的条件下，生成具有任意复杂曲面的零部件和产品，因此极大地提高了生产效率和制造的柔性。3D 打印技术具有以下特点。

(1) 极适合于形状复杂、具有不规则曲面零件的加工，零件的复杂程度与制造成本无关。

(2) 能减少对熟练技术工人的需求。

(3) 几乎无废弃材料，是一种环保型制造技术。

(4) 成功地解决了计算机辅助设计中三维造型的实体化。

(5) 系统柔性高，只需要修改三维 CAD 模型，就能快速制造出各种不同形状的零件。

(6) 技术与制造集成，设计与制造一体化。

(7) 不需要专用的工装夹具、模具，大大缩短了新产品的开发时间。

以上特点决定了 3D 打印技术可用于产品的概念设计、功能测试等方面，又可直接用于工件设计、模具设计和制造等领域，RPM 技术在汽车、电子、家电、医疗、航空航天、工艺品制作以及玩具等行业有着广泛的应用。

(1) 产品设计评估与功能测验。为提高设计质量，缩短试制周期，3D 打印可在几小时或几天内将图纸或 CAD 模型转变成看得见、摸得着的实体模型。根据设计原型进行设计评估和功能验证，迅速地取得用户对设计的反馈信息。同时也有利于产品制造者加深对产品的理解，合理地确定生产方式、工艺流程和费用。与传统模型制造相比，快速成型方法不仅速度快、精度高，而且能够随时通过 CAD 进行修改与再验证，使设计更完善。

(2) 快速模具制造。以 RPM 生成的实体模型作为模芯或模套，结合精铸、粉末烧结或电极研磨等技术可以快速制造出产品所需要的功能模具，其制造周期一般为传统的数控切削方法的 1/10～1/5。模具的几何复杂程度越高，这种效益越显著。

(3) 医学上的仿生制造。医学上的 CT 技术与 3D 打印技术结合可复制人体骨骼结构或器官形状，整容、重大手术方案预演，以及进行假肢设计和制造。

(4) 艺术品的制造。艺术品和建筑装饰品是根据设计者的灵感，构思设计出来的，采用 3D 打印可使艺术家的创作、制造一体化，为艺术家提供最佳的设计环境和成型条件。快速成型制造开创了一个崭新的设计、制造概念。它以相对低的成本，可修改性强的特点，独到的工艺过程，为提高产品的设计质量，降低成本，缩短设计、制造周期，使产品尽快地推向市场提供了方法，对于复杂形状的零件则更为有利。快速成型制造技术作为一种先进制造技术将在 21 世纪的制造业中占据重要的地位。

8.3.2　技术基础

1. 技术原理

目前比较成熟的 3D 打印技术和相应的系统已有十余种，按照成型的能源分类，可将 3D 打印技术分为激光加工和非激光加工两大类，按照成型材料的形态可以分为液态、薄丝、丝材、金属和非金属粉末等五种。目前较为成熟的技术按照加工制造原理分类有以下四种。

(1) 液态光固化快速成型技术（Stereolithography，SLA）：以光敏树脂为原料，在计算机控制下，紫外激光束按各分层截面轮廓的轨迹进行逐点扫描，被扫描区内的树脂薄层产生光聚合反应后固化，形成制件的一个薄层截面。当一层固化完毕后，工作台向下移动一个层厚，在刚刚固化的树脂表面又铺上一层新的光敏树脂以便进行循环扫描及固化。新固化后的一层牢固地黏结在前一层上，如此重复，层层堆积，最终形成整个产品原型。

(2) 分层实体制造技术(Laminated Object Manufacturing，LOM)：又称叠层实体制造、薄形材料选择性切割成型：采用激光器和加热辊，按照二维分层模型所获得的数据，采用激光束，将单面涂有热熔胶的纸、所料带、金属带等切割成产品模型的内外轮廓，同时加热含有热熔胶纸等材料，使得刚刚切好的一层和下面已切割的层黏结在一起。如此循环，逐层反复的切割与黏合，最终叠加成整个产品原型。

(3) 熔融堆积成型技术(used Deposition Modeling，FDM)：又称熔融沉积成型或熔融挤出成型技术：采用热熔喷头装置，使得熔融状态的 ABS 丝，按模型分层数据控制的路径从喷头挤出，并在指定的位置沉积和凝固成型，逐层沉积和凝固，最终形成整个产品原型。

(4) 选择性激光烧结技术 (Selected Laser Sintering，SLS)：又称为激光选区烧结或粉末材料选择性激光烧结：按照计算机输出的产品模型的分层轮廓，采用激光束，按照指定路径，在选择区域内扫描和熔融工作台上已经均匀铺层的材料粉末，处于扫面区域内的粉末被激光束熔融后，形成一层烧结层。逐层烧结后，再去掉多余的粉末即获得产品模型。

尽管这些成型系统的结构和采用的原材料有所不同，但他们都是基于先离散分层，再堆积叠加的成型原理，即将一层层的二维轮廓逐步叠加成三维实体。其具体差别主要在于二维轮廓制作的原材料类型，成型的方法以及截面层与层之间的连接方式等内容，具体情况如表 8-7 所示。

表 8-7　几种典型 3D 打印技术的特点及用途

	SLA 光固化成型	FDM 熔融沉积成型	SLA 选择性激光烧结	LOM 分层实体制造
优点	(1) 成型速度快，精度高、表面质量好 (2) 适合小件及精细件	(1) 成型材料种类多，成型件强度高，可直接制作 ABS 塑料 (2) 尺寸精度高，表面质量较好，易于装配 (3) 材料利用率高 (4) 操作环境干净、安全，可适用于办公室操作	(1) 可以直接金属成型，可以直接得到金属、塑料或蜡件 (2) 材料利用率高、成型速度快	(1) 精度较高 (2) 只需对轮廓进行切割，效率高，适合大件 (3) 硬度较高，可进行一定的切割加工等后处理
缺点	(1) 成型后要进一步固化处理 (2) 固化后较脆，易断裂，可加工性不好 (3) 工作温度不超过 100℃，成型件易受潮后膨胀，抗腐蚀能力差	(1) 成型时间较长 (2) 不适宜制作小型制件、精细件	(1) 成型件强度和表面质量差，精度低 (2) 后处理工艺复杂 (3) 后处理中难以保证制件的尺寸精度	(1) 不易做薄壁制作 (2) 成型件有明显的台阶纹，需进行打磨等后处理 (3) 易受潮膨胀，成型后需尽快进行表面防潮等后处理 (4) 制件强度差，缺少弹性
设备价格	昂贵	低廉	昂贵	中等
维护费用	激光器有损耗，光敏树脂昂贵	材料利用率高，原材料便宜	激光器有损耗，材料利用率高，原材料便宜	激光器有损耗，材料利用率低
发展趋势	稳步	飞速	稳步	稳步

续表

	SLA 光固化成型	FDM 熔融沉积成型	SLA 选择性激光烧结	LOM 分层实体制造
应用领域	复杂、高精度精细件	塑料外形和机构设计	制造件设计	实心体大件
适合行业	快速成型服务中心	科研院校、生产企业	铸造行业	铸造行业

2. 基本环节

(1) 三维 CAD 造型：利用各种三维 CAD 软件进行几何造型，得到零件的三维 CAD 数学模型，是快速成型技术的重要组成部分，也是制造过程的第一步。三维造型方式主要有实体造型和表面造型，目前许多 CAD 软件在系统中加入一些专用模块，将三维造型结果进行离散化，生成面片模型文件或层片模型文件。

(2) 反求工程：物理形态的零件是快速成型技术体系中零件几何信息的另一个重要来源。几何实体同样包含了零件的几何信息，但这些信息必须通过反求工程进行数字化，方可进行下一步的处理。反求工程要对零件表面进行数字化处理，提取零件的表面三维数据。主要的技术手段有三坐标测量仪、三维激光数字化仪、工业 CT 和自动断层扫描仪等。通过三维数字化设备得到的数据往往是一些散乱的无序点或线的集合，还必须对其三维重构得到三维 CAD 模型，或者层片模型等。

(3) 数据转换：三维 CAD 造型或反求工程得到的数据必须进行大量处理，才能用于控制 RPM 成型设备制造零件。数据处理的主要过程包括表面离散化，生成 STL 文件或 CFL 文件，分层处理生成 SLC、CLI、HPGL 等层片文件，根据工艺要求进行填充处理，对数据进行检验和修正并转换为数控代码。

(4) 原型制造：原型制造即利用快速成型设备将原材料堆积成为三维物理实体。材料、设备、工艺是快速原型制造中密切相关的 3 个基本方面。成型材料是快速成型技术发展的关键。它影响零件的成型速度、精度和性能，直接影响零件的应用范围和成型工艺设备的选择。

(5) 物性转换：通过快速成型系统制造的零件，其力学、物理性能往往不能直接满足要求，仍然需要进一步的处理，即对其物理性质进行转换。该环节是 3D 打印实际应用的一个重要环节，包括精密铸造、金属喷涂制模、硅胶模铸造、快速 EDM 电极、陶瓷型精密铸造等多项配套制造技术，这些技术与 RPM 技术相结合，形成快速铸造、快速模具制造等新技术。

8.3.3 SLS 成型

1. 工作原理

SLS 快速成型系统的工作原理示意图如图 8-11 所示。从图中可以看出，SLS 快速成型的基本原理是采用激光器对粉末材料进行烧结和固化。

首先在工作台上用刮板或辊筒铺覆一层粉末状材料，再将其加热至略低于其熔化温度，然后在计算机的控制下，激光束按照事先设定好的分层截面轮廓，对原型制件的实心部分进行粉末扫描，并使粉末的温度升至熔化点，直至粉末熔化，粉末间相互黏结，从而得到一层截面轮廓。位于非烧结区的粉末则仍呈松散状，可作为工件和下一层粉末的支撑部分。当一层截面轮廓成型完成后，工作台将会下降一个截面层的高度，然后再进行下一层的辅料和烧结动作。如此循环往复，最终形成三维产品或模型。

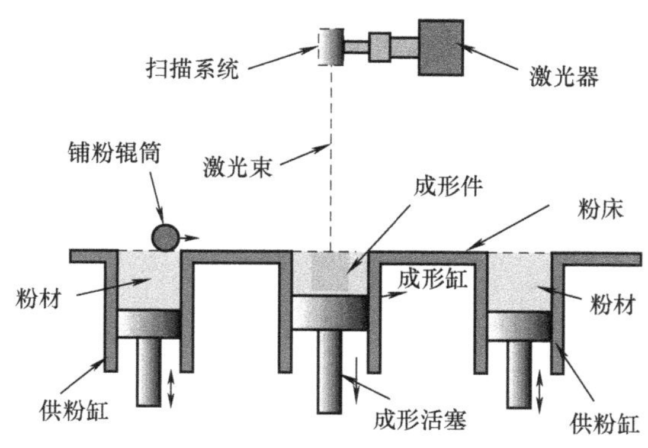

图 8-11　SLS 工作原理示意图

2. 系统组成

SLS 快速成型系统主要由主机、计算机控制系统和冷却器三部分组成。

1) 主机

主要由机身和机壳、加热装置、成型工作缸、振镜式动态聚焦扫描系统、废料桶、送料工作缸、铺粉装置、激光器组成。

(1) 机身与机壳：此部分给整个 SLS 快速成型系统提供机械支撑及所需的工作环境。

(2) 加热装置：此部分为送料装置和工作缸中的粉末提供预加热。

(3) 激光器：提供烧粉末材料所需的能源。当前激光器主要有两种：Nd-YAG 激光器和 CO_2 激光器。Nd-YAG 激光器的波长 1.06μm，CO_2 激光器的波长 10.6μm。一般情况下，塑料粉末的烧结选用 CO_2 激光器，金属和陶瓷粉末的烧结采用 Nd-YAG 激光器。

(4) 成型工作缸：成品零件的加工是在工作缸中完成的，工作时，工作缸每次下降一个层厚的距离，如此循环往复。待零件加工完成后，工作缸升起，取出制件，然后再为下一次的成品加工准备。

(5) 振镜式动态聚焦扫描系统：此系统由 X-Y 扫描头和动态聚焦模块组成。X-Y 扫描头上的两个镜子能将激光束反射到工作面预定的 X-Y 坐标平面上。动态聚焦模块通过伺服电动机的控制，可调节 Z 方向的焦距，使得反射到 X、Y 坐标点上的激光束始终聚焦在同一平面上。动态聚焦扫描系统和激光器的控制始终保持同步。

(6) 废料桶：用于回收铺粉时溢出的粉末材料。

(7) 送料工作缸：提供烧结所需的粉末材料。

(8) 铺粉辊装置：此装置包括铺粉辊及其驱动系统，作用是均匀地将粉末材料平铺在工作缸上。

2) 计算机控制系统

由计算机、应用软件、传感检测单元或驱动单元组成。

(1) 计算机：由上位机和下位机两级控制组成，其中上位主控机是主机，一般采用配置高、运行速度快的微机，完成三维 CAD 数据的处理任务。下位机是子机，为执行机构，进行成型运动的控制工作，即机电一体的运动控制。通过特定的通信协议，主机和子机进行双向通信，构成并联的双层系统。

(2) 应用软件：主要包括下列几部分软件：切片模块，STL 文件和直接切片文件两种模块；数据处理，识别 STL 文件并重新编码；工艺规划，烧结参数、扫描方式和成型方向等的设置；

安全监控，设备和烧结过程故障的诊断、自动停机保护等。

(3) 传感器检测单元：此部分包括温度和工作缸升降位移传感器。温度传感器用来检测工作腔、送料筒内粉末的预加热温度，以便进行实时的温度监控。

(4) 驱动单元：主要控制各电动机完成铺粉辊的平移和自转、工作缸上下升降和动态聚焦扫描系统各轴的驱动。

3) 冷却器

此部分由可调恒温水冷却器和外管路组成，用于冷却激光器，提高激光能量的稳定性。

8.3.4 FDM 成型

1. 工作原理

FDM 用的材料一般为热塑性材料，如 ABS、蜡、PC、尼龙等都以丝状供料。其工作原理如图 8-12 所示。

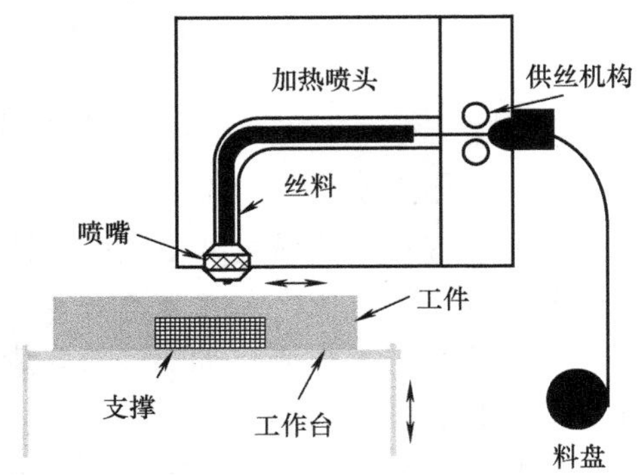

图 8-12 FDM 工作原理示意图

首先，丝状的成型材料和支撑材料都是由供丝机构送至各自相对应的喷丝头、然后在喷丝头中被加热至熔融状态；此时热喷头在计算机的控制下，按照事先设定的截面轮廓信息作 X-Y 平面运动，与此同时，经喷头挤出的熔体均匀的铺撒在每一层的截面上，并于上一层截面相黏结。每一个层片上都是在上一层进行堆积而成的，同时上一层对当前层又起到定位和支撑作用。随着层高度的增加，层片轮廓面积和形状都会发生一些变化，当形状有较大的变化时，上层轮廓就不能给当前层提供足够的支撑和定位作用，这就需要设计一些辅助结构即支撑结构，这些支撑结构能对后续层提供必要的定位和支撑，保证成型过程的顺利实现。这样，成型材料和支撑材料就被有选择性地的铺覆在工作台上，快速冷却后就形成一层层轮廓。当一层成型完成后，工作台就会下降实现设定好的一截面层的高度，然后喷头再进行下一层的铺覆，如此循环，最终形成三维实体产品或模型。

2. 系统组成

主要包括机械系统、软件系统和供料系统三部分。

(1) 机械系统：由运动部分、喷头装置、成型室、材料室和控制室等单元组成。机械系统采用模块化设计，各个单元之间相互独立。例如，运动部分完成扫描和升降动作，整套设备的运动精度由运动单元的精度所决定，与其他单元无关。因此每个单元可以根据自身的工程需求，采用不同的设计，此外，运动部分和喷头装置的精度要求较高。机械系统的关键部件是喷头装置，容易堵塞，是易损件。

(2) 软件系统：包括信息处理和几何建模两部分。信息处理部分包括 STL 文件的处理、工艺处理、图形显示等模块，分别完成 STL 数据的检验与修复、层片文件的设置与生成、填充线的计算、对成型机的控制等工作。其中工艺处理部分是根据 STL 数据文件，判断产品的成型过程中是否需要设置支撑和进行支撑结构的设计以及对 STL 数据的分层处理，然后再根据每一层填充路径的设计与计算，以 CLI 格式输出，并产生分成 CLI 文件。几何建模部分是由设计师使用三维 CAD 建模软件，如 Pro/E、AutoCAD、Solidworks 等建模软件，构造出产品的三维数据模型，或利用三维扫描测量设备获取产品的三维点云数据资料，重构出产品的三维数据模型，最后以 STL 文件的格式输出产品的数据模型。

(3) 供料系统：将 ABS 等丝束材料缠绕在供料辊上，电动机驱动辊子旋转，辊子和丝束之间的摩擦力能使丝束向喷头的出口送进。喷头的前端部位装有电阻丝加热器，在其作用下，丝束被加热、熔融，然后流经喷嘴后铺覆在工作台上，冷却后就形成一层层的轮廓界面。由于受到较小的喷嘴结构限制，加热器的功率不大，FDM 所选用的丝束一般为熔点不高的热塑性塑料或蜡。丝束熔融沉积的层厚随喷头的运动速度喷嘴的直径而变化，同城铺覆的层厚为 0.15～0.25mm。

8.3.5　3D 打印实训

1. SLS 快速成型加工操作训练

1) 训练目的

(1) 了解 SLS 快速成型工艺。

(2) 熟悉 SLS 快速成型机床的基本操作。

2) 设备及工具

(1) 机床：华中科技大学 HRPS-ⅡA 快速成形系统。

(2) 材料：高精细尼龙粉。

3) 训练内容及步骤

(1) 零件三维模型设计与绘制。用 Inventor2015 软件自主完成零件三维模型的设计绘制。并另存副本为 STL 文件。

(2) 从 Inventor 中导出 STL 格式文件，输入到快速成型机器中。

(3) 在快速成型系统中，把产品模型设置成一定厚度的片层，这些片层按次序累计起来就是原型件。随着单层层厚增加，产品强度减小，尺寸误差向负方向减小。层厚增加，黏结牢固程度减弱，容易剥离，强度降低，且要熔化的粉末向外传递的热量减小，使尺寸误差向负方向减小。而层厚减小，会降低成型效率，所以要综合考虑。

(4) 设置切割参数。

① 激光功率：随着功率的增加，被切割件尺寸向正方向增大，且厚度方向的增大要比宽度方向的尺寸误差大，主要是由于对于波长一定的激光，其光斑直径是固定的。此外，功率增加，强度也会随着增大，但过大会加剧固化收缩引起的翘曲变形。

② 扫描速度：当扫描速度增大时，尺寸误差向负方向减小，强度减小。

③ 烧结间距：随着扫描间距的增大尺寸误差向负方向减小，同时强度减小，扫描间距越小，单位面积上能量密度越大，熔化越充分，强度越高。重叠部分越大，温度会升高，使更多的粉末烧结在一起，使误差向正方向增大。间距越大，强度降低。同时影响效率，应综合考虑。

零件在高温烧结成型的，成型后回到常温下，零件都有一个收缩。因此为了抵消这种收缩，需要进行模型放大补偿，一般沿 Z 向放大 1.005 倍。HRPS Ⅳ 成型系统层厚设置根据精度要求，一般为 1.2mm。该系统所用的刀具指的是激光束，在烧结零件外轮廓时，激光束成型的并不是理论上的一条直线，因此需要进行刀具补偿，该补偿为 0.15mm 零件进行切片处理，扫描参数一般选择扫描线宽为 0.15mm，即激光束扫描轨迹之间的间隔。扫描线宽太大，不容易烧结成型。扫面线宽太小，容易导致烧结区温度过高。

(5) 进行原型件的制作。完成后待零件冷却后从工作缸中取出。

(6) 用工具小心清扫未烧结的粉末。在原型件的激光烧结过程中，未烧结的松散的粉末对成型件起到了自然支架作用。对这些松散粉末进行加热处理可以使之黏结，加热温度越高其板结程度越高，其对零件的支撑作用越显著，可以更好地防止零件变形；但要注意，加热温度越高，未烧结粉末越板结，随后的清理就越困难。

(7) 用压缩空气将原型件表面浮尘吹干净。

(8) 原型件浸树脂。在原型件的表面用刷子反复涂抹树脂，使零件完全浸透，并用吸水纸将零件表面多余的树脂吸干，然后放入 60℃的烘箱中烘干。

(9) 产品制作完成。

2. FDM 快速成型加工操作训练

1) 训练目的

(1) 了解 FDM 快速成型工艺。

(2) 熟悉 FDM 快速成型机床的基本操作。

2) 设备及工具

(1) 机床及设备：FDM 快速原型机 UP PLUS 2，电脑，Invenror2015 三维设计软件。

(2) 工具：小铲子、笔刀、镊子、六角扳手、尖口钳、手套、夹子、喷嘴扳手。

3) 训练内容及步骤

(1) 三维模型的设计绘制。用 Inventor2015 软件自主完成零件三维模型的设计绘制。并另存副本为 STL 文件。

(2) 启动 UP 软件，载入 3D 模型文件。

(3) 对模型文件大小、打印方向、位置等进行调整，然后单击自动布局，使模型放置在平台的适当位置。

(4) 初始化打印机。单击三维打印→初始化打印机，机器自动运行至打印机的初始位置。

(5) 调平打印平台。利用水平校准器来调平打印平台，并使喷嘴与打印平台四个角距离一致。

(6) 准备打印平板。将打印平板固定在打印平台上，并确保打印平板干净整洁。

(7) 设置打印参数。单击软件“三维打印”选项内的“设置”，进行层片厚度、密封表面、支撑等参数设置。

(8) 检查剩余丝材是否足够。

(9) 单击预热按钮对平台进行预热。

(10) 单击打印，当平台预热到 100℃时开始打印。

(11) 打印完成，移除模型。当模型打印完成后，移除打印平板，并用小铲子取下模型。去移除支撑材料。用手、钢丝钳或尖嘴钳去除支撑材料。

8.4 激光雕刻

8.4.1 特点及应用

激光加工是目前最先进的加工技术，主要利用高效激光对材料进行雕刻和切割，主要的设备包括电脑和激光雕刻机，使用激光雕刻的过程非常简单，就如同使用电脑和打印机在纸张上打印，利用图形处理软件进行图形设计之后，将图形传输到激光雕刻机，激光雕刻机就可以将图形雕刻出来，并按照设计的要求进行边缘切割。激光加工具有以下特点。

(1) 范围广泛：几乎可对任何材料进行雕刻切割。

(2) 保险可靠：采用非接触式加工，不会对材料造成机械挤压或机械应力。

(3) 精确细致：加工精度可达到 0.1mm。

(4) 效果一致：保证同一批次的加工效果完全一致。

(5) 高速快捷：可立即根据电脑输出的图样进行高速雕刻和切割。

(6) 切割的速度相比线切割要快很多。

(7) 价格低廉：不受加工数量的限制，对于小批量加工服务，激光加工更加廉价。

(8) 切割缝细小：激光切割的割缝一般在 0.1～0.2mm。

(9) 切割面光滑：激光切割的切割面无毛刺。

激光加工主要应用在以下几个方面：

(1) 广告宣传行业：有机玻璃激光雕刻(切割)；各类牌匾激光制作；双色板材激光雕刻等。

(2) 印刷包装行业：橡胶板激光雕刻；纸制品激光切割等。

(3) 模型制作行业：建筑模型激光雕刻制作；航空、航海模型激光雕刻制作等。

(4) 工艺礼品行业：竹简激光雕刻；木板书激光雕刻；红木激光雕刻；双色板激光雕刻；盒型工艺品激光雕刻；棋盘激光雕刻等。

(5) 皮革服装行业：各类鞋材、皮装真皮人造切割及表面图案雕刻、切割；各类服装、布料纺织品图案切割。

8.4.2　技术基础

1. 激光雕刻原理

激光雕刻形式多样，但基本原理都是一样的，如图 8-13 所示，激光束经过导光聚焦系统后射向被雕刻材料，利用激光和材料的相互作用，将材料从指定范围除去，而在没有被激光射到的地方保持原样。通过控制激光的开关、激光脉冲的能量、激光光斑的大小、光斑的运动路线和运动的速度，就可以在材料表面留下有规律的且有一定深度的、尺寸和形状的凹点和凸点，这些凹凸点就组成了所要雕刻的图案。

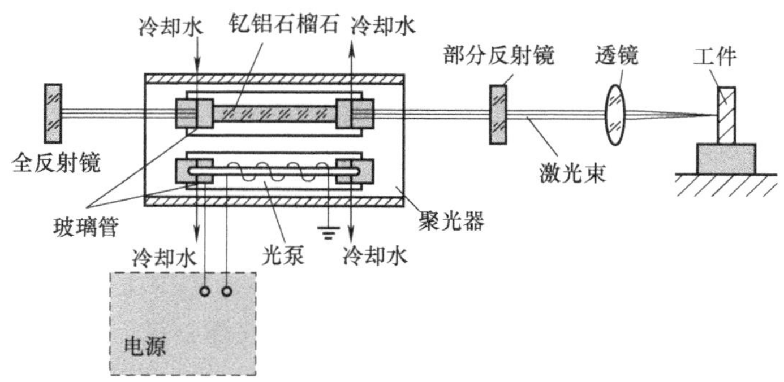

图 8-13　激光雕刻的基本原理

激光雕刻的实现主要是利用激光束在材料表面的三种效应。

(1) 熔蚀效应。当激光束照射到材料表面后，材料吸收激光束的能量并向内传导，熔蚀就是利用激光束的高能量来打断材料的化学键。当断键破坏程度超过一定阈值时，材料表层就会有两种变化：一种是表层材料形成碎片而剥落；另一种是材料表面熔融并重新流布。激光束在材料表面的熔蚀效应会造成很明显的视觉反差效果，因为一般当材料的表面被熔蚀到几微米到几十微米的深度时，在熔蚀区内材料的反射率会发生明显的变化，从而生成视觉效果很好的图案。

(2)汽化效应。在激光对材料的作用过程中，除了一部分能量被反射，大部分的能量会被材料吸收，这些被材料吸收的光能会迅速转化成热能，使被雕刻材料的表面的温度急剧上升，而材料温度的上升又会加快材料对能量的吸收，当达到材料的汽化温度时，材料表面会因瞬时汽化而蒸发，汽化同时会引起瞬间气压的上升，高速气流会将大部分蒸发物向外喷射，于是出现雕刻痕迹。

(3)光化学反应。由激光束所引起的材料的光化学反应主要发生在有机化合物上。由于一般聚合物分子的结合键不是很稳定，激光束的高光子能量使聚合物分子主链的不规则断裂，或使聚合物链彼此分开，随后低分子量的链段会挥发掉，即光致烧蚀作用。在利用光化学反应雕刻时，由于分子结构会发生变化，这种变化会引起材料颜色的变化，所以激光雕刻过程中常常会利用这一点，甚至有时会使用有限的添加剂，这样能有效地提高雕刻品的对比度，增加艺术效果。

2. 激光雕刻机的组成

激光雕刻机由这样几部分组成。普通激光雕刻机的结构框图如图 8-14 所示。

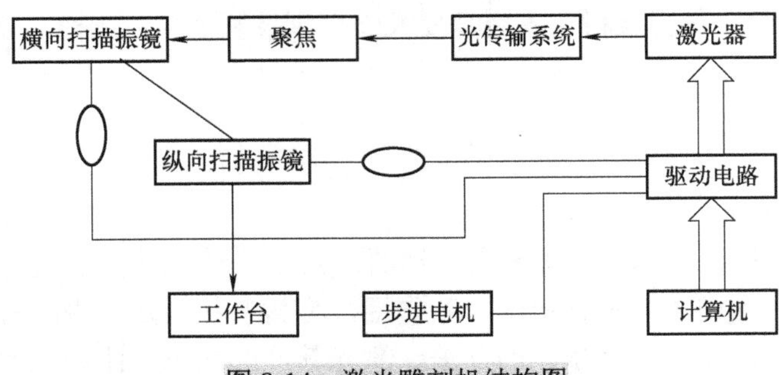

图 8-14　激光雕刻机结构图

(1)激光器：整个系统的关键部件，它把电能转化为光能，产生激光束。常用的激光器有固体和气体两大类。

(2)激光器电源：为激光器提供所需要的能量及控制功能。

(3)光学系统：包括激光聚焦系统和观察瞄准系统。

(4)机械系统：主要包括床身能在三坐标范围移动的工作台和机电控制系统。

3. 常用材料

(1)木材、竹材。木材、竹材是迄今止最常用的激光加工材料，很容易雕刻和切割(图 8-15)。浅色的木材象桦木、樱桃木或者枫木能很好地被激光气化，因而比较合适雕刻。在胶合板上雕刻，其实这同在木材上雕刻没有太大的区别，只是有点要注意，雕刻深度不可太深。切割后的胶合板边缘也会像木材那样发黑，关键是要看胶合板是使用哪种木本制造的。

(2)亚克力。亚克力是仅次于木头的最常用雕刻材料，它很容易被切割和雕刻，有各种各样的形状和大小，相对来讲成本较低。有机玻璃有两种生产工艺：浇铸和压延，激光雕刻主要用浇铸方式生产的有机玻璃，因为它在激光雕刻后产生的霜化效果非常白，与原来透明的质感产生鲜明对比，如图 8-16 所示，一般情况下有机玻璃采用背雕方式，也就是说从前面雕刻，后面观看，这使得成品更具立体感。在背雕时请先将图形加以镜像，且雕刻速度要快，功率要低。

图 8-15　激光雕刻的竹简

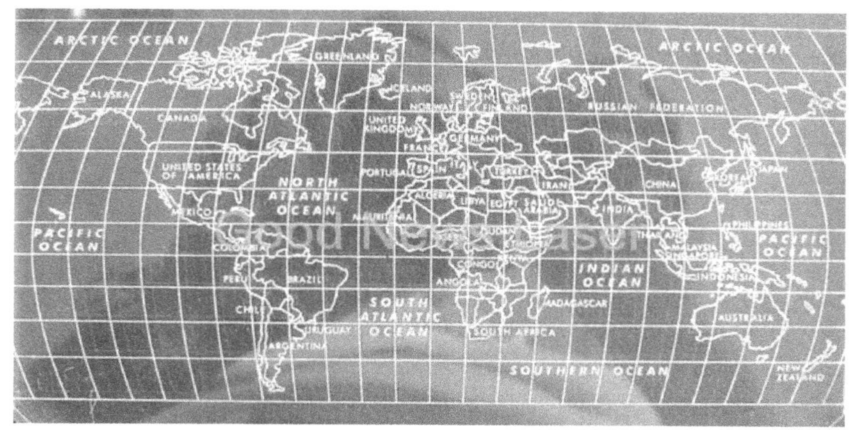

图 8-16　激光雕刻的世界地图

图 8-17　玻璃工艺品

(3) 密度贴面板。此类型的密度板，就是我们常用于做标牌衬板的那种木托板。材料为高密度板，表面贴有薄薄的木纹。激光可以在这类材料厂上进行雕刻，但雕刻出的图案颜色不均匀且发黑，一般要着色。有些密度板是为激光雕刻专门设计的，雕刻出的图案颜色均匀，不着色也有很好的效果。

(4) 玻璃板。激光可以在玻璃表面进行雕刻，但雕刻深度不深且不能切割。一般情况下激光可以在玻璃表面形成霜化或是破碎的效果，如图 8-17 所示。通常情况下希望得到霜化而不是破碎的效果，这关键要看质地如何，硬度是否一致。

8.4.3　激光雕刻实训

1. 训练目的

(1) 了解激光加工工艺。

(2) 熟悉激光雕刻机的基本操作。

2. 设备及工具

(1) 机床：工艺品激光雕刻机，型号为 ZTGD-4028D。

(2) 材料：2mm 厚玻璃板。

3. 训练内容与步骤

1) 方章排版

(1) 在菜单中选择，新建——方章。

(2) 选择印章类型：两字名章、三字名章、四字名章。

(3) 设置参数。

(4) 输入文字内容。

(5) 设置扫描区域。

(6) 单字调整：在菜单中选择编辑——显示选择框、微调工具，单击文字/矩形上方的矩形——选择此对象；在微调工具中调整。

(7) 整章调整：双击印章，弹出对话窗口，进行参数调整。

2) 印章图像

(1) 粘贴图像：把粘贴版中图像放入当前印章中。

(2) 绘图工具。

① 点、线段、椭圆、长形、菱形：在菜单/工具栏中选择后，在印章中单击并拖动，即可画出相应大小的点。

② 多边形：画法与以上相同，边线粗细、边数用微调工具调节。

③ 图像：画法与画点相同，只是需选择要添加的图像文件，大小用微调工具调节。

④ 网纹：添加防伪网纹，单击可看到印章中旋转的网纹，再单击一次，网纹添加结束。

(3) 扫描区域：设置印章雕刻时，章外的区域。

3) 雕刻输出界面

(1) 定位：根据定位方式设定以版面的某一个角为定位基点，驱动雕刻机画矩形框，用来确定当前输出的位置；这里指版面的实际尺寸，不是扫描区域；雕刻时会自动计算扫描区域。

(2) 按钮、参数说明。

① 雕刻输出：定位后转换数据，输出到雕刻机。

② 重新输出：再次输出上一次雕刻的数据。

③ 停止雕刻：当雕刻正在进行时可用，因为雕刻机有缓存以这里只是停止向雕刻机输出数据，但雕刻机并不立即停止雕刻。

④ 位置预览：在定位时，使雕刻机画矩形，以确定定位是否准确。

⑤ 阳模、阴模：印章的两种样式，选择需要的模式，默认为阳模。

⑥ 正字、反字：输出后为正字或反字，默认为反字。

⑦ 雕刻速度：激光头移动的速度。

⑧ 扫描间隔：相同情况下，间隔越大雕刻时间越短，但雕刻精度越差。

⑨ 轮廓输出：输出文字、图像轮廓，可用于切割。

4) 定位输出

进行些步前，请确认雕刻机已连接并处于工作状态。

(1) 编排好版面后，在菜单选择雕刻输出。

(2) 进入雕刻窗口，这时的输出位置是上一次所使用的输出定位。

(3)手动定位，用鼠标拖动图标到相应位置，或调节 X 轴 Y 轴，调节精度用步距控制。

(4)使用雕刻机的测试输出激光，查看当前位置，再做相应调整。

(5)按前面的方法设置雕刻参数进行雕刻。

复习思考题

8-1　简述电火花的加工原理。

8-2　什么是电规准？简述其选择方法。

8-3　3D 打印目前有哪些主流技术？它们有何不同？

8-4　实现 3D 打印技术的基本技术环节包括哪些方面？

8-5　简述激光加工的优点。

第 9 章　机电控制技术

9.1　概　　述

“控制(control)”一词，如今已相当广泛地应用在各行各业，如温度控制、微机控制、人口控制等。所谓控制，其定义是：“为达到某种目的，对某一对象施加所需的操作。”含有“调节、调整”，“管理、监督”，“运用、操作”等意思。在上述定义中所说的对象，是指物体、机器、过程或经济、社会现象等一般广泛的系统，叫做被控对象。对于想实现控制的目标量，如电动机的转速、储水容量水位、液压缸中活塞的位置、炉内温度等叫做控制量，而把所希望的转速、水位、位置、温度等叫做目标值或参数量。

根据产生控制作用的主体的不同，控制可分为手动控制和自动控制。由人本身通过判断和操作进行的控制叫做手动控制。例如，汽车的驾驶，司机为到达目的地，需要根据路况和车况不断地操纵方向盘；又如，人的行走、抓放物品等行为也都可称为手动控制。所谓自动控制，是指在没有人直接参与的情况下，利用外加的设备或装置(称控制装置或控制器)使机器、设备或生产过程的某个工作状态或参数自动地按照预定的规律运行。

自动控制技术在现代科学技术的许多领域中起着越来越重要的作用，例如，数控车床按照预定程序自动地切削工件，化学反应炉的温度或压力自动地维持恒定，雷达和计算机组成的导弹发射和制导系统自动地将导弹引导到敌方目标，无人驾驶飞机按照预定航线自动升降和飞行，人造卫星准确地进入预定轨道运行并回收等，这一切都是以高水平的自动控制技术为前提的。另一方面，为了实现各种复杂的控制任务，首先要将被控对象和控制装置按照一定的方式连接起来，组成一个有机总体，这就是自动控制系统。在自动控制系统中，被控对象的输出量，即被控量是需要严格加以控制的物理量，它可以要求保持为某一恒定值，如温度、压力、液位等，也可要求按照某个给定规律运行，如飞行航线、记录曲线等；而控制装置则是对被控对象施加控制作用的机构的总体，它可以采用不同的原理和方式对被控对象进行控制。自动控制理论是研究自动控制共同规律的技术科学。它的发展初期，是以反馈理论为基础的自动调节原理，并主要用于工业控制。第二次世界大战期间，为了设计和制造飞机及船用自动驾驶仪、火炮定位系统、雷达跟踪系统以及其他基于反馈原理的军用装备，而进一步促进并完善了自动控制理论的发展。大战后，已形成完整的自动控制理论体系，这就是以传递函数为基础的经典控制理论，它主要研究单输入-单输出、线性定常系统的分析和设计问题。20 世纪 60 年代初期，随着现代应用数学新成果的推出和电子计算机技术的应用，为适应宇航技术的发展，自动控制理论跨入了一个新阶段——现代控制理论。它主要研究具有高性能、高精度的多变量变参数系统的控制问题，采用的方法是以状态方程为基础的时域法。目前，自动控制理论还在继续发展，并且已跨越学科界限，正向以控制论、信息论、仿生学为基础的智能控制理论深入。

机电控制系统的发展按所用控制器件来划分，它主要经历了四个阶段：最早的机电控制系统出现在 20 世纪初，它仅借助于简单的接触器与继电器等控制电器，实现对被控对象的启、停以及有级调速等控制，它的控制速度慢，控制精度也较差；20 世纪 30 年代控制系统从断续控制发展到连续控制，连续控制系统可随时检查控制对象的工作状态，并根据输出量与给定量的偏差对被控对象自动进行调整，它的快速性及控制精度都大大超过了最初的断续控制，并简化了控制系统，减少了电路中的触点，提高了可靠性，使生产效率大为提高；40~50 年代出现了大功率可控水银整流器控制；时隔不久，50 年代末期出现了大功率固体可控整流组件——晶闸管，很快晶闸管控制就取代了水银整流器控制，后又出现了功率晶体管控制，由于晶体管、晶闸管具有效率高、控制特性好、反应快、寿命长、可靠性高、维护容易、体积小、重量轻等优点，它的出现为机电自动控制系统开辟了新纪元。

随着数控技术的发展，计算机的应用特别是微型计算机的出现和应用，又使控制系统发展到一个新阶段——计算机数字控制，它也是一种断续控制，但是和最初的断续控制不同，它的控制间隔(采样周期)比控制对象的变化周期短得多，因此在客观上完全等效于连续控制，它把晶闸管技术与微电子技术、计算机技术紧密地结合在一起，使晶体管与晶闸管控制具有强大的生命力。20 世纪 70 年代初，计算机数字控制系统应用于数控机床和加工中心，这不仅加强了自动化程度，而且提高了机床的通用性和加工效率，在生产上得到了广泛应用。工业机器人的诞生，为实现机械加工全面自动化创造了物质基础。20 世纪 80 年代以来，出现了由数控机床、工业机器人、自动搬运车等组成的统一由中心计算机控制的机械加工自动线——柔性制造系统(FMS)，它是实现自动化车间和自动化工厂的重要组成部分。机械制造自动化的高级阶段是走向设计和制造一体化，即利用计算机辅助设计(CAD)与计算机辅助制造(CAM)形成产品设计与制造过程的完整系统，对产品构思和设计直至装配、试验和质量管理这一全过程实现自动化，以实现制造过程的高效率、高柔性、高质量，实现计算机集成制造系统(CIMS)。

9.2　用电安全技术

1. 触电的种类

1) 电击

电击就是通常所说的触电。电击是电流对人体内部组织的伤害，是最危险的一种伤害，绝大多数(大约 85%以上)的触电死亡事故都是由电击造成的。电击的主要特征有：伤害人体内部；在人体的外表没有显著的痕迹；致命电流较小。

按照发生电击时电气设备的状态，电击可分为直接接触电击和间接接触电击。

直接接触电击：是触及设备和线路正常运行时的带电体发生的电击(如误触接线端子发生的电击)，也称为正常状态下的电击。

间接接触电击：是触及正常状态下不带电，而当设备或线路故障时意外带电的导体发生的电击(如触及漏电设备的外壳发生的电击)，也称为故障状态下的电击。

电流对人体的伤害程度一般与下面几个因素有关。

(1) 通过人体电流的大小：以工频电流为例，当 1mA 左右的电流通过人体时，会产生麻刺等不舒服的感觉；10～30mA 的电流通过人体，会产生麻痹、剧痛、痉挛、血压升高、呼吸困难等症状，但通常不致有生命危险；电流达到 50mA 以上，就会引起心室颤动而有生命危险；100mA 以上的电流，足以致人于死地。

(2) 电流通过人体时间的长短：电流通过人体的时间越长，则伤害越大。

(3) 电流通过人体的部位：电流的路径通过心脏会导致神经失常、心跳停止、血液循环中断，危险性最大。其中电流流经从右手到左脚的路径是最危险的。

(4) 通过人体电流的频率：电流频率在 40～60Hz 对人体的伤害最大。

(5) 触电者的身体状况：电流对人体的作用，女性较男性敏感；小孩遭受电击较成人危险；同时与体重有关系。

(6) 人体电阻的大小：在一定的电压作用下，通过人体电流的大小就与人体电阻有关系。人体电阻因人而异，与人的体质、皮肤的潮湿程度、触电电压的高低、年龄、性别以至工种职业有关系，通常为 1000～2000Ω，当角质外层破坏时，则降到 800～1000Ω。

2) 电伤

电伤是由电流的热效应、化学效应、机械效应等效应对人造成的伤害。触电伤亡事故中，纯电伤性质的及带有电伤性质的约占 75%(电烧伤约占 40%)。尽管 85%以上的触电死亡事故是电击造成的，但其中大约 70%的含有电伤成分。对专业电工自身的安全而言，预防电伤具有更加重要的意义。

(1) 电烧伤：是电流的热效应造成的伤害，分为电流灼伤和电弧烧伤。电流灼伤是人体与带电体接触，电流通过人体由电能转换成热能造成的伤害。电流灼伤一般发生在低压设备或低压线路上。电弧烧伤是由弧光放电造成的伤害，分为直接电弧烧伤和间接电弧烧伤。前者是带电体与人体之间发生电弧，有电流流过人体的烧伤；后者是电弧发生在人体附近对人体的烧伤，包含熔化了的炽热金属溅出造成的烫伤。

(2) 皮肤金属化：是在电弧高温的作用下，金属熔化、汽化，金属微粒渗入皮肤，使皮肤粗糙而张紧的伤害。皮肤金属化多与电弧烧伤同时发生。

(3) 电烙印：是在人体与带电体接触的部位留下的永久性斑痕。斑痕处皮肤失去原有弹性、色泽，表皮坏死，失去知觉。

(4) 机械性损伤：是电流作用于人体时，由于中枢神经反射和肌肉强烈收缩等作用导致的机体组织断裂、骨折等伤害。

(5) 电光眼：是发生弧光放电时，由红外线、可见光、紫外线对眼睛的伤害。电光眼表现为角膜炎或结膜炎。

2. 触电的方式

按照人体触及带电体的方式和电流流过人体的途径，电击可分为单相触电、两相触电和跨步电压触电。

(1) 单相触电：当人体直接碰触带电设备其中的一相时，电流通过人体流入大地，这种触电现象称为单相触电。对于高压带电体，人体虽未直接接触，但由于超过了安全距离，高电压对人体放电，造成单相接地而引起的触电，也属于单相触电。低压电网通常采用变压器低压侧中性点直接接地和中性点不直接接地(通过保护间隙接地)的接线方式，这两种接线方式发生单相触电的情况如图 9-1(a)、(b)所示。人体接触漏电的设备外壳，也属于单相触电，如图 9-1(c)所示。

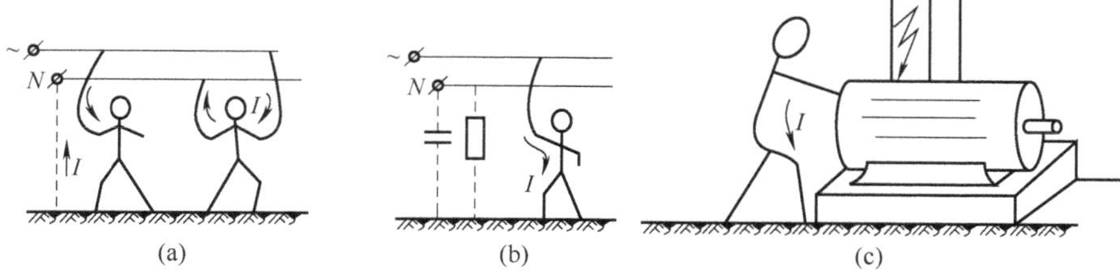

图 9-1　单相触电的种类

(2) 两相触电：人体同时接触带电设备或线路中的两相导体，或在高压系统中，人体同时接近不同相的两相带电导体，而发生电弧放电，电流从一相导体通过人体流入另一相导体，构成一个闭合回路，这种触电方式称为两相触电(图 9-2)。发生两相触电时，作用于人体上的电压等于线电压，这种触电是最危险的。

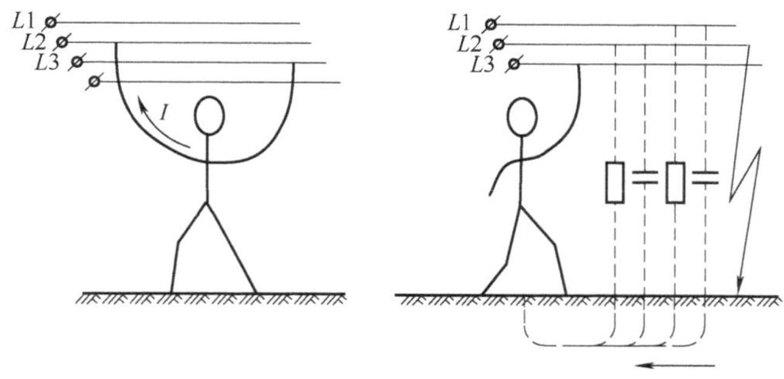

图 9-2　两相触电的种类

(3) 跨步电压触电：当电气设备发生接地故障，接地电流通过接地体向大地流散，在地面上形成电位分布时，若人在接地短路点周围行走，其两脚之间的电位差，就是跨步电压。由跨步电压引起的人体触电，称为跨步电压触电，如图 9-3 所示。

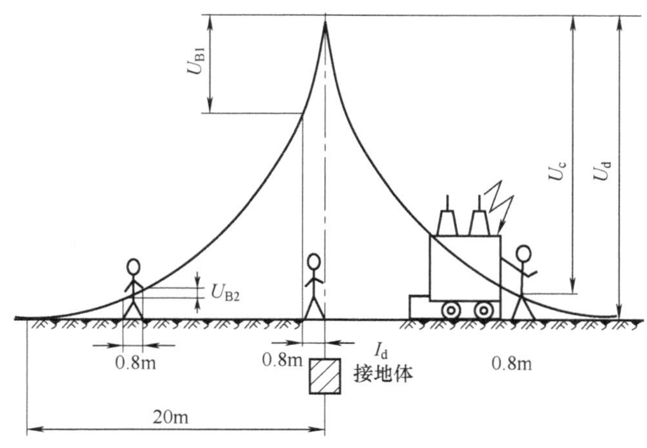

图 9-3　跨步电压触电示意图

带电导体，特别是高压导体故障接地处，流散电流在地面各点产生的电位差造成跨步电压电击；接地装置流过故障电流时，流散电流在附近地面各点产生的电位差造成跨步电压电击；正常时有较大工作电流流过的接地装置附近，流散电流在地面各点产生的电位差造成跨步电压电击；防雷装置接受雷击时，极大的流散电流在其接地装置附近地面各点产生的电位差造成跨步电压电击；高大设施或高大树木遭受雷击时，极大的流散电流在附近地面各点产生的电位差造成跨步电压电击。

跨步电压的大小受接地电流大小、鞋和地面特征、两脚之间的跨距、两脚的方位以及离接地点的远近等很多因素的影响。人的跨距一般按 0.8m 考虑。由于跨步电压受很多因素的影响以及由于地面电位分布的复杂性，几个人在同一地带(如同一棵大树下或同一故障接地点附近)遭到跨步电压电击时，完全可能出现截然不同的后果。

3. 触电的预防

预防触电首先应该严格按照操作规程进行电气作业，并使用安全用具。常用电气安全用具包括常用绝缘手套、绝缘靴、绝缘棒等。

1) 直接触电的预防

(1) 绝缘措施。良好的绝缘是保证电气设备和线路正常运行的必要条件。例如，新装或大修后的低压设备和线路，绝缘电阻不应低于 0.5MΩ；高压线路和设备的绝缘电阻不低于每伏 1000MΩ。

(2) 屏护措施。凡是金属材料制作的屏护装置，应妥善接地或接零。

(3) 间距措施。在带电体与地面间、带电体与其他设备间应保持一定的安全间距。间距大小取决于电压的高低、设备类型、安装方式等因素。

2) 间接触电的预防

(1) 加强绝缘：对电气设备或线路采取双重绝缘，使设备或线路绝缘牢固。

(2) 电气隔离：采用隔离变压器或具有同等隔离作用的发电机。

(3) 自动断电保护：漏电保护、过流保护、过压或欠压保护、短路保护、接零保护等。

4. 触电的急救

现场抢救触电者的原则是八字方针：迅速、就地、准确、坚持。

(1) 迅速。争分夺秒使触电者脱离电源，应该第一时间关掉触电设备的电源开关。如果触电现场远离开关或不具备关断电源的条件，救护者可站在干燥木板上，用一只手抓住衣服将其拉离电源，如图 9-4(a) 所示。也可用干燥木棒、竹竿等将电线从触电者身上挑开，如图 9-4(b) 所示。如触电发生在火线与大地间，可用干燥绳索将触电者身体拉离地面，或用干燥木板将人体与地面隔开，再设法关断电源。如手边有绝缘导线，可先将一端良好接地，另一端与触电者所接触的带电体相接，将该相电源对地短路。也可用手头的刀、斧、锄等带绝缘柄的工具，将电线砍断或撬断。

(a)　(b)

图 9-4　触电者脱离电源

(2) 就地。必须在现场附近就地抢救，千万不要长途送往供电部门、医院抢救，以免耽误抢救时间。 从触电时算起，5min 以内及时抢救，救生率 90%左右。10min 以内抢救，救生率 60%。超过 15min，希望甚微。

(3) 准确。现场急救的方法一定要根据情况而定。触电者神志尚清醒，但感觉头晕、心悸、出冷汗、恶心、呕吐等，应让其静卧休息，减轻心脏负担。 触电者神智有时清醒，有时昏迷。应静卧休息，并请医生救治。触电者无知觉，有呼吸、心跳。在请医生的同时，应施行人工呼吸。触电者呼吸停止，但心跳尚存，应施行人工呼吸；如心跳停止，呼吸尚存，应采取胸外心脏按压法；如呼吸、心跳均停止，则须同时采用人工呼吸法和胸外心脏按压法进行抢救。人工呼吸法的动作必须准确。

(4) 坚持。只要有百分之一希望就要尽百分之百努力去抢救。

9.3　常用电器组件

能够根据外界信号，手动或自动接通电路，以及能够实现对电路或非电对象进行切换、控制、保护、检测、变换和调节目的的电气组件统称为电器。电器的用途广泛，功能多样，种类繁多，构造各异，根据电器的本身功能和在控制电路中的用途将常用的电器组件分成非自动控制电器、自动控制电器和主令电器三种类型加以介绍。

9.3.1　非自动控制电器

非自动控制电器在机床中主要指用于电能输送和分配的各种开关和断路器以及用于保护电路和用电设备的熔断器、热继电器、各种保护继电器和避雷器等电气组件。

1. 开关电器

1) 刀开关

俗称闸刀开关，广泛应用于各种低压配电设备，作为电源隔离开关，亦可用来频繁地接通与断开容量不大的低压配电电路。当刀开关配有灭弧罩，并且使用杠杆操作时，也能够接通或分断一定的电流。如图 9-5 所示。

刀开关由操作手柄、刀片、触头座和底板组成。按照极数可分为单极、双极和三极开关；按照结构可分为平板式和条架式；按操作方式分为直流手柄操作式、杠杆机构操作式、螺旋操作式和电动机构操作式。在机床上常用的三极开关额定电压一般为 500V，额定电流有 100A、200A、400A、600A、1000A 等五种，常用 HD(单头) 和 HS(双头) 等系列型号。

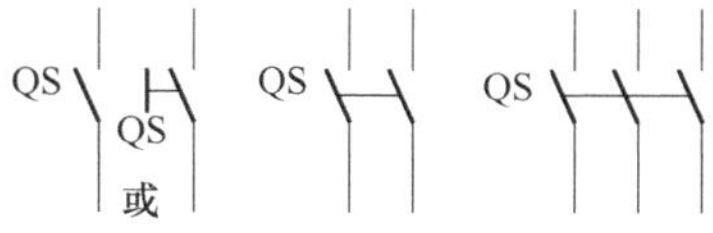

图 9-5　刀开关

刀开关的主要技术参数有额定电压、额定电流、通断能力、动态稳定电流、热稳定电流、机械寿命和电寿命等。我们通常根据电源种类、电压等级、电动机容量、所需极数及工作环境来选择使用。当用来控制不经常起停的小容量异步电动机时，其额定电流不小于电机额定电流的三倍。

2) 自动空气开关

又称自动空气断路器，它不但能够用于不频繁的接通和断开电路，而且当电路发生过载、短路或失压等故障时，能够自动切断电路，有效地保护串接在它后面的电气设备。

自动空气开关通常由触头系统、灭弧系统、保护装置和传动装置等组成。

在选择自动开关时，其额定电压和额定电流应不小于所控制的电路正常工作的电压和电流；热脱扣器的整定电流与所控制的电动机的额定电流或负载电流一致；过流脱扣器的整定电流应大于负载正常工作时的尖峰电流，对电机负载而言，通常按照启动电流的 1.7 倍整定；欠压脱扣器的额定电压和主电路的额定电压一致。同时在选择自动空气开关时，还得根据设备的工作环境和使用条件来综合考虑。自动空气开关的图形及文字符号如图 9-6 所示。

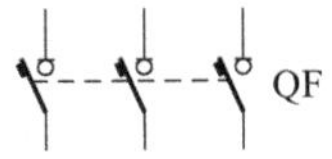

QF

图 9-6　自动空气开关的图形符号及文字

2. 熔断器

熔断器是一种广泛应用的最简单有效的保护电器。在使用时，熔断器串接在所保护的电路中，当电路发生短路或严重过载时，它的熔体能够自动迅速熔断，从而切断电路，使导线和电气设备不至于损坏。

熔断器主要由熔体(保险丝)和安装熔体的熔管(或熔座)两部分组成。熔体一般由熔点低、易于熔断、导电性能良好的合金材料制成。在小电流的电路中，常用铅合金或锌做成熔体(熔丝)；对大电流的电路，通常采用铜或银做成片状或笼状的熔体。在正常负载情况下，熔体温度低于熔断所必需的温度，熔体不会被熔断。当电路发生短路或严重过载时，电流变大，熔体温度升高，达到熔断温度时熔体自动熔断，从而切断被保护的电路。熔体为一次性使用组件，再次工作必须更换新的熔体。

熔断器的类型及常用产品主要有瓷插(插入)式、螺旋式和密封管式三种。机床电气线路中常用的是 RL1 系列螺旋式熔断器及 RC1 系列插入式熔断器。选择熔断器主要是选择熔断器的类型、额定电压、额定电流及熔体的额定电流。熔断器的类型应根据线路要求和安装条件来选择。熔断器的额定电压应该大于或等于线路的额定电压；熔断器的额定电流应该大于或等于熔体的额定电流。而熔体额定电流的选择是熔断器选择的核心，其选择方法如下。

对于如照明线路等没有冲击电流的负载，应该使熔体的额定电流等于或稍大于电路的工作电流，即 $I_{fu} \geqslant I$ 。式中，I_{fu} 为熔体的额定电流，I 为电路的工作电流。

对于电动机一类负载，应该考虑到电机启动时的冲击电流对线路的影响，按照下面公式进行选择：$I_{fu} \geqslant (1.5 \sim 2.5) I_N$ 。式中 $I_{fu} \geqslant I$ 为电动机的额定电流。

对于多台电动机，由一个熔断器保护时，熔体的额定电流应按照下面公式进行计算

$$I_{fu} \geqslant (1.5 \sim 2.5) I_{N\max} + \sum I_N$$

式中，$I_{N\max}$ 为最大容量电动机的额定电流，$\sum I_N$ 为其余电动机额定电流的总和。熔断器的图形及文字符号如图 9-7 所示。

FU

图 9-7　熔断器的图形符号及文字

9.3.2　自动控制电器

自动控制电器在机床中主要用于控制电路和控制系统的电器。常见的有交流接触器、各种继电器及控制器等。

1. 接触器

接触器是一种用来频繁地接通或分断带有负载的主电路，实现远距离自动控制的电器组件。它具有低电压释放保护功能，在机床上广泛应用于对电动机的拖动控制中。接触器按照

其主触头通过的电流种类不同，分为直流接触器和交流接触器两种，机床电路中应用得最多的是交流接触器，其常用型号有 CJ10、CJ12、CJ10X、CJ12B、CJ20 等系列。

交流接触器是由电磁机构、触头系统、灭弧装置及其他部件等四部分组成的。

交流接触器的工作原理是当线圈通电后，静铁心产生电磁吸力将衔铁吸合。衔铁带动动触头系统动作，使常开触头闭合，常闭触头断开。当线圈断电时，电磁吸力消失，衔铁在反作用弹簧带动下释放，触头系统复位。交流接触器的电路符号和文字如图 9-8 所示。

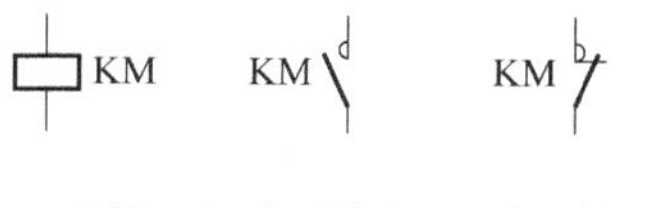

KM　KM　KM

(a) 线圈　(b) 常开触头　(c) 常闭触头

图 9-8　交流接触器的图形符号及文字

2. 继电器

继电器是根据某种输入信号的变化，接通或断开小电流控制电路，从而实现远距离自动控制和保护的自动控制电器。其输入量可以是电流、电压等电学量，也可以是温度、时间、速度、压力等非电量，而输出通常是触点的动作或者是电路参数的变化。

继电器的种类繁多，按照输入信号的性质来分，有电压继电器、电流继电器、时间继电器、温度继电器、速度继电器、压力继电器等。按照工作原理可分为电磁式继电器、感应式继电器、电动式继电器、热继电器和电子式继电器等。按照输出形式可分为有触点和无触点继电器；按照用途可分为控制继电器和保护继电器等。

1) 电磁式继电器

电磁继电器的结构及工作原理与接触器类似，同样也由电磁机构和触头系统等组成。电磁继电器和接触器的主要区别是：继电器可以对多种输入信号的变化作出反应，用于切换小电流的控制电路和保护电路，结构上没有灭弧装置，也没有主副触头之分；而接触器只有在一定的电压信号下才能动作，用来控制大电流电路。电磁继电器按照吸引线圈的电流种类不同分成交流和直流两种，其主要区别也在于铁心结构和线圈形状，同接触器类似。

电磁继电器的图形符号如图 9-9 所示，电流继电器的文字符号为 KI；电压继电器的文字符号为 KV；中间继电器的文字符号为 KA。

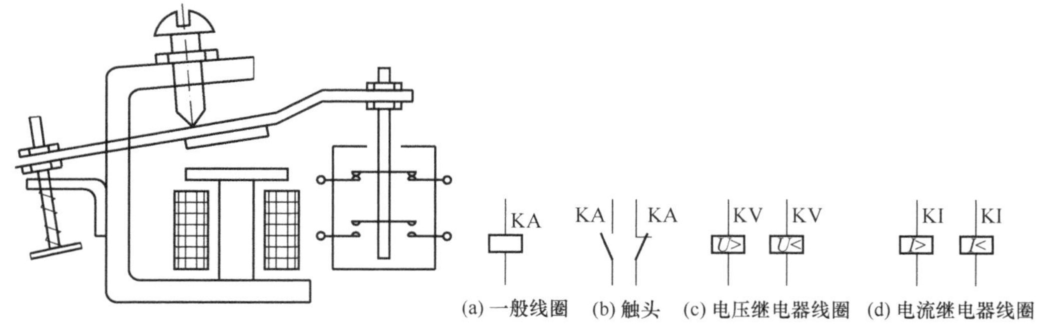

(a) 一般线圈　(b) 触头　(c) 电压继电器线圈　(d) 电流继电器线圈

图 9-9　电磁式继电器的结构及图形符号

(1) 电流继电器。电流继电器的线圈串接在被测电路中，以反应电路中电流的变化，为了不影响被测电路的工作情况，要求电流继电器线圈匝数少、导线粗、线圈阻抗小。

电流继电器有欠电流继电器和过电流继电器两种。欠电流继电器的吸引电流为线圈额定电流的 30%～65%，释放电流为额定值的 10%～20%。因此，在电路正常工作时，衔铁是吸合的，只有当电流降低到某一整定值时，继电器才释放，输出信号。欠电流继电器通常用于欠电流保护和控制。过电流继电器在电路正常工作时同样不动作，但是衔铁处于打开状态，当电流超过某一整定值时，继电器动作使衔铁吸合，输出信号，整定范围通常是 1.1～4 倍额定电流值。

在机床电气控制系统中，常用的电流继电器型号有 JL14、JL15、JT3、JT9、JT10 等系列，主要根据主电路内的电流种类和额定电流来选择。

(2) 电压继电器。电压继电器的结构与电流继电器相似，不同的是电压继电器的线圈是并联的电压线圈，所以匝数多、导线细、阻抗大。根据动作电压值的不同，电压继电器有过电压、欠电压和零电压继电器之分。过电压继电器在电压为额定值的 105%～120%以上时动作；欠电压继电器在电压为额定值的 40%～70%时动作；零电压继电器在电压值降到额定电压值的 5%～25%时动作。它们分别用作过电压、欠电压和零压保护。

在机床电气控制系统中，常用的电压继电器有 JT3、JT4 等。

(3) 中间继电器。中间继电器实质上是一种电压继电器，但是它的触头对数多(可以达到 6 对甚至更多)，触头电流容量大(额定电流为 5～10A)，动作灵敏度高(动作时间不大于 0.05s)。其主要用途是当其他继电器的触头对数或触头容量不够时，可以借助中间继电器来扩展它们的触头数或触头容量，起到信号中间转换的作用。

中间继电器主要依据被控电路的电压等级和触头数量、种类及容量来选用。机床上通常使用的型号有 JZ7 系列交流中间继电器和 JZ8 系列交直流中间继电器。

2) 时间继电器

时间继电器是一种利用电磁原理或者机械动作原理实现触头延时接通和延时断开的自动控制电器。按照其不同的动作原理和结构特点，可以分为电磁式、空气阻尼式、电动式和电子式等类型。在机床电气控制系统中应用较多的是空气阻尼式时间继电器和电子式时间继电器。

(1) 空气阻尼式时间继电器。空气阻尼式时间继电器是利用空气阻尼原理获得延时。它由电磁机构、延时机构和触头系统三个部分组成。

空气阻尼式时间继电器的优点是：结构简单、延时范围大、寿命长、价格低廉，而且不受电源电压及频率波动的影响，另外还附有不延时的触头。其缺点是准确度低、延时误差大、(±10%～±20%)无调节刻度指示。所以一般适用于延时精度要求不高的场合。例如图示 JS7－A 型时间继电器的延时范围为 0.4～60s 和 0.4～180s 两种，操作频率为 600 次/h，触头容量为 5A，延时误差为±15%。

在使用空气阻尼式时间继电器时，应该保持延时机构的清洁，严格预防因为进气孔堵塞而失去延时作用。

(2) 电子式时间继电器。电子式时间继电器具有延时长、调节范围宽、体积小、延时精度高和使用寿命长等优点。按照延时原理有阻容充电延时型和数字电路型，按照输出形式有触点式和无触点式

电子式时间继电器的常用产品有 JSJ、JS20、JSS、JSZ7、3PU、ST3P 和 SCF 系列。其中 JS20 系列产品规格齐全，有通电延时和断电延时型，并有瞬时触点，具有延时范围长、调整方便、性能稳定、延时误差小等优点，现在已广泛用于各种机电设备中。

时间继电器在选用时应该根据控制要求选择其延时方式，根据延时范围和精度具体选择继电器的种类。

3) 热继电器

热继电器是利用电流的热效应原理实现对电动机的过载保护。电动机在实际运行中发生过载，只要电动机绕组不超过允许温升，这种过载是允许的。但是过载时间太长，绕组温升超过允许值时，将会加剧绕组绝缘老化，缩短电动机的使用寿命，严重时甚至使电动机绕组烧毁。因此，在电动机长期运行中，需要对其过载提供保护装置，热继电器具有如反时限保护特性，所以用来对电动机的过载保护。

热继电器由于热惯性，当电路短路时不能够立即动作使电路迅速断开，因此不能用于电路的短路保护。同理，当电动机启动或短时电流过载波动时候，热继电器也不会出现误动作，可以避免电动机不必要的停车。电动机断相运行是电动机烧毁的主要原因之一，因此我们要求热继电器具有断相保护功能，如图 9-10(b)所示，热继电器的导板采用差动机构，在断相工作时，其中两相电流增大，一相逐渐冷却，这样可以使热继电器的动作时间缩短，从而有效地保护电动机。

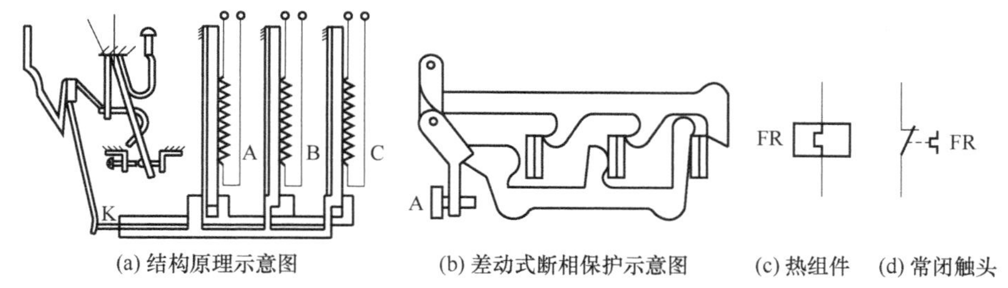

(a) 结构原理示意图　(b) 差动式断相保护示意图　(c) 热组件　(d) 常闭触头

图 9-10　热继电器的结构及图形文字符号

热继电器的主要技术参数有额定电压、额定电流、相数、热组件编号及整定电流条件范围等。热继电器的额定电流指继电器的热组件允许长期通过但不至于引起继电器动作的电流值。对于某一热组件，可以通过调节其电流调节旋钮，在一定范围内调节其整定电流。

热继电器的选用主要根据电动机的使用场合和额定电流来确定其型号和热组件的额定电流等级。对于三角形连接的电动机，应该选择带断相保护功能的热继电器，其整定电流应与电动机的额定电流相等。对于电动机的长期过载保护，除了采用热继电器，还可以选用温度继电器，它利用热敏电阻来检测电动机绕组的温升，将热敏电阻直接埋入电动机绕组，绕组的温度变化经热敏电阻转化为电信号，经电子线路放大，驱动继电器动作，达到保护目的。PTC 热敏电阻埋入式温度继电器，可用于电动机的过载、断相、通风散热不良和机械故障的保护，由于其可以直接检测电动机的温升，保护可靠。目前应用广泛。

热继电器的图形及文字符号如图 9-10(c)、(d)所示。

4) 速度继电器

速度继电器的结构原理如图 9-11(a)所示。其转子的轴与被控电动机的转轴相连接，当电动机转动时，速度继电器的转子(永久磁铁)随之转动，在空间产生旋转磁场，切割定子绕组，在绕组中产生感应电流。此电流在旋转的转子磁场作用下产生转矩，使定子随着转子转动方向旋转。当达到一定的转速时，与定子装在一起的摆锤推动簧片(动触头)动作，使常闭触头分断、常开触头闭合。当电动机转速低于某一设定数值时，定子产生的转矩减小，触头在簧片的作用下复位。

常见的速度继电器有 JY1 型和 JFZ0 型。通常速度继电器的动作转速为 120r/min，复位转速在 100r/min 以下，转速在 3000～3600r/min 以下能够可靠工作。

速度继电器的图形及文字符号如图 9-11(b)、(c)、(d)所示。

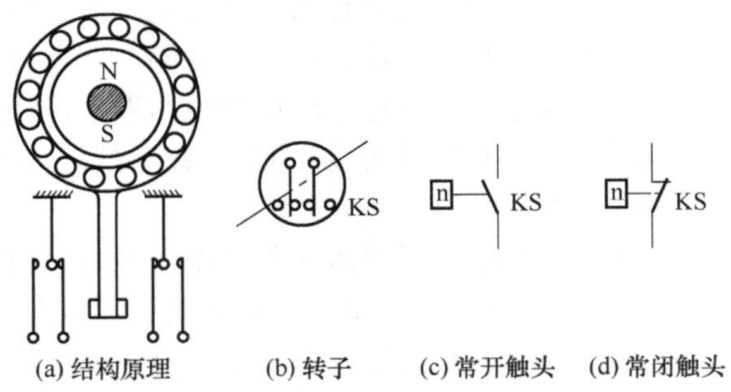

(a) 结构原理　(b) 转子　(c) 常开触头　(d) 常闭触头

图 9-11　速度继电器原理示意及图形符号

5) 固态继电器

固态继电器(Solid State Relay，SSR)是 20 世纪 70 年代中后期发展起来的一种新型无触点继电器。随着微电子技术的不断发展，在现代自动化控制设备中新型电子器件以弱控强技术的应用越来越广泛。一方面要求电子线路的输出信号能够控制强电电路的执行组件；另一方面又要为强、弱电之间提供良好的电隔离，以保护电子电路和人身的安全。固态继电器可以在电路中满足以上要求。

固态继电器是具有两个输入端和两个输出端的一种四端器件，其输入和输出端之间采用隔离器件，以实现强、弱电之间的电隔离。固态继电器按照输出端的负载电源类型可分为直流型和交流型两类；其中直流型固态继电器以功率晶体管的集电极和发射极作为输出端负载电路的开关控制；而交流型固态继电器是以双向三端晶闸管的两个电极作为输出端负载电路的开关控制的。如果按照输入、输出端之间的隔离形式也可以将固态继电器分为光电耦合型和磁隔离型两种。我们也可以按照控制触发信号将固态继电器分为过零型和非过零型或者有源触发型和无源触发型等。

光电耦合式固态继电器的结构原理图如图 9-12 所示。其工作过程为：当无输入信号时，光敏二极管 V3 截止，V4 导通，VT1 的控制极被钳制在低电位而关断。当有输入信号时，光敏二极管 V3 导通，V4 截止。当电源电压大于过零电压(大约±25V)，A 点电压大于 V5 的 Vbe5、此时 V5 导通，VT1 同样由于控制极处于低电压而截止，输出端因为 VT2 控制极无触发信号而关断。当电源电压小于过零电压时，A 点电压小于 V5 的 Vbe5、V5 截止。VT1 控制极通过 R5、R6 分压而获得触发信号，VT1 导通，此时在 VT2 的控制极获得从 R8→V6→VT1→V9→R9 和 R9→V8→VT1→V7→R8 正反两个信号的触发脉冲，使 VT2 导通。这样使输出端 B、C 两点导通，接通负载电路。当输入信号取消后，V4 导通，VT1 关断，而 VT2 仍然保持导通状态，一直到负载电流随电源电压的减小下降到双向晶闸管的维持电流以下而关断，从而切断负载电路。

固态继电器的输入端仅需要一定量的电压和电流就可以切断几安培甚至上百安培的大电流负载，同时由于固态继电器是由电子组件组成的，与晶体管、TTL、CMOS 等电子线路有较好的兼容性，可以直接与弱电控制回路如计算机接口电路连接，方便组成控制系统。

在机床上可能应用的继电器还有很多种类，入相序继电器、断相保护继电器、压力继电器、综合保护继电器等，由于篇幅所限，仅介绍常用的几种继电器。随着技术的发展，将会有更多新型的继电器诞生，使控制更方便、准确。

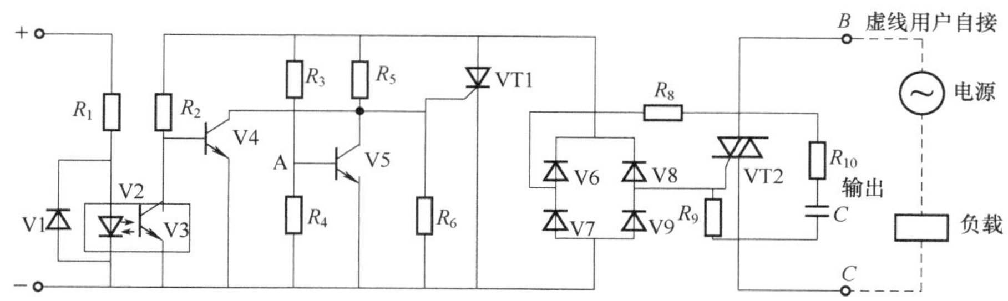

图 9-12　光电耦合式固态继电器的工作原理图

9.3.3　主令电器

主令电器是指在自动控制系统中专门用于发送控制指令的电器。主令电器的种类很多，按照其作用通常分为控制按钮、位置开关、万能转换开关和主令控制器等。

1. 控制按钮

控制按钮是一种结构简单、应用广泛的主令电器。在低压控制电路中，用于发布手动控制指令。控制按钮通常由按钮帽、复位弹簧、桥式触头和外壳等组成。其结构示意如图 9-13（a）所示。按钮在外力作用下，首先断开常闭触头，然后再接通常开触头。复位时，常开触头先断开，常闭触头然后闭合。

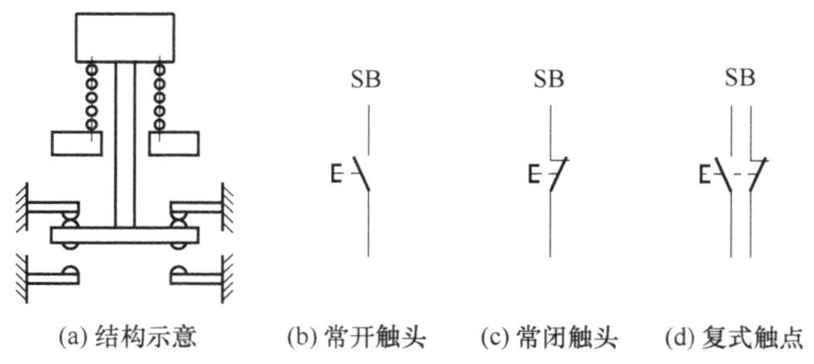

(a) 结构示意　(b) 常开触头　(c) 常闭触头　(d) 复式触点

图 9-13　按钮结构示意图及图形符号

常见的按钮的额定电压为交流 380V、直流 220V，额定电流为 5A。机床上常用的型号有 LA18、LA20、LA25 和 LAY3 等系列。其中 LA25 系列为通用型按钮的更新换代产品，采用组合式结构，可以根据需要任意组合其触头数目，最多可组成 6 个单元。

LAY3 系列是根据德国西门子公司技术标准生产的产品，品种规格齐全，其结构形式有揿钮式、紧急式、钥匙式和旋转式等，有的还带有指示灯，适用工作电压交流 660V、直流 440V 以下，额定电流 10A 的场合，可取代同类型进口产品。

控制按钮的选用要考虑其使用场合，对于控制直流负载，因直流电弧熄灭相对于交流更困难，所以在同样的工作电压下，直流工作电流应该小于交流工作电流，并根据具体控制方式和要求来选择控制按钮的结构形式、触头数目和按钮的颜色等。通常习惯用红色表示停止按钮，绿色来表示起动按钮，而黑色按钮则用来表示其他控制信号。

控制按钮的图形及文字符号如图 9-13 所示。

2. 位置开关

位置开关在电气控制系统中，用以实现顺序控制、定位控制和位置状态的检测。在位置开关中以机械行程驱动，作为输入信号的有行程开关和微动开关；以电磁信号(非接触式)输入动作信号的有接近开关。

(1)行程开关。行程开关是一种利用生产机械的某些运动部件的碰撞来发出控制指令的主令电器。用于控制生产机械的运动方向、行程大小和位置保护等。当行程开关用于位置保护时，又称为限位开关。行程开关是有触点开关，工作时由挡块与行程开关的滚轮或触杆碰撞使触点接通或断开的。在操作频繁时，容易产生机械故障，工作可靠性低。接近开关又称无触点行程开关，是以不接触方式进行控制的一种位置开关。它不仅能够代替有触点行程开关来完成行程控制和限位保护等功能，还可以用于高速计数、测速、检测工件尺寸等。由于接近开关具有工作稳定可靠、使用寿命长、重复定位精度高、操作频率高、动作迅速以及能够适应恶劣的工作环境等优点，所以在现代机床设备中应用越来越广泛。行程开关的图形及文字符号如图 9-14 所示。

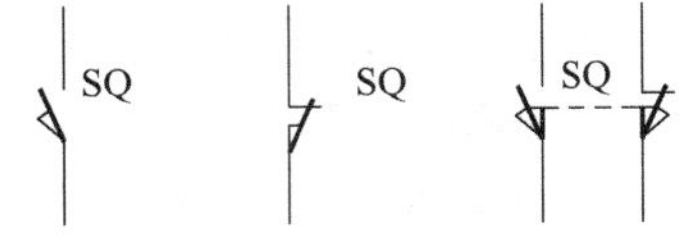

(a) 常开触头　(b) 常闭触头　(c) 复式触头

图 9-14　行程开关的图形符号及文字

(2)接近开关。接近开关按照其工作原理可分为高频振荡型、电容型、感应电桥型、永久磁铁型和霍尔效应型等。其中以高频振荡型最为常用。高频振荡型接近开关的电路由振荡器、放大器和输出三个部分组成。其基本原理是当有金属物体接近高频振荡器的线圈时，使振荡回路参数发生变化，振荡减弱直到终止而输出控制信号。

3. 万能转换开关

万能转换开关实际上是一种多档位、控制多回路的组合开关，用于控制电路发布控制指令或用于远距离控制，也可以作为电压表、电流表的换相开关或作为小容量电动机的起动、调速和换向控制。

目前常用的万能转换开关有 LW5、LW6 等系列。图 9-15(a)是 LW6 系列万能转换开关中某一层的结构原理示意图。LW6 系列万能转换开关由操作机构、面板、手柄及触头座等主要部件组成，由螺栓组装成为整体。其操作位置有 2～12 个，触头底座有 1～10 层，其中每层底座均可装三对触头，并由底座中间的凸轮进行控制。由于每层凸轮可以做成不同的形状，因此当手柄转到不同位置时，通过凸轮的作用，可以使各对触头按照所需要的规律接通和分断。LW6 系列开关还可以装成双列形式，列与列之间用齿轮啮合，并由一个公共手柄进行操作，最多可以达到 60 对触头。

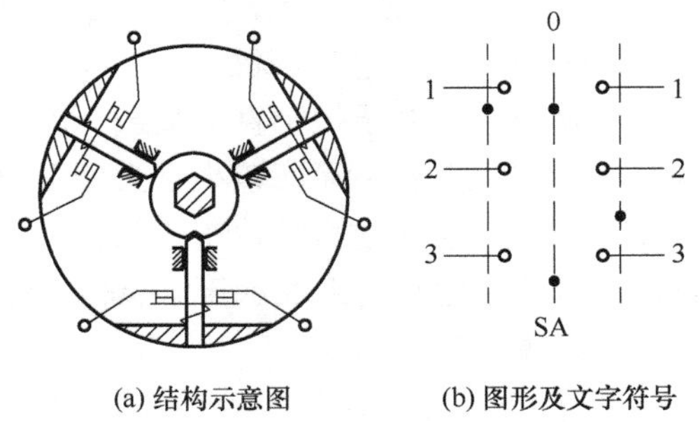

(a) 结构示意图　(b) 图形及文字符号

图 9-15　万能开关的结构示意及符号

万能转换开关各挡位电路通断情况表示方法有两种：一种是图形表示法，如图 9-15(b)所示，在零位时 1、3 两路接通，在左位时仅 1 路接通，在右位时仅 2 路接通。另一种是列表法，将各触头的接通顺序清晰地表示出来。

9.4　基本电气电路

9.4.1　门电路

1. 是门电路

是门电路是一种简单的通断电路，能实现是门逻辑电路。如图 9-16 所示，按下按钮，电路 1 号线导通，继电器线圈 K 励磁，其常开触点闭合，电路 1 号线导通，指示灯亮。若放开按钮，则指示灯灭。

2. 或门电路

如图 9-16(b)所示的或门电路也称为并联电路。只要按下三个手动按钮中的任何一开关使其闭合，就能使继电器线圈 K 通电。如要求在一条自动生产线上的多个操作点可以进行作业。

3. 与门电路

如图 9-16(c)所示的与门电路也称为串联电路。只有将按钮 a、b、c 同时按下，电流才能使继电器线圈 K。例如，一台设备为防止误操作，保证安全生产，安装了多个启动按钮，只有操作者将多个启动按钮都同时按下时，设备才能开始运行。

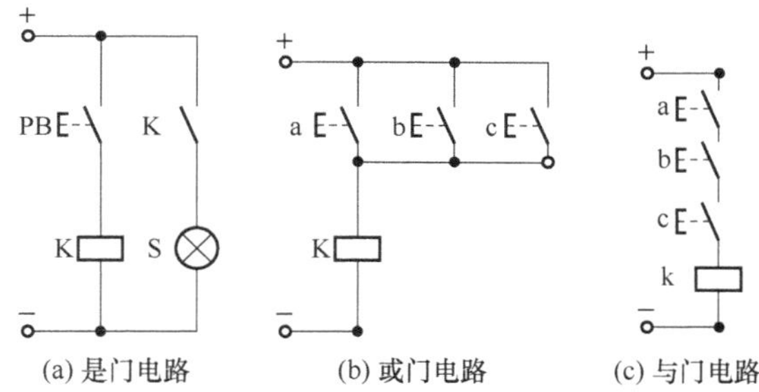

图 9-16　控制电路的逻辑关系

9.4.2　基本回路

1. 自保持电路

自保持电路又称为记忆电路，在各种液、气压装置的控制电路中很常用，尤其是使用单电控电磁换向阀控制液、气压缸的持续运动时，需要自保持回路。图 9-17 所示为两种自保持回路。

在图 9-17(a)中，按钮 PB1 按一下即放开是一个短信号，继电器线圈 K 得电，第 2 条线上的常开触点 K 闭合，即使松开按钮 PB1，继电器 K 也将通过常开触点 K 继续保持得电状态，使继电器 K 获得记忆。图中的 PB2 是用来解除自保持的按钮。当 PB1 和 PB2 同时按下时，PB2 先切断电路，PB1 按下是无效的，因此这种电路也称为停止优先自保持回路。

图 9-17(b)是另一种自保持回路，当 PB1 和 PB2 同时按下时，PB1 使继电器线圈 K 得电，PB2 无效，这种电路也称为起动优先自保持回路。

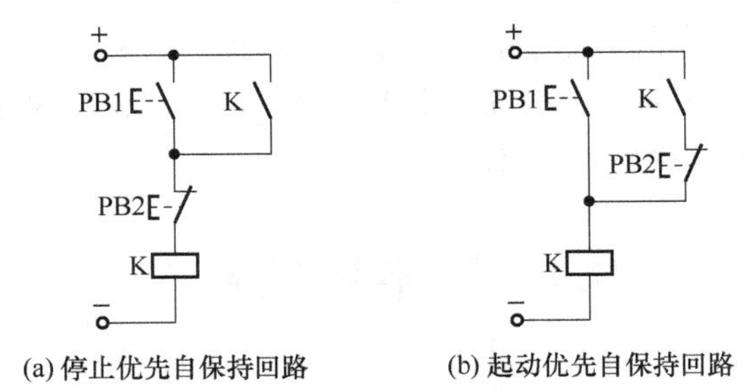

(a) 停止优先自保持回路　　(b) 起动优先自保持回路

图 9-17　自保持电路图

2. 互锁电路

互锁电路用于防止错误动作的发生，以保护设备、人员的安全。如电机的正转与反转，气缸的伸出与缩回，为防止同时输入相互矛盾的动作信号，使电路短路或线圈烧坏，控制电路应加互锁功能。如图 9-18 所示，按下按钮 PBl，继电器线圈 K1 得电，第 2 条线上的触点 K1 闭合，继电器 K1 形成自保，第 3 条线上 K1 的常闭触点断开，此时若再按下按钮 PB2，继电器线圈 K2 一定不会得电。同理，若先按按钮 PB2，继电器线圈 K2 得电，继电器线圈 K1 一定不会得电。

3. 延时电路

随着自动化设备的功能和工序越来越复杂，各工序之间需要按一定的顺序紧密配合动作，要求各工序时间可在一定时间内调节，这需要利用延时电路来加以实现。延时控制分为两种，即延时闭合和延时断开。

图 9-19(a)为延时闭合电路，当按下开关 PB 后，延时继电器 T 开始定时，经过设定的时间后，时间继电器触点闭合，电灯点亮。放开 PB 后，继电器 T 立即断开，电灯熄灭。图 9-19(b)为延时断开电路，当按下开关 PB 后，时间继电器 T 的触点也同时接通，电灯点亮，当放开 PB 后，延时断开继电器开始定时，到规定时间后，时间继电器触点 T 才断开，电灯熄灭。

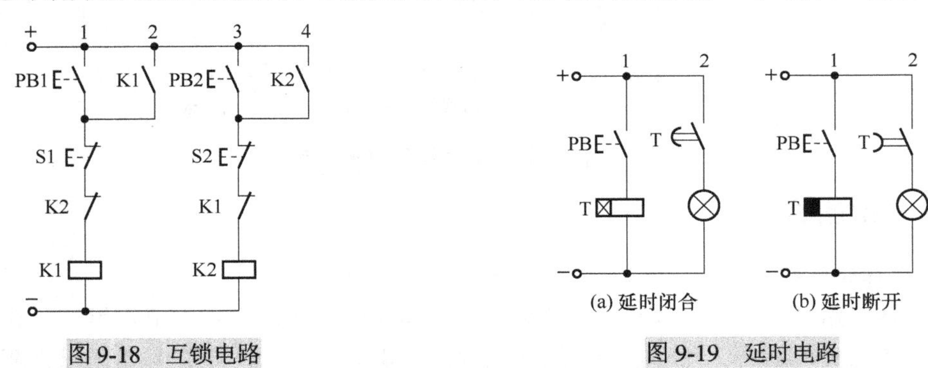

图 9-18　互锁电路

(a) 延时闭合　　(b) 延时断开

图 9-19　延时电路

9.5　交流电机控制

9.5.1　接线运行

三相异步电动机结构简单，使用维护方便、运行可靠、制造成本低，因而广泛用于工农业生产和其他国民经济部门，作为驱动机床、水泵、风机、运输机械、矿山机械、农业机械及其他机械的动力。

三相异步电动机的基本结构如图 9-20 所示。

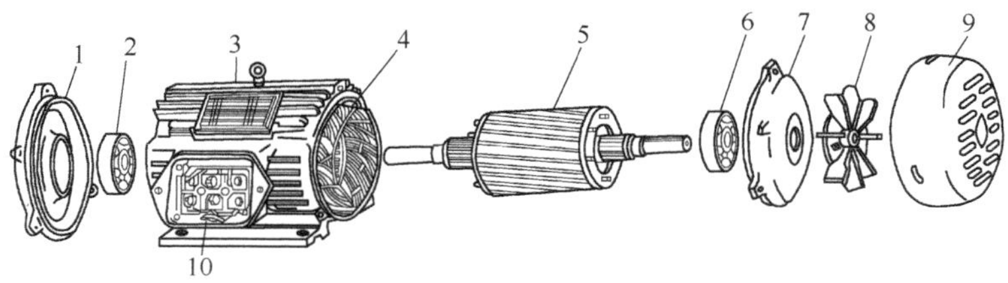

图 9-20　三相异步电动机的基本结构

三相异步电动机品种繁多，通常按照转子结构可分为鼠笼型和绕线型；按照防护等级可分为 IP44(封闭式)和 IP23(防护式)；按照冷却方式可分为 IC0141(自扇冷却)和 IC01(自冷式)两种；按照安装结构和形式可分为 IBM3、IBM35 和 IBM5 等几种。

1. 电动机的接线

三相异步电动机的定子绕组的连接方法有Δ型和 Y 型连接法两种，如图 9-21 所示。

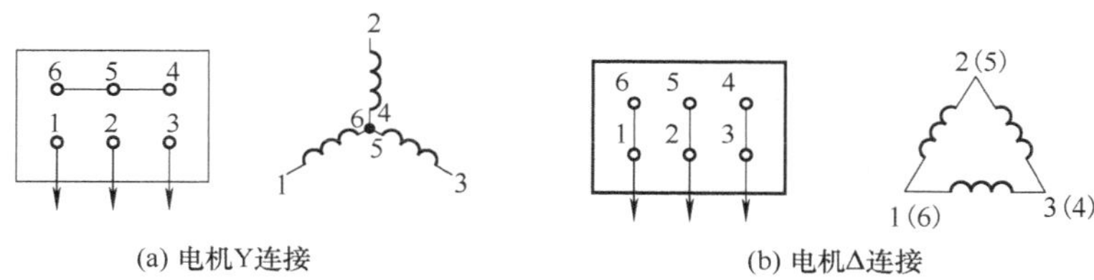

图 9-21　三相异步电动机的定子绕组的连接方法

2. 电动机的试运行

电动机接上电源进线和接地线后，即可通电试运行。一般先合闸 2～3 次，每次 2～3 秒钟，看电动机能否起动，有无异常叫声或气味，如果正常，然后空载运行 30 分钟。如无过热及其他异常，安装便告结束。

9.5.2　测定测量

一般电动机定子的绕组首、末端均引到出线板上，并采用符号 D1、D2、D3 表示首端，D4、D5、D6 表示末端。电动机定子绕组的六个线头可以按其铭牌上的规定接成“Y”形或“Δ”形。但实际工作中，常会遇到电动机三组定子绕组引出线的标记遗失或首、末端不明的情况，此时可采用以下两种方法予以判断。

1. 绕组串接测定法

如图 9-22 所示。首先需判断同一相绕组的两线端。用两节干电池和一小灯泡串联，一头接在定子绕组引出的任一根线头上，然后将另一头分别与其他五根线头相接触，如果接触某一引出线端时灯泡亮了，则说明与电池和灯泡相连的两根线端属于同一组，按此法再找出另外两相统组的两根同相线端，并一一做好标记。

然后将任意两相绕组与小灯泡三者串联成一个回路，将第三相统组的一端串联一电池，另一线与电池的另一极碰触一下，如果灯泡发亮(根据变压器原理，串联两相统组的瞬间感应电势是相叠加的，所以灯泡发亮)，如图 9-22 所示，则表明两相绕组是首末串联，即与灯泡相连的两根线端，一根是第一根的首端 Dl，另一根线端是第二相的末端 D5，若灯泡不亮，则说明两相串联绕组所产生的瞬间感应电势是相减的，其大小相等、方向相反，使得总感应电势为零，故灯泡不亮。这表明与灯泡相连的两根线端都分别是两相绕组的首端 D1 和 D2(或者认为是末瑞 D4 与 D5 也可以)，并做好首末端的标记。

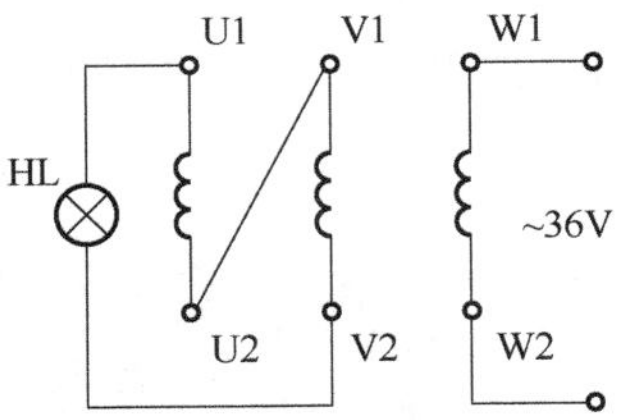

图 9-22　绕组串接测定电机定子绕组首末端方法

将已判知首末端的一相绕组与第三相绕组串联，再照上述方法判别出第三相绕组的首末端，最后都做上 D1～D6 的首末端标记，以便接线。

在上述方法中，应当注意灯泡的额定电压与电池电压要相配合，否则会因电流太小，使灯泡该亮而没有亮，造成误判，所以，应把两相串联绕组的线端对调一下，再测试一次，若两次灯泡均不发亮，则说明感应电流太小，适当增加电池节数(增高电压)或更换一只额定电压更小的灯泡即可。同理，也可采用 220V 或 36V 的交流电源和白炽灯来代替电池和小灯泡。但为了防止过高的感应电势烧坏灯泡和绕组，应将灯泡和电源对调串入绕组中，即原单相绕组处(串联电地处)接入白炽灯，原两相绕组串联灯泡处换接入交流电源，判别方法与前述相同，但要特别注意安全，同时应注意，换用交流电源后，接通绕组线圈的时间应尽量缩短，以免线圈过热，影响其绝缘。

2. 万用表测定法

用万用表电阻挡代替电池与小灯泡，测出各相绕组的两根线端，电阻值最小的两线端为一相绕组的线端。

将万用表选择开关切换至测直流电流挡(或直流电压挡也可以)，量程可小些，这样指针偏转自明显。判别方法如图 9-23 所示，将任意一组绕组的两个线端先标上首端 D1 和末端 D4 的标记并接到万用表上，并且指定首端 D1 接万用表的“－”端上，末端 D4 接天用表的“＋”端上。再将另一相绕经的一个线端接电池的负极，另一经端去碰触电池正极，同时注意观察表针的瞬间偏转方向，若表针正奔移(向右转动)，则与电池正极碰期的那根线端为首端，与电池负极往连接的一根线端为末端(图 9-23)，做好首末端标记 D2 和 D5。若万用表指针瞬间反转移(向左转动)测该相绕组的首末端与上述判别正好相反。

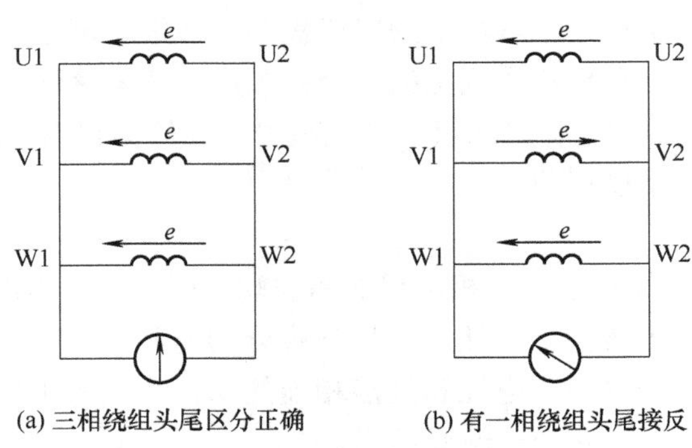

(a) 三相绕组头尾区分正确　　(b) 有一相绕组头尾接反

图 9-23　万用表测定电机定子绕组首末端方法

万用表与绕组的接线不动，用上述同样的方法判别第三相绕组的首末端。该方法的原理也是利用变压器的电磁感应原理。需注意的是观察电池接通时那一瞬间的万用表指针的偏转方向，而不应是电池断开绕组时的瞬间万用表的指针偏转变化。

3. 极相组接错的检查方法

将定子绕组三个首端(头)连接，三个末端(尾)也相互连接，再将低压直流电源(一般用蓄电池)通入定子三相绕组，用指南针沿着定子铁心内圆移动。如果指南针经过各极相组时方向交替变化，表示接线正确；如经过相邻的极相组时，指针方向不变，表示极相组接错。如果指针的方向变化不明显，则应提高电源电压后，重新检查。

4. 电动机绝缘电阻测量

一般用兆欧表测量电动机的绝缘电阻值，要测量每两相绕组和每相绕组与机壳之间的绝缘电阻值，以判断电动机的绝缘性能好坏。

使用兆欧表测量绝缘电阻时，通常对 500V 以下电压的电动机用 500V 兆欧表测量；对 500～1000V 电压的电动机用 1000V 兆欧表测量。对 1000V 以上电压的电动机用 2500V 兆欧表测量。

电动机在热状态(75℃)条件下，一般中小型低压电动机的绝缘电阻值应不小于 0.5MΩ，高压电动机每千伏工作电压定子的绝缘电阻值应不小于 1MΩ，每千伏工作电压绕线式转子绕组的绝缘电阻值，最低不得小于 0.5MΩ；电动机二次回路绝缘电阻不应小于 1MΩ。如果所测得的绝缘电阻低于上述数值，需对电动机进行干燥处理。

电动机绝缘电阻测量步骤如下：

(1)将电动机接线盒内 6 个端头的联片拆开。

(2)把兆欧表放平，先不接线，摇动兆欧表。表针应指向“∞”处，再将表上有“l”(线路)和“e”(接地)的两接线柱用带线的试夹短接，慢慢摇动手柄，表针应指向“0”处。

(3)测量电动机三相绕组之间的电阻。将两测试夹分别接到任意两相绕组的任一端头上，平放摇表，以每分钟 120 转的匀速摇动兆欧表一分钟后，读取表针稳定的指示值。

(4)用同样方法，依次测量每相绕相与机壳的绝缘电阻值。但应注意，表上标有“e”或“接地”的接线柱，应接到机壳上无绝缘的地方。

9.6 机电控制实训

1. 训练目的

(1)通过常用低压电器组件组成的电控系统对三相交流异步电动机进行典型控制，掌握继电器-接触器控制电路的基本设计方法。

(2)掌握常用低压电器组件的型号选择及使用方法。

(3)学会根据简单电气原理图对三相异步电动机的基本控制电路进行安装和接线。

(4)训练继电器-接触器控制电路常见故障的分析与检修技能。

2. 工具器材

万用表、电烙铁、螺丝刀、钢丝钳、尖嘴钳、电工刀、试电笔等常用电工工具一套，交流接触器、常用继电器、熔断器、空气开关、控制按钮、电动机、导线等若干。

3. 训练步骤及内容

(1)分析电气原理图 9-24～图 9-27，了解电动机的工作过程和接触器的动作条件。

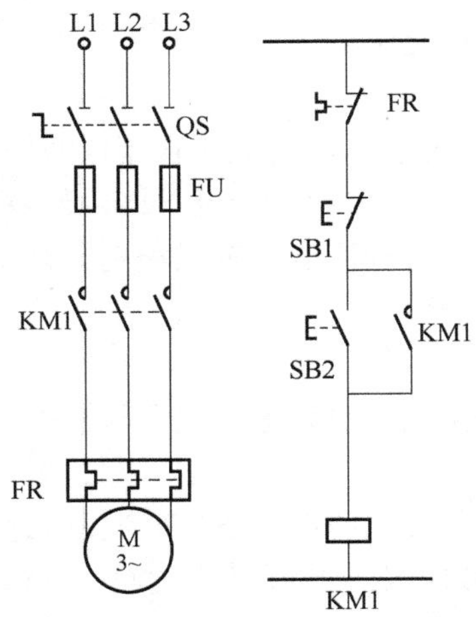

图 9-24　全电压单向起动电路

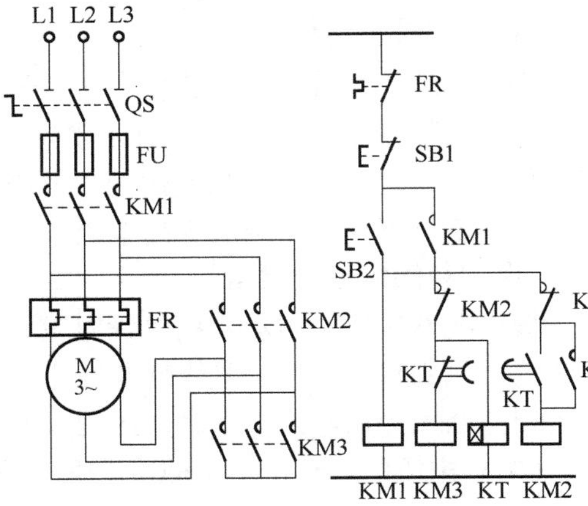

图 9-25　星一三角降压起动电路

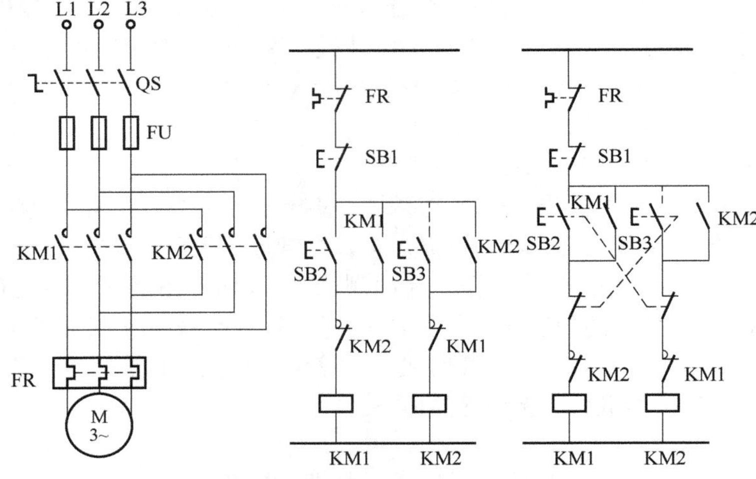

图 9-26　正反转运行控制电路

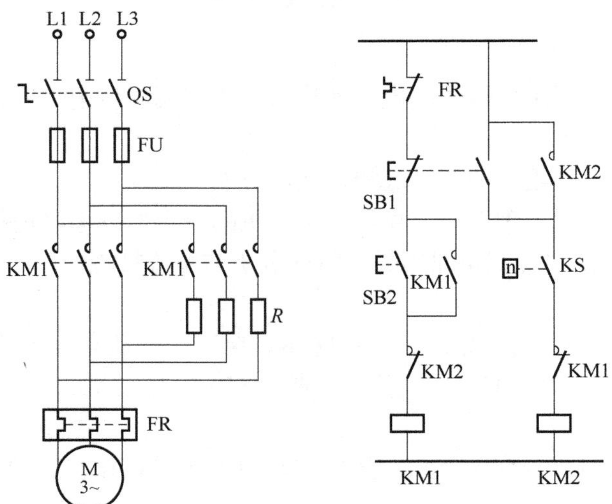

图 9-27　反接制动控制电路

(2) 根据电气原理图及电动机的规格型号，列出选用电器组件的名称、规格、数量。

(3) 领用所需电器组件，并检查元器件是否完好可用，然后根据要求对空气开关、各种继电器进行参数整定。

(4) 参照设计图纸布置组件，画出元器件安装布置图，并将电器组件安装于事先准备的配电板上。

(5) 根据交流电动机的功率，选择主电路导线规格，根据电器组件布置要求准备导线，对主电路导线进行线头处理，连接主电路。

(6) 根据电气原理图准备控制电路导线，对线头处理后连接二次控制回路，对控制线路导线标号，绘制安装接线图。

(7) 电路安装完工后，先作安全检查，经指导教师验收后通电试运行，观察并记录动作过程。

(8) 在已安装完工经检查合格的电路上，人为设置故障点，通电运行，观察并记录故障现象。

(9) 训练结束后，拆卸电路，将电器组件检查后交还指导教师，导线理顺后整齐摆放，工具清点整理后放入工具柜。

复习思考题

9-1 常用低压电器组件有哪些？

9-2 自动空气开关的短路、过载和失压保护是怎样实现的？

9-3 基本控制回路有哪些功能？

9-4 触电的方式有哪些，我们应该怎样防止触电事故的发生？

9-5 延时闭合继电器、延时断开继电器在工作原理上有什么区别与联系？分别画出其图形符号与时序图。

第 10 章　机器人技术

10.1　概　　述

机器人的研究开始于 20 世纪中期，其技术背景是计算机和自动化技术的发展以及原子能的开发利用。在原子能的研究中，人们会经常需要接触具有放射性的物质，而它对人体健康会造成很大的危害。为此有必要尽快开发出能替代人手进行工作的“人造手”。1947 年，美国原子能委员会的阿尔贡（Argonne）实验室研制出遥控操作机械手，使人可以在远离放射性物质的地方，用遥控操作机械手搬运放射性物质。

机械制造与电子技术的各项发明为机器人的发展奠定了技术基础，如控制理论、电子计算机等。正是这一系列的科学成就，奠定了现代机器人发展的基础。20 世纪 50 年代是工业机器人的萌芽期。1958 年美国联合控制公司研制出第一台数控工业机器人原型。1958 年，美国联合控制公司开发了数字控制的自动编程装置，经过几年的努力，于 1962 年研制出实用的工业机器人“尤尼梅特”（Unimate），取意为“万能自动”。同年美国 AMF 公司推出了工业机器人“凡莎特兰”（Versa tram），取意为“灵活搬运”。尤尼梅特机器人腰部可回转，手臂能摆动伸缩，而凡莎特兰机器人不仅腰部可回转，手臂还能沿中央立柱升降及伸缩，这两台机器人都是采用液压驱动，主要用于工厂内重物的搬运。

1970 年以后，机器人在工业上应用不断增加，日本、瑞典、德国等国家也纷纷开始研究和生产机器人。尤其在日本，机器人得到特别重视，使得日本在机器人应用技术及生产方面很快超过了美国。20 世纪 70 年代随着计算机和人工智能技术的发展，工业机器人进入使用化时代。日本虽起步较晚，但结合日本国情，采取了一系列鼓励使用工业机器人的措施，使其工业机器人拥有量很快超过美国，一举成为“机器人王国”。到了 1980 年，全世界的机器人总量已达到 3 万台，日本拥有的机器人总数几乎占了一半。除了大的公司外，还有几十所大学和研究机构对机器人理论及应用技术进行研究。同时 1980 年在日本召开了一次国际机器人会议，鉴于机器人的应用普及及技术发展情况，会议将 1980 年定为“机器人元年”。 20 世纪 80 年代工业机器人进入普及年代，汽车、电子等工业开始大量使用工业机器人，推进了机器人产业的发展。工业机器人的应用满足了人们个性化的要求，为企业占有了更多的市场份额，获得了更多的利润。20 世纪 90 年代初期，工业机器人的生产与需求达到了一个高潮期，1990 年世界上新装工业机器人 80943 台，1991 年装备了 76443 台，到 1991 年底世界上已有 53 万台工业机器人应用在各个行业。随着经济的发展，工业机器人产业进入 21 世纪后又得到了发展，机器人市场 2005 年达到了一个新的高峰，新装备的工业机器人达到 112000 台，其中约有 76000 台机器人安装在亚洲各国。

我国工业机器人起步于 20 世纪 70 年代初期，在 1972 年也开始研制自己的工业机器人。进入 20 世纪 80 年代后，随着改革开放的不断深入，我国机器人技术的研究与发展得到了政府的重视与支持。“七五”期间，政府投入相当的资金，对工业机器人及其零部件进行攻关研究，我国进入了工业机器人的开发期。经过五年的攻关，完成了示教再现型工业机器人的成套技术的开发，研制出了喷漆、点焊、弧焊和搬运机器人，并在工厂中进行应用。进入 20 世纪 90 年代后，我国的市场经济进一步发展，工业机器人进入了适用期，在汽车、电子等各个行业中进行了应用。

机器人不仅在许多高科技中有着广泛的应用，而且也在悄悄地走进人们的生活。人们一直在设想能够有一种机器人，像人一样可以为人类提供甚至只有专业人员才能完成的各种服务(如煮饭、打扫卫生、与人聊天、照顾老人和小孩、看病治病、护理患者等，成为人们生活中不知疲倦的家庭保姆)，或者各种人类无法完成的而我们需要的服务。实际上，这样的机器人可能在不久的将来就可以走进我们的家庭生活中。

10.2　机器人技术基础

10.2.1　机器人定义

虽然现在机器人已被广泛应用，且越来越受到人们的重视，但机器人这一名词却还没有一个统一、严格、准确的定义。不同国家、不同研究领域的学者给出的定义也不尽相同，虽然定义的基本原则大体一致，但是仍有较大区别。原因之一是机器人还在发展，新的机型、新的功能不断地涌现，同时，由于机器人涉及了人的概念，成为一个难以回答的哲学问题，就像机器人一词最早诞生于科幻小说之中一样，人们对机器人充满了幻想。也许正是由于机器人定义的模糊，才给了人们充分的想象和创造空间。

随着机器人技术的飞速发展和信息时代的到来，机器人所涵盖的内容越来越丰富，机器人的定义也不断地充实和创新。下面给出一些有代表性的定义。

(1) 国际标准化组织(ISO)的定义：机器人是一种自动的、位置可控的、具有编程能力的多功能机械手，这种机械手具有几个轴，能够借助可编程序操作来处理各种材料、零件、工具和专用装置，以执行种种任务。

(2) 美国国家标准局(NBS)的定义：机器人是一种能够进行编程并在自动控制下执行某些操作和移动作业任务的机械装置。

(3) 美国机器人协会(RIA)的定义：机器人是一种用于移动各种材料、零件、工具或专用的装置，通过可编程序动作来执行种种任务的、并具有编程能力的多功能机械手。

(4) 日本工业机器人协会(JIRA)的定义：工业机器人是一种装备有记忆装置和末端执行器的、能够转动并通过自动完成各种移动来代替人类劳动的通用机器。

(5) 我国科学家对机器人的定义：机器人是一种自动化的机器，所不同的是这种机器具备一些人或生物相似的智能能力，如感知能力、规划能力、动作能力和协同能力，是一种具有高灵活性的自动化机器。

概括各种机器人的性能，可以按以下特征来描述机器人：

(1) 机器人的动作机构具有类似于人或其他生物体某些器官(肢体、感官等)的功能。

(2) 机器人具有通用性，工作种类多样，动作程序灵活易变，是柔性加工主要组成部分。

(3) 机器人具有不同程度的智能，如记忆、感知、推理、决策、学习等。

(4) 机器人具有独立性，完整的机器人系统，在工作中可以不依赖于人的干预。

10.2.2　机器人分类

机器人的分类方法很多，也相当复杂，几乎没有一种分类可以满意地将各类机器人均包括在内，主要有按发展程度分类，按照结构形态、负载能力和动作空间分类，按结构形态和运动形态分类，按控制方式分类，按驱动方式分类等，目前多数的机器人是按各种特征、性能来进行分类的。本书将介绍按照开发内容和目的分类情况。

1. 工业机器人

工业机器人(industrial robot)也是一类机器人的总称。依据具体应用的不同，常常以其主要用途命名。到现在为止应用最多的是焊接机器人，包括点(电阻焊)和电弧焊机器人，用途是实现自动的焊接作业；装配机器人，比较多地用于部件的装配；喷漆机器人，代替人进行喷漆作业；搬运、上下料、码垛机器人，它们的功能是根据一定的速度和精度要求，将物品从一处运到另一处，如图 10-1 所示。

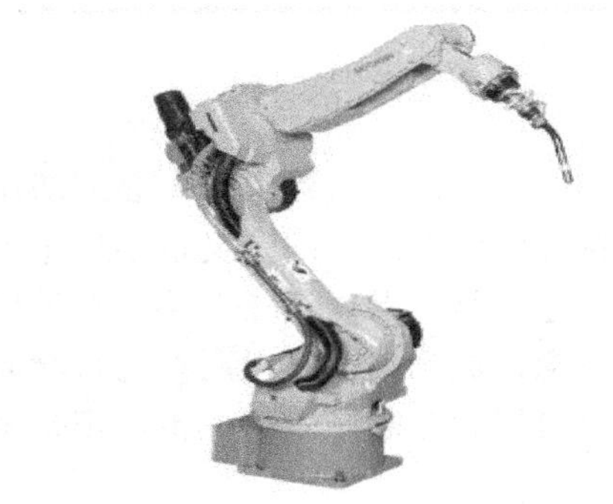

(a) 焊接机器人

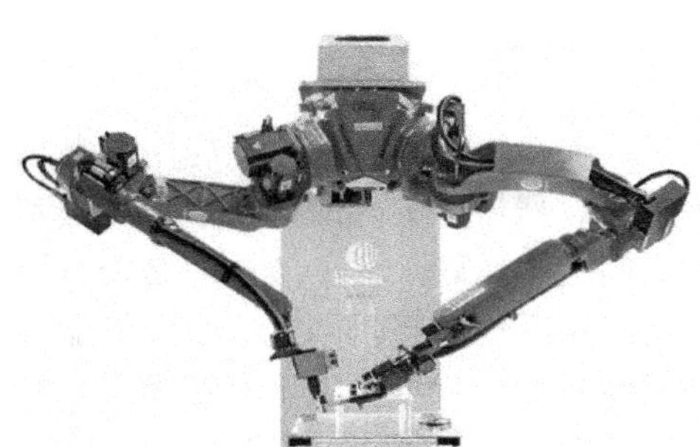

(b) 装配机器人

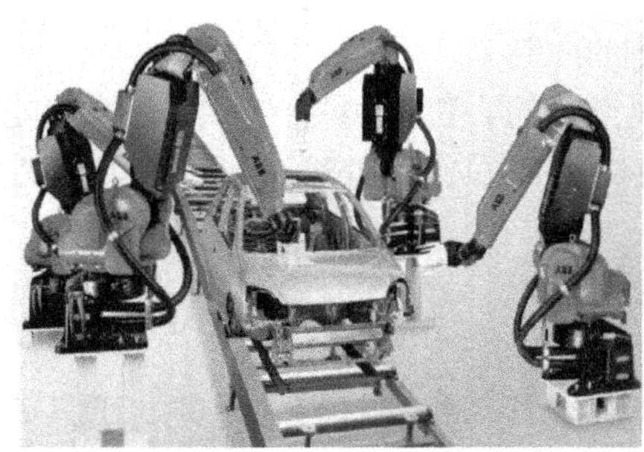

(c) 喷漆机器人

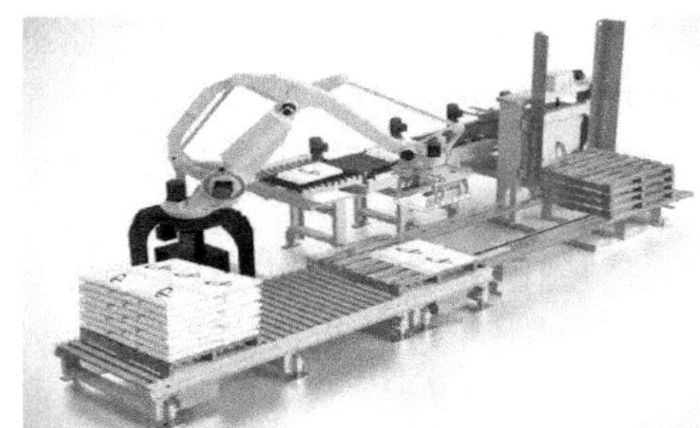

(d) 码垛机器人

图 10-1　工业机器人

另外，还可以列出很多，如金属溶液浇到压铸机中的浇铸机器人等。应该说，并不是只有机器人可以完成这些工作，许多工作都可以用专门的机器完成。机器人的优点在于它可以通过程序的更改，方便迅速改变工作内容或方式，来满足生产要求的变化。如改变焊缝轨迹、改变喷漆位置、变更装配部件或位置等。所以随着对工业生产线的柔性要求越来越强，对各种机器人的需更求也就越来越强烈。

2. 操纵机器

操纵机器(teleoperator robot)主要用于非工业生产的各种作业，又可分为服务机器人与特种作业机器人等。服务机器人通常是可移动的，在多数情况下，可由一个移动平台构成，平台上装有一只或几只手臂，代替或协助完成为人类提供服务和安全保障的各种工作，如墙壁清洗机器人、扫地机器人等。这些机械人都是根据某种特殊目的而设计的特种作业机器人，帮助人类完成一些高强度、高危险和人类无法完成的工作，如图 10-2 所示。

(a) 外墙清洗机器人

(b) 扫地机器人

图 10-2 服务机器人

特种作业机器人主要包括水下机器人、空间机器人等。水下机器人，又称水下无人深潜器。它代替人在水下危险的环境中作业。人类借助潜水器潜入到大海之中探秘已有很长的历史，人类已可以利用深海潜水器潜入深海。然而，由于危险很大，而且费用极高，所以人类寻找可以代积极替人类进行危险作业的技术，水下机器人便成了十分受关注的发展方向。空间机器人，是指在大气层内和大气层外从事各种作业的机器人，包括在内层空间飞行并进行观测、可完成多种作业的飞行机器人，到外层空间其他星球上进行探测作业的星球探测机器人和在各种航天器里使用的机器人，如我国研发的蛟龙水下机器人和玉兔月球机器人，如图 10-3 所示。

(a) 水下机器人

(b) 空间机器人

图 10-3 特种作业机器人

3. 智能机器人

智能机器人(intelligent robot)是具有多种由内、外部传感器组成的感觉系统，它不仅可以感知内部关节的运行速度、力的大小等参数，还可以通过外部传感器(如视觉传感器、触觉传感器等)，对外部环境信息进行感知、提取、处理并做出适当的决策，在结构或半结构化环境中自主完成某项任务，目前，智能机器人尚处于研究和发展阶段。2002 年，日本本田公司在东京展示了其最新研制的 Asimo 智能机器人，该机器人高 1. 2m，不仅可以行走、爬楼梯，识别各种各样的声音，还能够通过头部的照相机捕捉到画面和实现设计好的程序识别人类的各种手势运动以及 10 种不同脸型。Asimo 以下肢运动为主，上肢运动为辅，腿部功能相当完善。它的控制以 ZMP 理论为基础实现了真三维空间的行走，步姿可以和人类相媲美。Asimo 的目标是进入家庭，为人类服务，为此，它的设计考虑了与人的友善和亲和，如图 10-4 所示。

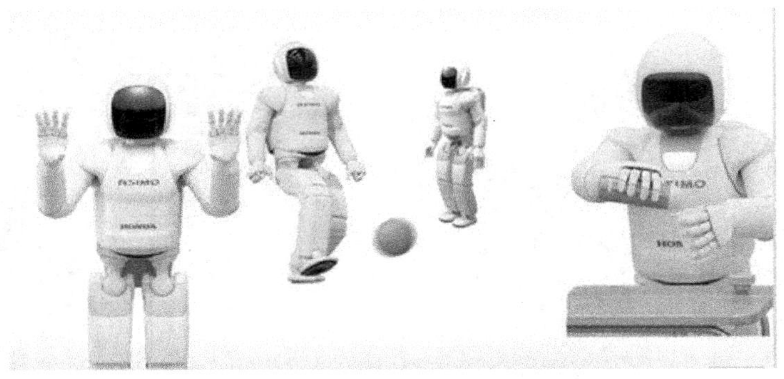

图 10-4　日本 Asimo 智能机器人

10.2.3　机器人构成

机器人的工作原理是一个比较复杂的问题。简单地说，机器人的原理就是模仿人的各种肢体动作、思维方式和控制决策能力。通常所说的工业机器人(操作机)，实质上是一个拟人手臂的空间机构。不同类型的机器人其机械、电气和控制结构千差万别，但是作为一个机器人系统，通常由机器人本体、传感器、控制器构成，而机器人本体由传动机构和驱动装置构成。如图 10-5 所示。

(1)执行机构。机器人臂部一般采用空间开链连杆机构，其中的运动副(转动副或移动副)常称为关节，关节个数通常即为机器人的自由度数。根据关节配置形式和运动坐标形式的不同，机器人执行机构可分为直角坐标式、圆柱坐标式、极坐标式和关节坐标式等类型。出于拟人化的考虑，常将机器人本体的有关部位分别称为基座、腰部、臂部、腕部、手部(夹持器或末端执行器)和行走部(对于移动机器人)等。

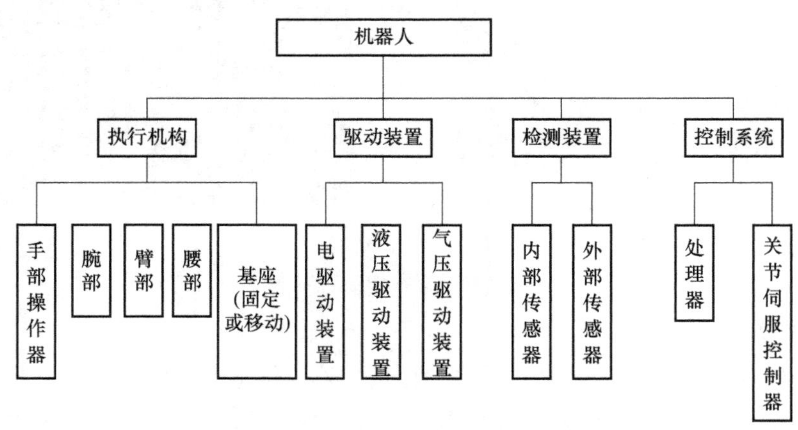

图 10-5　机器人的基本构成

(2)驱动装置。驱动装置是使各种机械部件产生运动的装置。常规的驱动系统有气动传动、液压传动或电动传动，它们可以直接地与臂、腕或手上的机械连杆或关节连接在一起，也可以使用齿轮、带、链条等机械传动机构间接驱动。

(3)检测装置。检测装置的作用是实时检测机器人的运动及工作情况，根据需要反馈给控制系统，与设定信息进行比较后，对执行机构进行调整，以保证机器人的动作符合预定的要求。作为检测装置的传感器大致可以分为两类：一类是内部信息传感器，用于检测机器人各部分的内部状况，如各关节的位置、速度、加速度等，并将所测得的信息作为反馈信号送至控制器，形成闭环控制。另一类是外部信息传感器，用于获取有关机器人的作业对象及外界环境等方面的信息，以使机器人的动作能适应外界情况的变化，使之达到更高层次的自动化，甚至使机器人具有某种“感觉”，向智能化发展。例如，视觉、声觉等外部传感器给出工作对象、工作环境的有关信息，利用这些信息构成一个大的反馈回路，从而将大大提高机器人的工作精度。

(4) 控制系统。完成机器人控制功能的实现，是控制系统的核心部分，直接影响机器人性能的优劣。其主要作用是根据用户指令对机器人本体进行操作和控制，完成作业的各种动作。控制器从传感器获得机器人的内部信息和环境信息，建立环境模型，进行运动和任务进行规划；用于对机器人的各个驱动进行伺服控制以实现单轴和多轴的运动协调控制，包括高性能的计算机及相应的系统硬件和控制算法及软件。若机器人不具备信息反馈特征，则为开环控系统;若具备信息反馈特征，则为闭环控制系统。根据控制原理，控制控系统又可分为程序控制系统、适应性控制系统和人工智能控制系统。根据控制运动的形式，控制系统还可分为位控制和轨迹控制等。

10.3 慧鱼机器人设计

1964 年，慧鱼模型(fischertechnik)诞生于德国，是技术含量很高的工程技术类智趣拼装模型，是展示科学原理和技术过程的理想教具，也是体现世界最先进教育理念的学具，为创新教育和创新实验提供了最佳的载体。慧鱼创意组合模型的主要部件采用优质尼龙塑胶制造，尺寸精确，不易磨损，可以保证反复拆装的同时不影响模型结合的精确度；构件的工业燕尾槽专利设计使六面都可拼接，独特的设计可实现随心所欲的组合和扩充。

10.3.1 基本构件

1. 机械构件

机械构件包括连杆、凸轮、齿轮(普通齿轮、锥齿轮、斜齿轮、内啮合齿轮、外啮合齿轮等)、蜗轮、蜗杆、螺杆、铰链、带、链条、轴(直轴和曲轴)、联轴器、弹簧、减速器、齿轮箱和车轮等。

(1) 六面拼接体。六面拼接体的 6 个面各有 U 形槽或凸出的小方块，二者是相互配合的。通过 U 形槽和小方块的相互拼接，可以实现构件之间的互联。由于这些构件是六面体，因此接合的角度一般为0°或90°。如果需要其他角度的连接，有专用的楔形体可供使用，这些楔形体提供的角度有 7.5°、15°、30°和 60°等。

(2) 齿轮、齿轮轴与齿条。慧鱼模型提供的齿轮种类比较多，其中普通外齿合啮轮还可用作蜗轮。

(3) 蜗轮、蜗杆和螺旋传动。慧鱼模型提供的蜗轮蜗杆形式多样，除蜗轮外，所有的外啮合齿轮也都可用作蜗轮。小尺寸蜗杆还可以用作螺旋传动的蜗杆。

(4) 导轨与连杆。慧鱼模型提供了多种长度的塑料或金属杆件，可用作导轨、连杆和传动轴等。

(5) 万向节和齿轮箱。万向节用于与塑料传动轴配合以传递扭矩。齿轮箱用于与电动机相连接，起减速器的作用。

(6) 链条和履带。链条由链节连接而成，在链条上安装履带板后，就成为履带(输送带)。链轮可以用齿轮代替。

此外慧鱼模型还提供了大量其他的构件，很好地扩展了模型的功能。

2. 电器元件

电器元件有直流电机、灯泡、电磁气阀、行程开关、传感器(光敏、热敏、磁敏、触敏)、可调直流变压器、电脑接口板、PLC 接口板和红外线发射接收装置等。

(1) 电动机与灯泡。慧鱼模型提供的电动机有普通迷你电动机和大功率电动机两种，提供的灯泡也有普通灯泡和聚光灯泡两种，可根据实际需要选用。

(2) 小型开关的工作原理。小型开关上有 3 个针脚：0 针脚和 1 针脚形成一个常闭开关；0 针脚和 2 针脚形成一个常开开关；当按键 3 被压下时，小型开关的通断状态改变。电脑接口板检测到数字信号"1"或"0"，利用这个原理，小型开关可以用作运动部件的限位开关。在模型中还提供了一种特殊的脉冲齿轮，该齿轮有 4 个齿，使用该齿轮和小型开关配合，可以对运动件的运行位置进行精确定位。将脉冲齿轮与电动机相连，电动机每转动一圈，脉冲齿轮将小型开关按下 4 次，通过检测小型开关被按下的次数，即可实现精确定位。

(3) 光敏传感器的工作原理。光敏传感器用于检测光源强度，当光线足够强时，传感器内部的电路闭合，接口板上检测到数字信号"1"，否则检测到数字信号"0"。光敏传感器也可以用作限位开关。同时，由于深色物体吸收光线，而浅色物体反射光线，光敏传感器还可以用来鉴别深色和浅色物体。

(4) 磁敏传感器的工作原理。磁敏传感器用于检测环境的磁场强度，当磁场强度达到一定值后，传感器内部的电路闭合，接口板上检测到数字信号"1"，否则检测到数字信号"0"。

(5) 热敏传感器的工作原理。热敏传感器是一个模拟信号传感器，其电阻的阻值随温度上升而减小。

3. 气动元件

慧鱼模型的气动构件使用一个小型空气压缩机作为气源，压缩空气通过气管、弯头、气阀、气缸等部件来传递动力，可模拟液压系统。

气动元件有储气罐、气缸、活塞、气弯头、手动气阀、电磁气阀和气管等。

10.3.2 模型组合包

1. 气动机器人模型组合包

压缩空气驱动的设备逐渐应用到了近现代工业中，涉及空气产生运动和力的传递。该类组合包特别介绍了气动元件的工作原理及功能，如压缩空气怎样产生动力；压缩空气产生运动和力的传递；压力、压强定义；解释气缸、充气阀、手动阀和空气压缩机工作原理。在此基础上可组合大量模型，生动展示气动技术的广泛应用，如图 10-6 所示。

2. 工业机器人模型组合包

工业机器人组合包表现了电气、机械技术的综合运用，可实现一自由度机器人、二自由度机器人、三自由度机器人等多种模型，如图 10-7 所示。

(a)气体冲压机

(b)气体分货机

图 10-6　气动机器人模型

(a)翻转工位机械手

(b)多自由度联动焊接机器人

图 10-7　工业机器人模型

3. 移动机器人创意模型组合包

移动机器人创意模型组合包针对创意机器人设计实验，能够组建可移动的机器人模型，利用传感器技术可进行无人驾驶运输系统障碍检测系统、路线跟踪系统等功能，增加它的创新性能。如图 10-8 所示。

(a)趣味碰碰车

(b)防坠落探测车

图 10-8　移动机器人模型

10.3.3　控制软件

慧鱼模型组装完成并与计算机连接后，必须通过软件来实行对模型的控制。慧鱼模型的控制软件主要是 ROBO Pro 软件和 LLWin 软件。ROBO Pro 软件可接 ROBO 接口板和智能接口板；而 LLWin 软件是慧鱼智能接口板的专用控制软件，由于该软件在慧鱼模型的控制中已较少使用，本书仅介绍慧鱼 ROBO Pro 控制软件。ROBO Pro 软件在 Windows 平台上运行，使用图形化的控制单元。

1. 用户界面

双击 ROBO Pro 程序的图标或在 Windows“开始”菜单里“所有程序”中单击 ROBO Pro，就可以打开软件。软件的界面如图 10-9 所示。

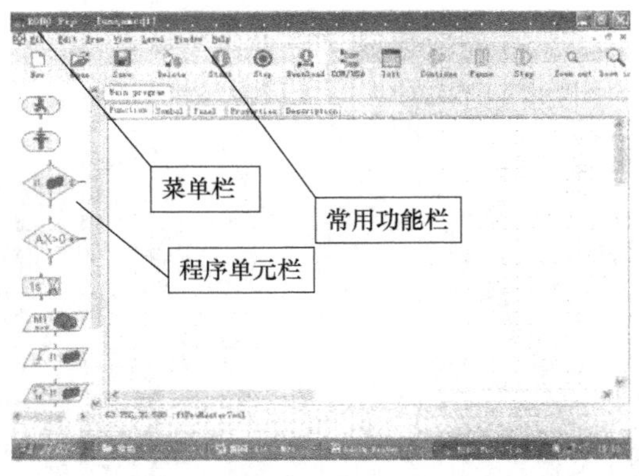

图 10-9　ROBO Pro 用户界面

上方为常用功能栏，从左至右依次为：新建程序、打开程序、保存程序、删除程序单元或流程线、启动程序、停止程序、下载程序到接口板、端口设置、测试端口、继续执行程序、暂停执行程序、单步执行程序、缩小视图、扩大视图。左侧为构成程序的程序单元，从上到下依次为:程序开始单元、程序结束单元、数字信号分支单元、模拟信号分支单元、延时单元、电器控制单元、等待数字信号单元、脉冲计数单元等。

2. 基本程序单元

ROBO Pro 程序是由一系列图形化的程序单元组成的，编程、阅读直观方便。

编程级别选择：慧鱼的编程分为 4 个不同的级别，可以在慧鱼程序窗口的 Level 菜单中选择。基本程序单元就是慧鱼中的级别 1。

(1) Start 单元。每个程序都必须有这个开始单元，否者程序就不会被执行。如果同时有几个开始单元，那么它们会同时启动。开始单元无可更改的属性，故鼠标右键单击该单元，无属性窗口弹出(绝大部分程序单元都有属性窗口)。

(2) End 单元。如果一个过程被终止，那么其最后一个单元的出口就要连接结束单元。不同的单元出口可连接同一个结束单元，当程序无休止循环时程序也可以无结束单元。结束单元也无属性窗口。

(3) Digital Branch 单元。数字分支单元。运用该单元，可以根据 I1~I8 的数字输入值，控制程序的流向。例如，传感器闭合，其输入值为 1，程序走“1”分支流出；反之，传感器断开，其输入值为 0，程序走“0”分支流出。鼠标右键单击该单元，会出现其属性窗口，可以在其中更改该单元的属性。

(4) Analog Branch 模拟分支单元。慧鱼接口板上有 6 个模拟输入接口，2 个电阻输入接口 AX、AY，2 个电压接口 A1、A2，两个距离传感器接口 D1、D2。用这个分支单元可以比较输入值与设定值的大小，从而控制程序从 No(N)或 Yes(Y)进口流出。

(5) Time delay 延时单元。通过该单元可以暂缓程序执行下一个单元。

(6) Motor output(级别 2)。电机输出单元。运用这个单元可以转换接口板上 MI~M4 任何一组的两个接线柱的输出。这个单元不仅可以控制电机，还可以控制灯泡和电磁阀。控制电机时，可设定电机转速和转向。

(7) Lamp out 泡输出单元。运用该单元可开关接口板上 O1~O8 单一接线柱上灯泡。接口板上的输出可以是成对的，如电机的输出 M1~M4；也可以单独使用，如灯泡输出 O1~O8。与电机输出不同，灯泡输出仅一个接口，这样可以单独控制 8 个灯泡或电磁阀，灯泡的另一端可连接到接口板的接地端。如果控制的灯泡少于 4 个，也可以如电机一样连接。

(8) Wait for input 等待输入单元。程序执行到该单元不再继续执行，直到接口板上元件处于某种特定状态或以某种特殊方式改变时，才执行下一个单元。该程序单元可等待 5 种特殊状态。

(9) Pulse counter 脉冲计数单元。许多慧鱼模型都使用脉冲轮，脉冲轮旋转一圈压放开关 4 次，即开关出现 4 次上升沿(0→1)和 4 次下降沿(1→0)，这样通过脉冲轮就能精确地控制电机的旋转圈数。为实现该功能，必须计量输入接口板的脉冲数量，脉冲计数单元就起到该作用。

(10) Counter loop 计数循环单元。使用该单元可将程序的某部分执行多次。该单元有内置计数器，如果程序经计数循环“=1”入口进入，则计数器设定为 1；如果由“+1”口进入，1 就被加入计数器。根据计数器的值是否大于设定值，程序从由 No(N)或 Yes(Y)出口流出。

3. 子程序功能模块

打开 ROBO Pro 程序的 Level 菜单，选择 Level 2 选项。程序主窗口发生变化，主窗口左侧的“程序单元”窗口一分为二，其上方出现了“程序单元组”窗口。此时“程序单元”窗口内无任何程序单元，可以通过上方“程序单元组”窗口的选项在“程序单元”窗口中加载所需要的程序单元。由于“程序单元”窗口变小，只有通过其右侧的滚动条才能看到下面的程序单元。

1) 子程序的建立

在主程序窗口的 Edit 菜单中选择 New subprogram 或直接单击图标，即可出现建立子程序窗口。在 Name 中可输入子程序的名称，单击 OK 即可建立一个新子程序。主程序旁会出现子程序栏在其上可编写程序。

(1) Subprogram entry(级别 2)：子程序入口单元。一个子程序可以有一个或多个子程序入口。主程序或高一级的子程序通过这些入口进入子程序。

(2) Subprogram exit(级别 2)：子程序出口单元。一个程序可以有一个或多个子程序出口。主程序或高一级的子程序通过这些出口返回主程序。子程序建立后，可在主程序窗口中使用 Loaded programs 选项将子程序加载入主程序。

(3) Subprogram command input(级别 3)：子程序命令输入单元。通过该单元子程序可以和输入单元连接，例如，和主程序或高级子程序的开关连接，或者接收变量单元的值。右击该单元在属性窗口可改变其名称。

(4) Subprogram command output(级别 3)：子程序命令输出单元。通过该单元可以左转、右转、停止命令输送给电机或其他输出单元。右击该单元在属性窗口可改变其名称。

2) 子程序库

从一个文件中复制子程序到另一个文件非常容易。首先将这两个文件打开，通过“程序单元组”窗口中的 Loaded programs 就可轻松地将所需的子程序加载到程序中。对使用频率高的子程序，通过子程序库(Library)加载更为简单。

ROBO Pro 程序中包含了事先编译好的子程序库，方便重复使用。而且用户能新建自己的子程序库，可将自己常用的子程序存入其中。

(1) 子程序库的使用。可以从“程序单元组”窗口中找到子程序库(Library)。 子程序库最初被分为两个大组：一个是程序自带的子程序库；另一个是用户编译的子程序。用户可从其“程序单元”窗口中选择所需的子程序。如果用鼠标指向子程序图标，将会出现该子程序的简短描述。如果子程序已插入到程序中，则能通过子程序窗口中的 Description(描述)看到该子程序的详细描述。

(2) 建立和使用自己的子程序库。使用 ROBO Pro 程序一段时间后，如果有一些子程序使用较频繁，就可建立自己的子程序库，方法如下：首先，要新建一个子程序文件夹，再将包含有用户所需要子程序的 ROBO Pro 程序存入该子程序文件夹。单击 File 菜单下的 User library path(用户子程序库路径)会出现窗口，通过该窗口可指定该子程序文件夹为用户自己的子程序库，单击"确定"即可。当其他程序需要使用该文件夹中的子程序时，就可在“程序单元组”窗口的 User library(使用者子程序库)中找到并使用，但不能对子程序进行编辑。如果要修改子程序，必须打开含有该子程序的 ROBO Pro 程序，在对应的子程序窗口才能修改，同样也可在此删除子程序。

10.3.4 接口板

拼装完成后，可以通过接口板或 PLC 进行编程控制。慧鱼创意组合模型使用的接口板有 ROBO 接口板和智能接口板两种。

1. ROBO 接口板

ROBO 接口板通过计算机的 USB 端口或串口进行通信，也可以使用红外线遥控器进行控制，通过接口板的 Port 按钮，可以在自动、USB、串口、红外线遥控等几种接口模式中切换，如图 10-10 所示。

每个接口板使用 9V 直流电源供电，自带 16MHz 微处理器和存储器，可以将程序下载到接口板上，从而脱离计算机进行独立控制。该接口板带 128K 容量的 Flash 存储器和 RAM 存储器各一个，可以下载并存储控制程序。Flash 上可以存储 2 个控制程序，RAM 上可以存储 1 个控制程序。Flash 上可以存储个控制程序在断电后不会消失，而 RAM 上程序则不然。接口板可以检测 8 路数字信号和 4 路模拟信号(其中，电阻量和电压量各 2 路)的输入，并驱动 4 路电动机。通过线缆最多可以与 3 块 ROBO 接口扩展板实现级联，扩展所使用的传感器和电动机数量。

ROBO 接口扩展板用于与 ROBO 接口板或 ROBO 接口扩展板级联，以增加计算机同时控制的传感器和电动机数量。ROBO 接口扩展板也可以通过 USB 端口直接与计算机连接，此时它相对于 ROBO 接口板的功能，但不能下载并存储程序，也不能与下一级 ROBO 接口扩展板级联。如果该接口扩展板同时与计算机 USB 端口连接，又和上一级接口板级联，则只起接口扩展板的作用。该接口扩展板使用 9V 直流电源供电，可以检测 8 路数字信号和 1 路模拟信号，并驱动 4 路电动机。

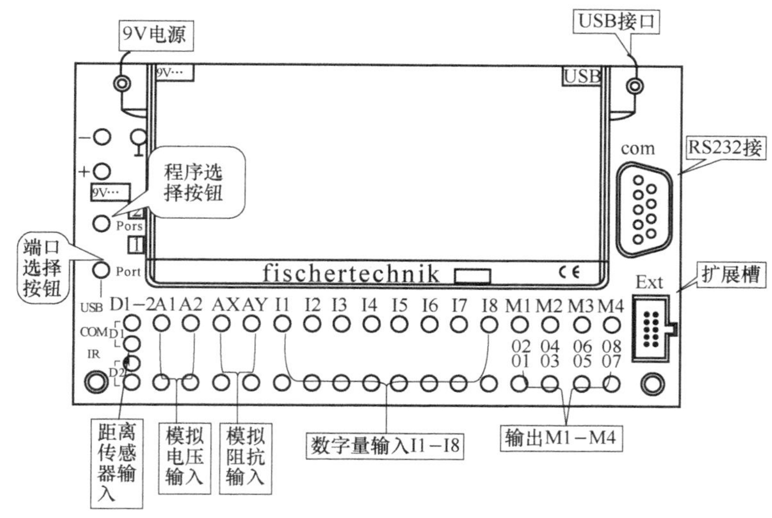

图 10-10　ROBO 接口板示意图

2. 智能接口板

智能接口板通过计算机的串口进行通信，每个接口板使用 9V 直流电源供电，自带微处理器和 RAM 存储器，可以将程序下载到接口板上，从而脱离计算机进行独立控制，如图 10-11 所示。

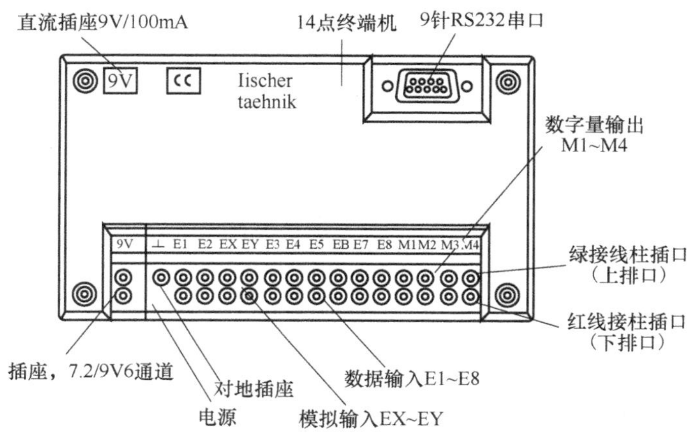

图 10-11　智能接口板示意图

接口板可以检测 8 路数字信号和 2 路模拟信号(电阻量)的输入，并驱动 4 路电动机。通过线缆最多可以与 1 个智能接口扩展板实现级联，扩展所使用的传感器和电动机数量(模拟信号传感器数量不能增加)。

10.4　机器人实训

1. 训练目的

(1)熟悉慧鱼创意组合模型的运作方法。

(2)熟悉基本的机械构件和电气元件，以及它们应用情况。

(3)熟悉基本的机电控制技术，以及控制软件的使用方法。

(4)能利用慧鱼创意模型零件拼装创新机构实物模型，并实现其功能。

2. 工具器材

(1)常用机械构件，如齿轮等。

(2)常用电气元件，如行程开关、脉冲计数器、电机、接口电路板及 PLC 板等。

(3)编程软件：LLWin.3.0 等。

3. 训练步骤及内容

要求完成运动机器人的拼装及运动控制。

1)工作原理

电动机通过齿轮传动带动履带轮转动，从而带动履带转动，从而达到机器人的行走。同时有一个四齿齿轮与履带轮相连，同时齿轮与一个极限开关相连，因此，当带轮转动一圈便会有 4 个脉冲产生并传向主板，从而控制电动机的运行。

2)总体设计

(1)机械部分动力源的选择：电动。

(2)机械传动装置的确定：齿轮传动。

(3)机械执行部件的设计：履带行走机构。

(4)控制部分硬件选型：接口电路板及 PLC 接口板。

(5)检测部分的选择：行程开关及脉冲计数装置。

3)驱动设计

(1)双边单独驱动。

(2)驱动方式：电机驱动。

4)参数设计

(1)移动范围：线长。

(2)移动速度：根据工作要求定。

(3)回转范围：0°～360°。

5)编制控制程序

参照图 10-12 编制控制程序，并进行初调。

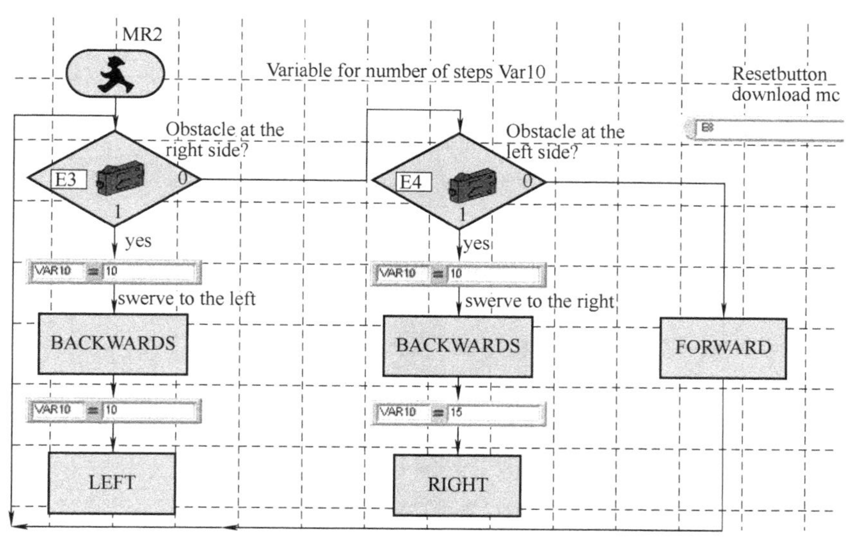

图 10-12　运动机器人仿真程序示意图

6) 运行调试

通过运行调试改进和完善之前的工作。

复习思考题

10-1　机器人主要由哪几个部分构成？各有何作用？

10-2　你知道的工业机器人有哪些？

10-3　慧鱼机器人有哪些常用结构？

10-4　慧鱼机器人是如何实现运动控制的？

10-5　智能机器人具有哪些特点？试举例说明。

参 考 文 献

陈渝，朱建渠. 2011. 工程技能训练教程. 2版. 北京：清华大学出版社.

崔长华. 2009. 机械加工工艺规程设计. 北京：机械工业出版社.

杜晓林，左时伦. 2009. 工程技能训练教程. 北京：清华大学出版社.

蒋清亮. 2012. 金属热加工技术. 北京：北京邮电大学出版社.

金碚. 2015. 中国制造2025. 北京：中信出版社.

李蔚，马保吉. 2008. 现代制造技术工程训练. 西安：西北工业大学出版社.

林建榕，王玉，蔡安江. 2005. 工程训练（机械）. 北京：航空工业出版社.

刘镇昌. 制造工艺实训教程. 2006. 北京：机械工业出版社.

卢秉恒. 机械制造技术基础. 2007. 北京：机械工业出版社.

曲凌. 2015. 慧鱼创意机器人设计与实践教程. 2版. 上海：上海交通大学出版社.

尚雅层. 侯志敏. 2013. 机电控制基础. 北京：机械工业出版社.

汪芳，吴修玉. 2014. 机械制造工艺学. 武汉：华中科技大学出版社.

王运赣. 1999. 快速成形技术. 武汉：华中科技大学出版社.

吴鹏，迟剑锋. 2005. 工程训练. 北京：机械工业出版社.

肖南峰. 2011. 工业机器人. 北京：机械工业出版社.

徐桂兰. 2011. 工程材料及热加工工艺基础. 成都：西南交通大学出版社.

余常青，陈国衡，黎红. 2005. 数控加工技术. 武汉：华中科技大学出版社.

约瑟夫·迪林格. 2010. 机械制造工程基础. 杨祖群，译. 长沙：湖南科学技术出版社.

张永康. 2004. 激光加工技术. 北京：化学工业出版社.

郑晓，陈仪先. 2005. 金属工艺学实习教材. 北京：北京航空航天大学出版社.

周旭光. 2011. 特种加工技术. 西安：西安电子科技大学出版社.

朱仁盛. 2009. 机械拆装工艺与技术训练. 北京：电子工业出版社.